U0295241

标准简史

张　豪　蒙有为　曾照洋　著

上海交通大学出版社
SHANGHAI JIAO TONG UNIVERSITY PRESS

内容提要

  本书以四次工业革命为背景，采用时间轴的方式，重点阐述千年以来标准理念的变迁路径，展现了标准形成科学体系并逐渐成为全民关注焦点的过程。本书参考了多部标准理论的经典著作，介绍了多位标准专家及其理论，并结合作者积累的航空产业标准化工作经验和典型案例，对标准提出一些个人的独到见解。本书将标准与技术革命结合起来审视，从"技术中的标准"与"标准中的技术"双重视角，揭示了标准与技术的深层次历史互动，以期给读者带来新的思考和体会。随着国家对标准的高度重视，标准理念深入人心，本书既是一本科普性读物，以满足广大读者对标准的关注，也是对企业界发出的一种呼吁，为中国标准的发展提供借鉴。

图书在版编目（CIP）数据

  标准简史/张豪，蒙有为，曾照洋著. —上海：
上海交通大学出版社，2025.1—ISBN 978 - 7 - 313 - 31757 - 5

  Ⅰ. T - 652.1

  中国国家版本馆 CIP 数据核字第 2024937MP6 号

标准简史
BIAOZHUN JIANSHI

著　　者：张　豪　蒙有为　曾照洋			
出版发行：上海交通大学出版社	地　　址：上海市番禺路 951 号		
邮政编码：200030	电　　话：021 - 64071208		
印　　制：上海颛辉印刷厂有限公司	经　　销：全国新华书店		
开　　本：710mm×1000mm　1/16	印　　张：20		
字　　数：291 千字			
版　　次：2025 年 1 月第 1 版	印　　次：2025 年 1 月第 1 次印刷		
书　　号：ISBN 978 - 7 - 313 - 31757 - 5			
定　　价：89.00 元			

谨以此书献给所有标准化工作者！

编委会

文明的尺度——标准演进的历史长河

第二次工业革命时期

全球化 标准化

近代标准化

获得进一步发展

电气时代的光辉

前现代世界

萌芽和初步发展阶段

模糊自发的标准意识
封建王权的强力推动
民间生产的逐渐生成
社会上下的交流沟通

火与蒸汽的律动

第一次工业革命

机器大工业建

标准化发展出现巨大

古韵初绽

次工业革命时期
演进步入黄金阶段

思想的翅膀

标准学说相继涌现
呈现"百家争鸣"之势
思想界群星璀璨

国际竞争的激流

时代的织梦

第四次工业革命时期
标准国际竞争呈现白热化态势
——标准的武器化
1. 各国政府（顶层战略设计）
2. 市场主体（争夺前沿技术领域、
商业巨头竞逐）

序一 / Forword

　　标准的历史不仅记录了人类文明进步的足迹，更深刻映射出人类社会对于秩序、效率与和谐不懈追求的历程。在全球化的今天，标准已经超越了单纯的技术规范，更成为国际合作与全球治理的关键工具。因此，系统梳理和深入探讨标准的发展历史，从中吸收、借鉴人类在标准化建设过程中积累的经验及教训，对于我们理解和运用标准以促进社会进步具有重要的现实意义。

　　《标准简史》以其独特的观察视角和严谨的学术态度，沿着四次工业革命的时间脉络，深入挖掘并精彩呈现了标准发展历程中的丰富细节与生动案例。本书不仅较为全面地记录了标准化从萌芽到成熟、从简单到丰富的发展过程，更在历史的长河中试图捕捉标准变迁的内在规律，为读者揭示标准化背后的深刻逻辑。

　　作者的笔触既回溯至前现代社会，细致考察了较为原始的标准形态——那些在手工艺时代形成的、虽不系统却至关重要的标准实践，又抓住标准发展历史中的几个关键节点，详细剖析了技术水平的提升、生产方式的演变、政治体制的变革及文化观念的演进如何在四次工业革命的浪潮中交织作用，共同推动标准的演进和完善。从机器大生产的兴起，到电气时代的到来、信息技术的革命性突破，再到人工智能、分子工程、生物技术等前沿科技的发展，每一次工业革命都伴随着标准化的重大进步。

　　正如《管子》中所言："疑今者，察之古；不知来者，视之往。"历史不仅是智慧的宝库，更是指引现实和未来方向的灯塔。书中精心挑选并深入分析了众多历史案例，使读者能够更加清晰地认识到标准在社会发展中的价值与作用。比如，伊莱·惠特尼通过"可互换零件"理念，极大推动了枪械制造效率的提高，这显示出标准理念对工业生产的现实促进作用。再比如，全球标准时间体系的建立与全球化存在紧密联系。作者生动地展现了时间标准的推广并不只是形式上的统一化，而是伴随着经济、贸易、文化各层面的系统性变革。值得一提的是，本书对 21 世纪以来标准化的发展趋势给予了特别关注，深刻剖析了人类社会面临的新挑战及标准化的广阔前景。这些思考为读者打开了一扇洞察标准化未来发展走向的窗。

当下，我们正处于百年未有之大变局，标准发展也呈现新趋势：多样化的标准形态适应了新兴科技领域的快速发展；伴随着全球经济技术博弈的加剧，国际标准竞争愈演愈烈；面对全球性挑战如气候变化和网络安全，统一的国际标准对于协调全球行动和制订解决方案至关重要。不少国家已经将标准战略作为国家发展的重要组成，通过制定长期规划和加大资源投入来保障本国在国际标准制定中的优势地位；一些国际标准化组织在推动全球标准的制定和协调中发挥着越来越重要的作用，并逐步探索国际标准制定协商新机制。在这样的背景下，系统梳理、探讨标准发展史，吸收借鉴人类标准化建设过程中的经验教训，是十分必要的。

作为从事标准研究数十年的工作者，我对标准历史的研究非常感兴趣，希望更多优秀的学者参与到标准的相关研究之中。习近平总书记在致第三十九届国际标准化组织大会的贺信中强调："中国将积极实施标准化战略，以标准助力创新发展、协调发展、绿色发展、开放发展、共享发展。中国愿同世界各国一道，深化标准合作，加强交流互鉴，共同完善国际标准体系。"我们要深入贯彻落实这一重要精神，知古鉴今，继往开来，进一步深化关于标准历史的研究，共同谱写标准化发展新篇章。

张 纲

国务院原参事

中国标准化专家委员会副主任委员

2024 年 5 月

序二 / Forword

　　标准与标准化学科在众多科学领域中占据着枢纽性的地位，其特殊性在于它既是技术进步的催化剂，也是社会经济发展的基石。标准与标准化学科通过制定和推广通用的规则、指南和特性，为不同领域的技术发展提供一致性和互操作性的基础。它也是跨学科合作的典范，需要综合考虑技术特性、经济效益、法律法规及社会文化等多方面因素。这种综合性使得标准化学科在促进科技创新、提高生产效率、保障产品质量、保护消费者权益和推动国际贸易等方面发挥着不可替代的作用。

　　研究标准化的历史对于深化标准化理论的研究和推动该学科的发展至关重要。通过深入探究标准化的发展历程，我们能够揭示标准与标准化组织产生的深层社会历史原因，以及它们在人类经济和社会进步中扮演的关键角色。这种历史视角不仅能帮助我们理解标准化实践的演变，而且为当前和未来的标准化活动提供了宝贵的经验和洞见。中国研究标准化历史的专著与论文有很多，代表作有赵全仁、黄儒虎主编的《标准化发展史》、赵全仁主编的《标准化科学研究导论——中国标准化科学研究史》、顾孟洁撰写的《中国标准化发展史新探》和《世界标准化发展史新探》、王平撰写的《再论标准与标准化组织的地位和作用——探寻标准化近代史》及麦绿波撰写的《标准化的发展阶段划分新论》等。这些研究对人类社会不同时段、不同地区和不同领域的标准与标准化历史进行了全面且系统的梳理总结，为标准化工作的推进做出了极大贡献。但要论在老百姓里的影响力和普及度，我们还缺少一部能够"飞入寻常百姓家"的作品。

　　随着全球化和数字化的发展，标准与标准化学科的重要性愈发凸显。它不仅关系技术规范的制定，更涉及数据安全、网络安全、智能制造等新兴领域的规则设定，对维护全球经济秩序具有深远影响。了解过去的成功与失败，可以为制定未来的标准提供指导，确保标准化活动能够适应不断变化的社会和技术环境。在当前愈发变化频繁的世界格局下，标准与标准化活动实际已经贯穿于我们生活的方方面面，人们日用而不自知。怎样让一般人也能对标准与标准化有所认识、有所了解？这本由中国航空综合技术研究所组织编写、上海交通大学出版社出版的《标准简史》便应运而生了。

伟大的英国思想家和科学家培根曾言："读史使人明智。"历史作为人类智慧的宝库，对后人有着重要的启发作用。此书作为近年来为数不多的标准领域专门史籍，在推广学科标准与标准化方面具有重要价值。此书将标准发展史分为五个部分，按照人类社会的主要变革——工业革命诸阶段展开，在前现代部分，作者追溯了标准化的起源，从石器时代的规整制作到国家统一的制度建设，再到民间的自发标准化实践和最后的国家民间上下互动关系；在第一、第二次工业革命时期，作者主要关注标准化如何促进技术与经济的飞速发展（如工业标准化、可替换零件、电气标准和流水线生产等）和国际标准化组织的兴起。尤其令人欣喜的是，此书并未因囿于"简史"体裁而较少涉及现当代标准领域的发展变化。恰恰相反，此书同样花费大量笔墨对第二次世界大战以来，甚至到当下的标准与标准化领域变化、发展进行梳理，并结合具体且著名的案例进行解说，内容涵盖第三次工业革命时期的标准与标准化的高精尖发展、全球化进程、民生领域使用和在信息领域实践的突飞猛进。而到了当代部分，此书也将当前标准与标准化的国际竞争、前沿技术比拼和企业较量的意义进行呈现，既具科普性又具警示性。

通过深入研究标准化历史，我们可以清晰地追踪人类从标准化的初步尝试，到逐渐形成自觉的标准化实践的演进路径。历史考察也进一步揭示了标准化与经济社会发展之间的密切联系，以及这种联系如何反映出特定时期的政治和社会文化背景。此外，历史研究还有助于我们理解标准化如何作为一种社会技术系统，对促进技术创新、提高生产效率、保障产品质量、保护消费者权益及推动国际贸易等方面产生深远影响。

常说"以史为鉴，可以知兴替"，《标准简史》正是基于这样的理念，为读者精心准备了一场穿越时空的探索旅程。从古代文明的曙光到现代科技的辉煌，标准化一直是人类智慧的结晶。本书为读者提供了一个全面而深入的视角，以理解标准化的历史和它在现代社会中的重要性。我们希望读者能够通过这本书，不仅获得知识，更能激发思考，从而对标准化有更深刻的认识和理解。

张晓刚

国际标准化组织（ISO）原主席

2024 年 5 月

前言 / Preface

当前，中国经济已进入新发展阶段，明确提出建设质量强国，完善国家质量基础设施，加强质量体系建设，推动经济优化升级。这是以习近平同志为核心的党中央在精准研判国内外发展形势、科学把握经济发展规律的基础上，经过深思熟虑做出的重大战略部署。随着新一轮产业革命和技术革命的推进，产业链自主可控、数据信息隐私权、军民一体化发展等涉及国家安全的问题逐渐成为发展焦点，标准竞争也随之成为全球竞争的制高之处。

本书认为，当前国际标准竞争的态势越发明显，主要表现为以下四点。

第一，全球标准化格局即将重构。一是国际标准化生态系统正在发生深刻变化，多极化趋势显现。传统的标准化组织因自身管理等原因，对新兴领域标准化反应偏慢，在与新兴领域标准组织的竞争中落于"下风"。以美国为例，在美注册的一批专业领域的标准组织以更为灵活多样的方式开展活动，对全球产业发展和标准格局产生了极为深刻的影响，如通信领域的第三代合作伙伴计划（3GPP）、计量领域的国际计量局（BIPM）和视频安防领域的开放网络视频接口论坛（ONVIF）等。这对以三大国际标准化组织为核心的现有国际标准体系产生了重大冲击。二是区域标准化合作呈现出不断强化的趋势，区域性合作组织不断涌现，涉及多极化标准内容，如亚太经合组织（APEC）、东盟（ASEAN）、区域全面经济伙伴关系协定（RCEP）、亚太地区电信标准化机构（ASTAP）、欧洲标准化委员会（CEN）、欧洲电工标准化委员会（CENELEC）、欧洲电信标准化协会（ETSI）等。区域性的标准化活动更关注区域特殊性和一体性，比起传统的国际性组织更有效地推动了区域合作。此外，在南美、东南亚等地，标准化也在有序推进，通过标准评定合作，国家间协调统一，形成了密切的区域标准体系。

第二，标准化国际竞争逐步增强，越来越多的国家将标准写入国家战略。2018 年，德国工业 4.0 标准化委员会（SCI 4.0）与德国标准化协会（DIN）共同发布了"工业 4.0"相关内容，并明确制定了标准化路线图。2021 年，美国国防部发布《非对称竞争：应对中国科技竞争的战略》，指出"建立全球标准制定机构，并设置多边信任区以实现促进美国价值的全球一体化等"。西方国家近年来发布的多项战略均意有所指，其中不少是针对中国布局的，目的明确，路径清晰，与科技竞争相辅相成。此外，美欧标准合作越发密切。在产业方面，美欧标准化合作广泛，覆盖 5G、智能交通、云计算、宽带无线接入、广播、网络安全、电子签名等多个领域。在标准制定主体方面，美国作为 ETSI 的准成员（有投票权）、观察员（无投票权）参与 ETSI 的标准制定。据统计，在 ETSI 的 800 多名成员（包括正式成员、准成员、观察员和顾问）中，有 56 名来自美国的公司、研究机构和大学。在组织方面，美国与其"盟友和伙伴"组建全球关系网络，在多领域重塑标准网络共同对抗中国，如"九国联盟""十二国论坛"等"新多边技术联盟"，就"研发下一代技术、确保供应链安全及其多样化、保护关键技术、制定国际标准和规范"等进行合作，孤立中国。

第三，标准化技术竞争激烈复杂。首先，标准数字化的竞争烈度增强。国际标准化组织（ISO）、国际电工委员会（IEC）、CEN、CENELEC 等国际和区域性的标准化组织及英美等发达国家，都将实现标准数字化转型纳入其发展战略，率先在工业、建筑业、社会治理等方面开展研究。在国际层面，IEC 在 2017 年发展规划中提到，IEC 将继续对影响其核心运营的根本变革做好准备，如开源、开放数据趋势、机器验定新型标准等。在区域层面，2020 年发布的《CEN-CENELEC 战略（2030）》以提供数字方案为目标，根据客户需求变动调整，及时提供与市场相关的数字标准。在国家层面，2016 年德国发布的《德国标准化战略》要求将数字技术纳入标准化发展进程，在委员会工作中充分利用数字资源。2018 年，美国国际战略研究中心（CSIS）发布的《美国机器智能国家战略报告》认为，美国政府应从协调其自身数据结构和标签标准入手，与合作企业制定标准，以实现政府与行业之间的数据共享，推动标准数字化工作。其次，标准成为军民一体化的技术切入口。美国2020年提出"联盟与合作伙伴关系发展指南"（GDAP），在该框架下，美国国防部启动了"外国军事销售仪表板"（foreign military sales dashboard），加强盟友间的军事装备互操作能力，构建共同防御体系，展开太空竞争。为增强人工智能武器互操作性，美国国务院和美国国家标准与技术研究院（NIST）加强了与北约、欧盟、日本、韩国、澳大利亚的标准制定合作，促进军事平台智能化和决策程序的互操作性。欧盟委员会于2021年2月出台《民用、防务与空间产业融合行动计划》，意在推动民用、防务与空间行业融合发展，在三者之间创造协同效应，促进航空工业领域技术融合发展新标准的建立。

第四，中国标准化发展遭受围堵。一方面美欧等西方发达国家在全球价值链上对中国形成新的压制。随着中国技术进步与产业升级，中国在全球价值链的地位不断上升，一定程度上与美欧形成了竞争态势。若美欧在标准监管上达成协调，其市场将进一步融合，加大规模效应，增强贸易发展，形成互惠分工，增强整体竞争力。此外，美欧在劳工、环保、消费保护等领域的高标准，如果不加考虑地推行至全球，将极大提高行业成本，对中国造成不利影响，削弱中国的国际竞争力，进而在全球价值链上被进一步压制。另一方面中国推进标准国际化遭遇实质性阻碍。美国及其盟友通过组建新技术组织，将中国从已参加技术组织中剔除等方式，限制中国的技术推广与产业升级。在重要技术领域，如半导体芯片、电动汽车大容量电池、稀土和医药产品等领域，美国牵头成立组织孤立中国。2020年，美国联合60多家科技龙头企业，成立联盟共商6G技术标准，将中国企业排除在外。2019年，华为公司因美国禁令被SD协会、Wi-Fi联盟、蓝牙技术联盟和联合电子设备工程委员会（JEDEC）等若干技术标准组织除名，阻碍了中国公司、机构的国际化和标准化。

改革开放以来，中国的标准化工作一直受到党和政府的高度重视。党的十一届三中全会明确指出，全党把工作重点要转移到社会主义现代化建设上来。1978年，国务院批准成立了国家标准总局，推进中国的标准化事业。党的十八大以来，标准化工作的重要性更是提到了前所未有的高度。当前，国内外形势发生着深刻变化，中国经济进入发展转型的重要阶段，而美国在对华科技政策上已形成体系化、结构化、精细化的战略框架，对中国若干重点技术领域进行围堵。在此背景下，中国标准化工作既要保持开放姿态，继续加强国际交流，又要防范脱钩风险，确保国家和产业安全。

鉴于此，本书立足于中国经济向高质量发展的大背景，以四次工业革命为轴，阐述千年以来标准及其理念的变迁路径，力图展现标准从萌芽到成形再到形成体系乃至成为全球竞争焦点的全过程。本书参考了多部标准理论著作，介绍了不同流派的观点看法，结合作者积累的航空产业标准化工作经验和典型案例，尝试通标准的古今之变，成一家之言。随着国家对标准的高度重视，标准理念必将走入大众。本书既是一本科普读物，也是一本倡议书，呼吁企业行业关注标准议题，为中国当下加快发展的标准事业出谋划策。

当然，因时间匆促和水平有限，不妥之处在所难免，恳请相关学者和广大读者批评指正，以便再版时修订完善。

张　豪

国家产业基础专家委员会委员

2024 年 5 月

目录/Contents

第一章

在前现代世界中寻找标准

历史是一门从不重复研究两次事件的科学。

——瓦勒里

第一节 射箭与画靶：标准缘起

标准（standard），在现代生活中无处不在。昨天"三一五"爆出某食品制造厂家不合标准，引发全网热议；今天财务报表做得不太"标准"，被领导打回重做；明天要准备好相关证件，参加一场国家标准考试。事实上，我们每天都在各种书面文件中向"标准"问好，每天都在口头交流中与"标准"碰面。若要列举形容或描述"标准"的关键词，规范、统一、权威……仿佛一切与秩序相关的词语都能与"标准"沾亲带故。也正如此，标准并不总是以"标准"的原本面貌出现，法规、建议、图画甚至是无法言说的默契都可以是标准的化身。标准渗透在现代社会的方方面面，维持生产生活的有序地进行。当你躺在床上，大脑放空，让流媒体平台播放某种"解压视频"时，看到流水线的机械臂协调划一地重复着包装动作，标准已成为你作为现代人的一种印记了。

那么，标准是怎么来的呢？古代有没有标准，古人又是怎么认识和使用标准的呢？场景难以想象，虽然现代有很多使用标准的例子，但也不能将其简单套用到前现代（古代）人的生活中去。

如果从历史主义的视角看，前现代的人们不知道自己在探究、制定、履行着标准。于前现代而言，做这些类标准事情的动因或是追求艺术与视觉享受，或是满足王公贵族的奢欲，又或是提高生产管理效率。所以，他们的这种意识和行为能够被称为"标准"吗？可以用现代标准化的观点去检视吗？

　　松浦四郎①和桑德斯②都认为，标准是对方案的选择和固化活动，其中的"选择"是一种使客观事物的品类减少的简化活动，其本质在于人类有意识地阻止客观事物向任意复杂化方向发展，即标准本身是一种对抗"混沌"，守护"秩序"的结果。

　　那让我们的视线投向博物馆中常被人们匆匆路过的石器时代展柜吧，考古类型学的研究成果向我们展示了什么样的石斧是真正的好石斧（见图 1-1）。用"标准化是技术方案的选择和固化"这一观点来解释，石斧不同的大小、形状都是古人们长期使用其切割、砍砸和挖掘之后的结果。怎样最省力？怎样最易做？这种对工具的要求难道不是标准吗？

　　汉克德弗里斯（Henk De Vries）③认为标准是匹配问题解决方案，标准化对象可以是任何具体或抽象的事物。于是，制定标准就是要对标准方案中涉及的各要素进行协调，使其彼此之间形成最佳搭配，而使方案能够在满足要求的基础上降低成本、提高效率和质量。首先让我们的视线投向拍卖会上一个天上一个地下的官窑和民窑瓷器，它们相差不知道多少个"0"的迥异命运向我们展示了前现代标准跨越时间的巨大影响。用"标准需要进行要素的协调和匹配"的观点来解释，同样的瓷土、同样的釉料、同样的色彩正是在官府和民间不同的试错成本和匹配实验中走向了"瓷生"的不同道路。

　　现代标准的最重要舞台就是工业，无论企业标准、行业标准，还是国家标准、国际标准，其"标准"之名除了来自其代表的合理的技术方案或管理方案，很大程度上还来自其权威性，要求严格地、甚至是强制地被实施。自

---

① 松浦四郎，日本政法大学教授、标准化研究学者，国际标准化组织标准化原理研究常设委员会(ISO/STACO)成员，日本规格协会标准化原理研究常设委员会创始成员，先后发表《工业标准化原理》《简化的经济效果》与《产品标准化》等著作和文章。松浦四郎在 1972 年出版的《工业标准化原理》中，系统地研究和阐述了标准化活动的基本规律，提出了在标准化原理领域影响深远的 19 条原则。

② 桑德斯 T.R.B.，英国标准化专家，1963—1972 年担任国际标准化组织标准化原理研究常设委员会(ISO/STACO)主席，其 1972 年出版的《标准化的目的和原理》制订了"实施—修订—再实施"标准过程的实践经验，从标准化的目的、作用和方法上提炼出了在标准化原理领域影响深远的 7 项原理。

③ 汉克德弗里斯(Henk de Vries)，欧洲标准化学院(EURAS)院长，鹿特丹伊拉斯姆斯大学鹿特丹管理学院技术与运营管理系标准化管理专业教授。

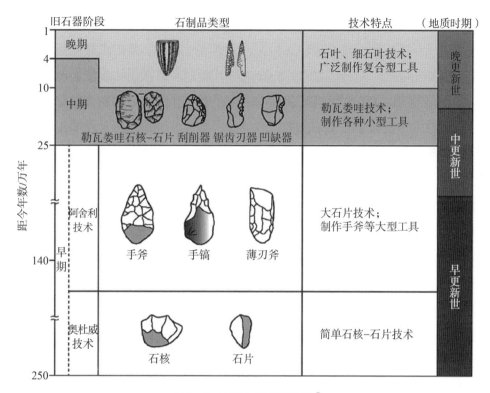

图 1-1　石斧的类型学比较①

然形成的民间标准化组织、集聚效应催生的国家国际标准化组织和政府机构，以及国家机关都在以自己为背书，影响、颁布着标准。接着让我们的视线投向古代中国的律令或欧洲工会的规定。无论是出于统治阶级需要或是行业利益发展，历史上的政权、组织及各种各样的实体也都在制定、推广着统一性要求。

　　现代标准的另一个特点就是实现了概念量化的标准化。然而无论古代还是现代，计量（度量衡）标准都十分重要，标准计量单位为物理学和工程学的发展与实践奠定了基础，保证了数值计算的"交通畅通"。而对于前现代的人们来说，无论是以身体为尺度，还是通过观察自然制定参照，概念的量化标准化同样影响着生产生活的方方面面。"六王毕，四海一"，秦始皇对长

---

① 李浩.阿舍利技术与史前人类演化[J].科学，2019，71（3）：10-14.

度、体积、质量和价值的概念量化不可谓不是开标准化先河之举。

从选择固化到匹配要素，从拥有权威到概念量化，现代标准概念与前现代（古代）标准实践的代表性对比，仿佛让我们看到了一条理解前现代标准的可行路径。如果过去之箭与我们今日之箭命中了同一个靶心，那么为过去之箭画靶观察也未尝没有价值。

在悠悠的历史长河中，人类随着智力的进化，在改造客观世界为自身服务的过程中不断探寻着事物的因果关系。虽然早期的人类还不懂什么是技术，也不懂什么是标准，形成的标准方案还很粗糙，但是古代标准化的逻辑与现代标准化的逻辑其实是一致的：无论古代标准还是现代标准，技术的发展与标准总是纠缠难分。与有组织有目的的现代标准化相比，前现代的标准化现象主要是人类自发形成、逐渐进化并自我迭代的，属于分散的实践活动，其标准的权威性也是自然形成的。这一时期的标准并不是今天我们所理解的标准，因为这一时期的标准并没有固化形成文本，并在一定范围内执行，只能是广义标准，是一种约定俗成的规则或规范。随着人类文明的发展，标准在各种创新活动中不断产生，出现在人类社会的各个角落，形成庞大的规则体系，作为人类文明的底层逻辑，持续推动着人类社会向前发展。

第二节　标准萌芽

在远古时代，人类进入了标准的先驱阶段，似乎步入了一场对混沌和随意的"秩序恢复"之旅，这并非是征服新大陆，而是对原始社会进行一场全面的"秩序建设"。石器制作领域，好似卷入了一场"原始技艺的巅峰对决"，各个部落通过长期的实践和经验沉淀，形成了一套独特的标准，使得每位工匠都能轻松识别出高质量的石斧，这成为早期社会的一种"品质典范"。在语言文字的塑造中，人类似乎经历了一场"文字纪律的奠基之战"。随着人类发声器官的进化和社会形态的发展，语言能力逐渐成为原始人类的行为本能。为了更有效地交流和传递信息，他们制定了一套共同的语法和词汇规则，以避免陷入"言辞混乱"的泥潭。而在建筑设计领域，远古人们如同参与了一场"原始版的规范建造"比赛。通过分享彼此的经验和技巧，他们创造了一系列的建筑法则，确保建筑不仅要经得住时间的考验，还要能反映社会的文化和价值。远古时代的标准探索，如同一场旷日持久的"秩序恢复征程"，在独特而古老的经验中，为后来的文明演进提供了不可或缺的条件，推动着社会对于规范和标准的持续探求。

一、石器时代的制作规整

在石器时代，标准石器的制作成为人类社会的一项重要技术和文化成就。石器不仅是生存工具，更是社会和文化的象征，而石器制作的标准历程为这一时代的发展注入了新的动力。

石器时代的人们早早就开始关注石器的多功能性和效率。他们认识到，不同形状和大小的石器适用于不同的任务，比如切割、砍伐、磨削等。为了提高工具的实用性，人们逐渐形成了石器制作的一套规范，这就是标准的雏形。这种标准实践，使得石器成为更加灵活和高效的工具，有力地支持了社会的发展。标准石器的制作涉及材料的选择、形状设计和制作工艺等多个方面。人们不仅开始注意石头的质地和坚固程度，还在设计石器的形状和尺寸时进行了深思熟虑，制定了一系列标准，确保石器在各种使用场景下都能发挥最佳效果。这不仅要求制作者具备一定的技术水平，也促进了技术的传承和创新。随着石器制作标准的逐渐确立，形成了一种共同的工艺认知，促进了不同社群之间的交流与合作。标准石器不仅仅是一种工具，更成为社会中的一种象征，反映了个体在社会中的角色和地位。这种共同认知强化了社群的凝聚力，推动了社会的组织和分工[①]。

在旧石器时代中叶，早期智人开始广泛使用手斧（又称两面器）。最早的阿舍利手斧在法国被考古学家发现，其制作过程包括两面打磨，呈现出基

---

① 王平.再论标准和标准化的基本概念[J].标准科学，2022(1)：6-14.

本对称的两面和两侧，一端狭薄，另一端宽厚。考古学界普遍认为阿舍利手斧在旧石器时代扮演了文化符号的角色。在制作阿舍利手斧时，早期智人可能会选取大小适中的石头，通常采用坚硬的燧石。他们可能先用其他石头（石锤）粗略打磨成手斧的基本形状，然后进行精细加工，最终制造出形状规整、刃口锋利的完美手斧。这种工具可用于切割野兽的肉或皮革，也可用于砍伐树木、剁碎兽骨或进行挖掘等各种劳作。这种石器具备了切割、砍伐、挖掘等多种功能，成为早期智人为了生存和劳作而进行的重要创新。

智人为了提高劳动效率首次采用石头作为原材料制作了最原始的工具，并且使这些工具具有相对固定的形状和大小。为了确立手斧的制作方案和规则，人类开始形成一种相对标准的手斧，尽管它可能相当粗糙。从现代人的角度来看，这种原始手斧已经具备了类似现代工业标准的原型，其中固定的大小和形状被视为手斧的特定标准。优秀的手斧在群体中得到认可，其他人和后代也开始模仿，将出色的手斧作为制作的模型或标准。这种制作手斧的方案（手斧标准）逐渐演变成为规则，后来的人在制作手斧时便遵循这些规则。按照相同的规则制作的手斧具有相似的效能。因此，远古时期人类最早的创新也与标准密切相关。

仿制不一定完全符合原有手斧的形状和大小，出现差异是不可避免的。如果有人发现新手斧的差异使其更为有效，后来的人就会采用新的方案。这是一个漫长的试错和改进的过程。在这个过程中，调整了几个要素之间的关系，包括人手与手斧、手斧与切割或砍剁对象，以及人的力量与手斧的重量之间的关系。通过漫长的过程逐渐调整手斧的形状和大小，以使其发挥更好的效能。尽管早期智人可能无法清晰地认识这些关系，但他们开始试图识别其中的因果关系，以理解在何种情况下手斧更有效，他们更关心的是制作手斧的结果。这就是标准的"萌芽"阶段[①]。

总而言之，石器时代标准石器的制作标志着人类对技术和社会组织的一

① 王平,侯俊军,房庆.人类在历史长河中的创新与标准化现象——用现代标准化的观点进行考察[J].标准科学,2022(11):6-18.

种初步规范化。这一时期的标准实践不仅推动了石器技术的进步，还对社会的结构和文化产生了深远的影响，为后来更为复杂的标准体系的发展奠定了基础。

二、语言、文字的产生与使用

人类的语言与文字的形成同样是一个漫长而神奇的历程，标准在这个过程中悄然崭露头角。在最初的时候，人类通过声音和肢体语言进行简单的沟通，这种形式虽然简陋，却是早期社会交流的基石。随着社会的发展，人们逐渐认识到需要一种更加稳定和可靠的交流工具。于是，语言应运而生。人们通过共同的经验和交流，形成了一套共同的语法规则和发音准则，以确保信息的传递更加准确和高效。这一标准的语言体系，为社会的组织和合作提供了更可靠的基础。随着时间的推移，语言的标准逐渐演变为文字的标准。人类开始尝试将口头语言转化为书写系统，以便更持久地保存信息。这涉及形状的规范、符号的设定及书写的约定，逐渐形成了一种统一的书写标准。这使得信息可以被更广泛地传播和传承，标准化的文字系统为人类的知识积累奠定了坚实的基础①。

人类作为一个物种，经历了漫长的进化过程，大约花费了 300 万年的时间，最终发展出了独特的语言能力。在从森林古猿到现代人的进化中，颌部逐渐后缩，面部逐渐平坦，口腔逐渐缩小，而舌头则不断侵入咽腔。舌骨和喉的下降形成了人类独特的口咽腔结构。原本用于食物消化的口腔，演变成了语言表达的关键组成部分，成为声道的一部分。喉上声道的垂直和水平部分变得等长，形成了双管共鸣机制，确保了语音发音的准确性。发音器官包括唇、齿、舌、软腭、硬腭等，它们对发音器官产生的声音进行精确处理，形成有意义的语音。数百万年的进化使人类的声带发音系统、耳蜗听力系统和复杂的大脑相互协调，形成了天生的语言能力。最初，原始人类使用各种吼叫声进行简单的交流，来呼唤同伴、传递信息，以及表达

---

① 麦绿波.标准化是人类进化和社会进步的要素[J].标准科学,2012(1):6-11.

意愿或情感①。

远古时代的语言与文字形成的历程，反映了人类社会对有效沟通和信息传递的渴望。标准的语言和文字系统不仅促进了人类社会的文化交流，也为社会的组织和协作提供了强大的工具。这一漫长而持久的历史过程，为后来的文明进程打下了坚实的基础。

三、统一设计的建筑样式

在远古社会，尤其是石器时代，建筑样式设计的标准虽然不如后来的文明那样明晰，但已经有一些雏形。这主要体现在一些共同的建筑元素和形式上，反映了当时社会对于建筑的某种规范和共识。

在一些远古社会中，人们主要居住在自然洞穴或人工挖掘的地下穴居中。这种居住方式在不同地域和文化中有相似之处，如对穴居的形状、大小、进出口位置等有一定的共识。虽然这更多是由于环境和生存的需要，但在一定程度上也反映了一些基本的居住标准。同时，远古社会往往倾向于使用相似的建筑材料，例如泥土、草木、兽皮等。虽然这主要受到当地资源的限制，但共同使用一些基本的建筑材料也可以视为一种标准的迹象。具体而言，考古学发现的一些远古穴居建筑如土耳其中部的卡帕多奇亚穴居，展现了穴居建筑的共性。

卡帕多奇亚地区是一个火山地带，其独特的地质特征为穴居建筑提供了理想的条件。在考古发掘中，发现了大量的岩石穴居建筑，这些建筑主要是在由软砂岩和火山岩形成的奇特地貌中被人工挖掘而成的。这些穴居建筑呈现出一些共性：大多数穴居建筑都呈现出椭圆形或圆形，这有助于减少结构的复杂性，提高建筑的稳定性。这种形状选择可能是由当地软砂岩和火山岩地质条件决定的。穴居建筑的空间相对较小，通常仅能容纳一个家庭。这种大小的选择可能是基于当时的社会结构和生活需求，同时也受到了挖掘和支撑工具的限制。穴居建筑通常设有一个或多个出入口，这些出入口的位置在

---

① 王平，侯俊军，房庆.人类在历史长河中的创新与标准化现象——用现代标准化的观点进行考察[J].标准科学，2022(11)：6-18.

卡帕多奇亚的穴居建筑中也有一定的规律。通常，这些出入口会设置在穴居建筑的高处，以便采光和通风，并且会考虑周围地形的因素。这些建筑的挖掘技术主要通过手工工具，如凿子和铲子进行挖掘。这些挖掘技术在不同的穴居建筑中都有体现，反映了一定的技术共通性。

这些远古穴居建筑例子表明，尽管远古社会的穴居建筑更多的是由环境和实际需求决定的，但在形状、大小、出入口位置和挖掘技术等方面存在一定的共性，这反映了一些基本的居住标准。

四、无意识的统一表达

结绳记事（见图 1–2）作为一种文字发明前的信息记录和传递方式，通过在绳子上打结来记录事件、数量等信息，体现了早期人类的原始标准思维。它通过建立一套标准化的记号系统，使用不同大小、颜色和位置的绳结来代表特定含义，从而实现集体记忆的共享。结绳记事也是社会交往的重要工具，促进了部落内外的交流和互动，反映了原始社会对标准化沟通方式的需求。此外，它还具有契约和凭证的功能，通过特定的绳结记录债务或约定，体现了对标准化契约和信任建立的需求。结绳记事还承载了情感和认同，通过编织绳结和解读传递情感，展现了原始社会对标准化情感交流的需求。

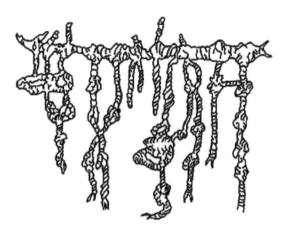

图 1–2 结绳记事

结绳记事作为一种原始的记事和交流手段，与语言一样，是人类意识和知识传递的重要方式。在结绳记事的过程中，身体的动作、视觉和触觉感知，以及大脑的认知活动共同参与，形成了一种具身传播（embodied communication）。这种传播方式不仅强调了身体与情感在信息传递中的重要作用，而且体现了原始标准思维对身体经验的重视。通过结绳记事，早期人类能够超越语言的局限，实现信息的长期保存和跨时空交流。结绳记事的发展和演变，反映了人类对记事方法和交流手段的不断探索和创新。最初，人们根据自己的习惯和需要，采用结绳、刻石、堆土等形状记事方法。随着交流的需要和意识表达的增加，这些形状表达符号逐渐趋于统一，表达方式也在不断优化，以适应更方便的交流需求。

结绳记事和文字语言在产生意义上是同源的，前者甚至是后者的先声。尽管它们在表现形式上有所不同，语言用音表示意思，而文字用形表示意思，但它们都是人类意识的行为标准，是对对象、动作、时间、地点、性质等书写表达的行为标准。结绳记事通过绳结的形状、大小、颜色等特征，传达特定的信息和意义，体现了一种原始的标准化思维。文字的出现，为人类提供了一种更加固化、可长期保留的记事方式。文字的书写结构和含义可以通过字典等方式形成文字标准，实现不同语言地域的文字统一。文字作为一种人类身体外的标准，其书写和使用又与意识和行为密切相关，进一步推动了人类社会的发展和进步。从结绳记事到文字语言的演变，是人类从原始社会向文明社会过渡的重要标志，也是人类智慧和创造力的生动体现[1]。

第三节　来自"国家"的推动力

在封建社会的舞台上，标准宛如一位无声的舞台导演，在背后默默引导社会的有序演绎。这位导演不仅规划了每个社会角色的表演，还确保整

---

[1] 麦绿波.标准的起源和发展的形式（下）[J].标准科学，2012(5):6-11.

个社会大戏井然有序地进行。在经济、法律、农业和手工业等各个领域，标准如同一条无形的纽带，将社会的方方面面连接起来，形成了一幅有序的社会画卷。国家通过推动标准发展，为整个封建社会提供了一种可靠的制度保障，使得社会更加稳定、有序地运行。这位名为"国家"的导演通过标准手段，规范了社会成员的行为、经济交往和生产活动，使得社会更加有序、协调。标准与标准化的发展成为封建社会中不可或缺的制度建设，为社会的正常运转提供了基础。这种规范与制度的推动力，确保了国家的秩序和繁荣。

一、统一绝非偶然，制度自此奠基

在我国众多的重大考古发掘中，最为轰动的考古之一是秦始皇陵兵马俑（见图 1－3）。1974 年 3 月，在陕西省西安市东约 35 公里的临潼县（今陕西省西安市临潼区），发现了埋有秦始皇兵马俑的地下坑。该遗址自 1979 年 10 月 1 日对公众开放以来，参观者络绎不绝。一部分兵马俑还在海外进行了展示。例如，1976 年，两件武士俑和一匹战马在日本展出；1980 年，8 件陶俑第一次到西方展览，从纽约开始巡展。这支来自地下的军队正"征战""征服"着世界。①

这一考古发现的最不寻常之处在于：埋在地下的不是几个，或者几十个，而是数千个真人一般的人形俑。它们（甚至可称"他们"）不仅造型逼真，而且尺寸亦如真人大小。其类型更是多种多样，包括着铠甲和穿轻装的步兵、站立和半跪的射手、骑兵、战车的驭手、军吏和指挥官等。最常见的是着铠甲的步兵俑，均以右手执戟矛，有些左手握剑。驭手俑头戴表明其军吏官阶的冠饰，双手前伸，紧握缰绳。立射俑身体侧转，身着便于快速灵活作战的轻装。而跪射俑则身着齐腰长仿皮革铠甲，手臂弯曲以持弓弩。所有细节，从面容、铠甲，到射手俑的履底纹样，无不制作精细、生动逼真。

这些人形俑原来身敷彩绘，服饰的各个部分都精心描画，想必更为生动

---

① 雷德侯.万物:中国艺术中的模件化和规模化生产[M].张总,译.北京:生活・读书・新知三联书店出版社,2020:75-76.

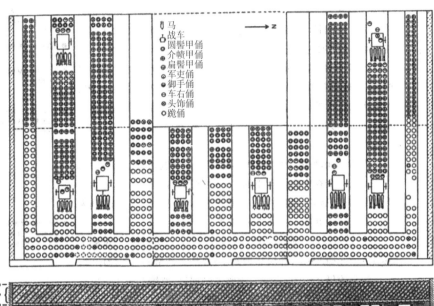

马
战车
圆髻甲俑
介帻甲俑
扁髻甲俑
军吏俑
御手俑
车右俑
头饰俑
跪俑

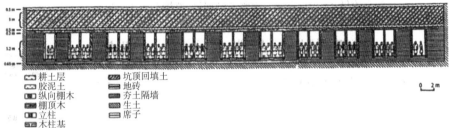

耕土层　　坑顶回填土
胶泥土　　地砖
纵向棚木　夯土隔墙
棚顶木　　生土
立柱　　　席子
木柱基

0　2m

图1-3　秦始皇陵兵马俑一号坑平面图（上）与立面图（下）①

传神，令人赞叹。陶俑刚出土时颜色尚明晰可辨，但随着挖掘的进展，大部分的颜料却与周围的泥土相粘连，而且，一旦暴露在空气中，彩绘所附着的漆层会迅速脱落，颜料便变成粉末，只留下斑驳残迹。

如此规模浩大的工程使后人产生了无数的疑问。我们难以想象，数量如此庞大、结构如此复杂（算上"他们"手持的武器和驾驶的乘具）的手工业奇迹究竟是怎样缔造而成的。此时，一个想法或许会出现——我们正在重新发现一个标准帝国。

秦的发展经历了秦族、秦国、秦帝国，在漫长的发展历程中，秦思想的

① 陕西省考古研究所 始皇陵秦俑坑考古发掘队.秦始皇陵兵马俑坑一号坑发掘报告 1974—1984（上、下）
　［M］.北京：文物出版社,1988.

内涵是多元而复杂的。公元前 221 年，秦始皇凭借关中地区农业、手工业优于其他地区，灭六国，完成了统一中国的大业，在咸阳建立了中国历史上第一个统一的、多民族的封建专制主义中央集权的秦王朝。秦朝统一中国之前的战国时期是中国政治经济与社会文化过渡的大动荡时期，由于长期的封建割据，诸侯国"各自为政"，封闭的自然经济、迥异的地理差别、独特的民俗风情使各国文化自成体系。

战国期间，兼并战争连绵不断，战祸极其残酷，百姓苦难不堪承受，统一已成为大势所趋、民心所向。孟子的"定于一"，荀子的"四海之内若一家"，韩非子的专制集权思想，都是统一要求的表现。李斯入秦后劝说秦王政："灭诸侯，成帝业，为天下一统，此万世之一时也。"战国末年，在不到十年的时间内秦便灭韩（公元前 231），破赵（公元前 229），亡燕（公元前 227），围剿魏国（公元前 225），降服荆楚（公元前 223），一扫灭齐（公元前 222—前 221），最终结束了长期分裂割据的时代，从此建立了前所未有的封建大一统王朝——秦朝。秦年祚虽短，却是历史发展的重大转折点。

1975 年 12 月湖北省云梦县出土了一批秦律竹简（见图 1 - 4），写于战国晚期至秦始皇时期。这批秦律中许多条文都必须以度量衡来保证实施，如《田律》中规定要按受田之数缴纳刍稿①的定额；《仓律》规定出入仓廪的粮食必须严格称重，粮食加工、下种及刑徒每天的配给，在数量上都有严格的规定；《金布律》对布匹的长、宽有严格的尺寸要求；《工律》对官营手工业生产的各种产品有规范化、标准化要求；等等。以上各项条款都必须建立在有统一的度量衡的基础上。而当时的现状是，一方面战国晚期各诸侯国相继完成了封建制度的改革，其中也包括度量衡的改革，如尺、寸、升、斗、斛，斤、两、石等常用单位已在多数诸侯国中通行。但另一方面，各诸侯国又受到封建割据和地方局限的束缚，如战争的遮断，政治的封锁，

---

① 刍稿，即刍稿税，秦、汉田赋的一种。刍稿是农作物的秸秆，用以充当饲料、燃料。从秦到汉，刍稿和粟米同时征收。

图1-4　云梦睡虎地秦简《秦律十八种》图版①

各国关税、货币、度量衡制度的不同，书写契约的文字、体裁不同，以及转运商品的货车大小不同，这些使得当时的工商业遇到极大的困难，同时也直接影响着统一的赋税、俸禄和奖惩制度的执行。因此秦始皇统一六国后，统一度量衡便成了当务之急②。

在一个政治统一、经济独立的国家，只能采用一种计量单位制，只能有一套原始的标准器（现今称为基准装置），据此进行量值传递。政出多头会造成政策上的混乱，量出多源必将导致经济与技术上的混乱。因此统一量值的工作，不但要求有技术手段，而且要有行政措施和法律的保证。

公元前221年（秦始皇廿六年），秦王嬴政统一天下后，立皇帝称号，帝命为"制"，令为"诏"，统一度量衡的命令就是以诏书的形式发布的。

廿六年，皇帝尽并兼天下诸侯，黔首大安，立号为皇帝，乃诏丞相状、绾，法度量则不壹，歉疑者，皆明壹之③。

其大意是：（秦始皇）二十六年，皇帝兼并了各诸侯国，百姓安居乐业，立皇帝称号，下诏书给丞相隗状、王绾，凡不合统一法规的度量衡或规章制度不够明确的，都必须明确地统一起来。诏书全文共40字，简要地说明了统一度量衡的历史背景和对统一的要求。近年来有秦始皇诏书的各种权衡器和量器大量出土，诏书的形式多样，有的直接铸（刻）在铜、铁质的权和量器上，也有大型铁质石权，其先制成铜诏版再镶嵌在权体上，这类铁权出土时，不少表面已剥蚀，而诏版却能保持完整，文字也清晰可辨。

近年来，在山东、陕西、吉林等地还出土了一些陶质的权和量。陶权上有的刻有诏文，有的无刻文。陶量中有一种器形是广口平底直腹（仅见出土于山东邹县），诏文是用预先烧制成的十个印戳分别钤印在陶质泥坯上，连成一篇诏书，然后再烧制成器，文字整齐规范。这种用印戳拼成一篇完整文书的形式，犹如后世的活字版。由于秦权、秦量上大都刻有诏文而相当集中地保存了一部分秦代文字，又成为研究秦文字的珍贵资料。"权制断于君则威。"由国君颁发的统一度量衡命令，有力地保证了这项措施顺利推行和坚决贯彻①。

（1）沿用战国（秦）时度量衡法规、制度。

为了保证赋税和俸禄在全国范围内顺利推行，为了维系社会经济的正常发展，秦始皇果断地实施"一法度，衡石、丈尺"。要做到度量衡统一，除了要有一系列法规、制度外，还必须要有明确统一的度量衡标准。秦始皇以商鞅统一秦国度量衡时制定的，并在秦国已实施了 100 多年的度量衡标准推广到全国。这一点除了可以从这两个时期器物的形制上比较得到证明外，还从"商鞅铜方升"和"高奴禾石铜权"多次铸（刻）的铭文上得到进一步的证实。"商鞅铜方升"除侧面有铸造时镌刻的铭文外，底部又加刻了秦始皇统一度量衡诏书，说明了秦自商鞅至秦始皇，度量衡的一切法规、制度等均未改变，甚至连器物本身都一直沿用而不必更造。又如"高奴禾石铜权"，其制造的具体年代虽尚未有准确的考证，但应在商鞅变法之后秦始皇之前。"高奴禾石铜权"一器上有 3 个时代的刻铭，3 次刻铭至少可以说明，秦始皇统一前后，对度量衡器的检测从未间断过，而且对统一量值的管理也是十分严格的。秦朝容量和重量的单位量值与"商鞅铜方升"和"高奴禾石铜权"的单位量值相比较，确实也基本相同，这也说明虽经历了几代人、百余年的

---

① 陈徐玮.秦国手工业标准化建设[J].标准科学,2016(1):16-19.

时间，统一的度量衡 3 个量的单位量值都能严格地一代一代传递下去。

（2）制造和颁发大批度量衡器具。

图 1-5　秦始皇帝陵博物院藏秦铜权[①]

秦权秦量是秦代实施统一度量衡法令的有力实物见证（见图 1-5）。我们今天见到的秦始皇统一后的量器和权衡器实物（包括过去金石图集所著录的）共 110 余件，绝大多数器上有秦始皇统一度量衡 40 字诏书，有的加刻了二世诏书。二世诏书全文如下：

> 元年，制诏丞相斯、去疾，法度量，尽始皇帝为之，皆有刻辞焉。今袭号，而刻辞不称始皇帝，其于久远也，如后嗣为之者，不称成功盛德，刻此诏，故刻左，使勿疑。

二世强调统一度量衡是始皇帝的功绩，并将统一的法令继续推行下去。

量器器型变化较多，除长方形的铜升外，小型铜量多呈椭圆形。陶量则多为圆钵形，口略侈，目前仅见半斗和一斗两种，大型陶量为平底圆口鼓腹，一般容一斛（100 升），两侧有柄，据统计，迄今所见秦量共 18 件，其中铜质 13 件、陶质 5 件，量值分为斛、斗、半斗、三分之一斗、四分之一斗和升量 6 个等级。[②] 这种以斗为基本单位而取斗的分数量值的铜量，是与当时分配制度有密切关系的。据秦律《仓律》规定，免隶臣妾、隶臣妾，以及与筑城劳动强度相当的人，男子每天定量是上午半斗，下午三分之一斗，女子上、下午各三分之一斗。可见当时劳工和军队分配粮食皆以斗为基本单位。

今天所见秦量的量值也恰好多为一斗的分数，这也正是当时分配制度的

① 何宏.略论秦陵出土青铜器的历史价值[J].文博,2010(1):3-9.

② 丘光明,邱隆,杨平.中国科学技术史:度量衡卷[M].北京:科学出版社,1999.

实物见证。秦权的形制大多为半球形鼻纽权，便于系绳，少数呈瓠棱形，棱间刻始皇诏文。还有一种钟形权，除有棱外，权体中空，这类多为一斤两诏权。由于一斤权质量小，又要刻出长达 100 字的两篇诏文，从而设计成空腹钟形，目的是使权身周围延伸从而保证一斤量值。如上海博物馆所藏的"美阳一斤铜权"、《考古图》著录的"平阳斤权"。近年又在陕西省秦始皇陵出土了两件两诏有棱铜权，皆属此类。这类权从字体和两诏的排列来看，当是一次刻成，故制作年代应是秦二世继位之后（公元前 209 年）。"美阳""平阳"皆系地名。另见两件八角棱形铜权，腹空，权身刻秦始皇诏和二世诏各占四面，顶端为一平面，中间有凹槽和与顶平面相接之横梁，可系绳，顶端横梁左右各有阴文篆书"大瑰"和"旬邑"，也皆为地名①。

　　秦权大多无自重刻铭，但由于其量值均以整数倍递增，因此经实测，各权的量值皆可得。在目前所搜集到的有实物可考的 59 件秦权中，以石权为最多，共 15 件（包括铜质、铁质、陶质 3 种），其次是一斤权 10 件。石权多为官府征收粮草之用。此外秦时谷仓多以石计，万石为一积，隔以荆笆，设置仓门少，出入粮仓皆须经过称量，故石权成为各地政府所必备之称量器具。

　　秦权和秦量以出土地点来看，分布极广，除在陕西的西安、咸阳、礼泉、宝鸡，以及甘肃等秦国故地大量出土外，在山东的邹县和荣成齐国故地，山西右玉、左云赵国故地，江苏东海县越国故地，燕长城线上的内蒙古赤峰，以及燕长城以北 50 多公里的内蒙古奈曼旗沙巴营子故城遗址中都有出土，有力地证明了秦始皇在统一度量衡后短短的十几年内，已将统一的政令推广到全国各地。

　　（3）实行严格的检定制度。

　　为了保证"器械一量"，秦始皇除了制造大量有统一量值的器具发至全国各地外，还制定了严格的检定制度，如秦律竹简《工律》中规定：政府部门及官营手工业作坊使用的度量衡器，皆由官府指定的部门每年校正一次，本身有校正工匠者，则不必代为校正，领用时就要加以校正。《内史杂》中

---

① 丘光明,邱隆,杨平.中国科学技术史:度量衡卷[M].北京:科学出版社,1999.

规定：官仓内必须配备齐全的各种度量衡器，以便随时使用，并不要借给百姓，暂时不用的也须定期校正备用。此外在《吕氏春秋》中也多处有关于定期、定时校准度量衡器之记载，说明秦早在战国时期为了保证国内度量衡的统一，已十分重视检定、校准的制度了。而《效律》则对被检测器物允许误差范围及超出误差标准后的惩罚制度，都做了十分具体的规定。今将《效律》中有关文字摘录如下：

> 衡石不正，十六两以上，赀官啬夫一甲；不盈十六两到八两，赀一盾。甬（桶）不正，二升以上，赀一甲；不盈二升到一升，赀一盾。斗不正，半升以上，赀一甲；不盈半升到少半升，赀一盾。半石不正，八两以上；钧不正，四两以上；斤不正，三朱（铢）以上；半斗不正，少半升以上；参不正，六分升一以上；升不正，廿分升一以上；黄金衡赢（累）不正，半朱（铢）以上，赀各一盾。[①]

对度量衡器的检定，在公元前二三百年前就有如此明确、严格的规定，这在世界度量衡史上也是绝无仅有的[②]。

二、绵延不断的度量衡统一史

人类对数和量的认识，可以追溯到原始社会。如果说人类的历史也是一部制造工具的历史，那么原始的测量则几乎和人类本身一样古老。人类从制造最简单的工具开始，就产生了量的概念，同时也开始了测量活动。随着人类的进步，测量范围逐步扩大，测量的精度逐步提高，测量的数据开始要求统一，从此出现专用的测量单位和器具。古代中国称这种测量为度量衡。

自封建社会形成以来，度量衡便成为百物制度的标准，里亩的大小、产量的高低、赋税的轻重、俸禄的多少、货物的贵贱，无不以度量衡来标度。随着朝代的更迭、制度的变迁，不同时期在测量时所用的单位名称和量值，

① 睡虎地秦墓竹简整理小组.睡虎地秦墓竹简[M].北京：文物出版社，1990.
② 丘光明，邱隆，杨平.中国科学技术史：度量衡卷[M].北京：科学出版社，1999.

既不断传承，又不断变化，虽经秦世统一，汉家著之于书而代代相承，然而历经两千多年，几经王朝更迭，大凡改朝换代，必有重整度量衡之举。

战国时期，各国计量单位名称、器物形制、单位量值等各方面都存在很大差异。公元前 221 年，秦始皇统一六国后，为了加强中央集权，推动经济和文化的发展，采取了一系列重要的措施，其中就包括度量衡的统一（详见上节）。秦始皇下令废除六国各自的度量衡制度，推行统一的度量衡标准，这一举措极大地促进了各地区间的经济文化交流，也为后世度量衡制度的发展奠定了基础。

汉代则继承和发展了秦朝的度量衡制度，进一步细化和完善了相关的标准。汉朝时期，度量衡制度更加规范化，不仅在长度、容量、重量等方面有了明确的规定，还制定了相应的管理机构和监督机制，确保度量衡的准确和统一。其中，新莽时期的度量衡改革十分有趣。新莽度量衡改革是王莽在位期间推行的一项重要改革措施，旨在统一和标准化全国的度量衡体系。王莽通过颁布诏书，明确了度量衡的新标准，这些标准器的制作非常精良，具有很高的科学性和艺术性。在具体措施方面，王莽时期的度量衡改革包括了对长度、容量、重量等基本度量衡单位的重新定义和标准化。例如，新莽铜嘉量的设计巧妙，合五量为一器，刻铭详尽，记有每一分量器的径、深、底面积的具体尺寸和容积。新莽嘉量在量制上承袭了商鞅方升，以 16.2 立方寸为一升。此外，新莽时期的度量衡改革还包括了对度量衡三者的单位量值的精确计算和制作，通过嘉量实现了度量衡三者的统一。

王莽还采用了数黍米和称水重的方法，在当时的工艺条件下，成功制定了一系列最精确的铜方升、铜方斗等标准器。这些标准器的制作和颁行，不仅体现了当时中国科学技术所达到的最高水平，而且也反映了王莽政权对于度量衡统一的重视和努力。通过这些措施，新莽度量衡改革在一定程度上促进了社会经济的发展和国家的统一[①]。

到了隋唐时期，度量衡制度进一步发展，出现了更为精确的度量工具，

① 丘光明,邱隆,杨平.中国科学技术史:度量衡卷[M].北京:科学出版社,1999.

如尺、斗、秤等，这些工具的使用使得度量衡的执行更为严格和准确。隋唐时期的度量衡制度对后世产生了深远的影响，许多标准和制度一直沿用到明清时期。

隋唐时期的度量衡制度在继承和发展前代度量衡制度的基础上，进一步规范化和标准化。隋朝统一度量衡，制定了《开皇律》，其中对度量衡单位进行了明确的规定。唐朝继承了隋朝的度量衡制度，并在《唐律疏议》中进一步细化了度量衡的管理规定，确立了更为精确的度量衡标准。唐朝的度量衡单位包括尺、寸、分、厘等长度单位，以及斗、升、合等容量单位，还有斤、两等质量单位。唐朝还设置了专门的度量衡管理机构，如度支使、司农寺等，负责度量衡的制作、校准和管理，确保度量衡的统一和准确。进入宋元时期，度量衡制度继续得到沿用和发展。宋朝在度量衡方面，继承了唐朝的制度，并在此基础上进行了一些改革和完善。宋朝的度量衡单位与唐朝基本相同，但在实际应用中，宋朝对度量衡的管理更加严格，制定了更为详细的度量衡法规，如《宋刑统》《军器法式》等。宋朝还对度量衡工具进行了标准化生产，提高了度量衡的准确性和可靠性。元代由于统治范围的扩大，度量衡制度出现了一些变化。元朝在统一度量衡方面做出了一些努力，但由于地域广阔，各地的度量衡单位仍然存在一定的差异。元朝的度量衡制度在一定程度上受到了蒙古文化的影响，同时也吸收了汉族和其他民族文化的元素。元朝还设置了度量衡管理机构，如度支监等，负责度量衡的管理和监督[1]。

明清两代，度量衡制度继续得到沿用和发展。明朝时期，对度量衡的管理更加严格，制定了更加详细的度量衡法规，同时，明朝还对度量衡工具进行了标准化生产，提高了度量衡的准确性和可靠性。清朝时期，度量衡制度进一步规范化，清朝政府对度量衡的管理更加系统化，度量衡的准确性和统一性得到了进一步提高。

明清时期的度量衡制度在中国古代度量衡发展史上具有重要地位，它标

---

① 丘光明,邱隆,杨平.中国科学技术史:度量衡卷[M].北京:科学出版社,1999.

志着中国度量衡体系的进一步成熟和完善。明朝建立之初，为了统一全国的度量衡，明太祖朱元璋即位后不久便颁布了《洪武正韵》，其中对度量衡单位进行了规定，确立了尺、寸、分、厘等长度单位，升、斗、石等容量单位，以及斤、两、钱等质量单位。明朝还设置了专门的度量衡管理机构，如工部的度支司，负责度量衡的制作、校准和管理，确保度量衡的统一和准确。明朝的度量衡制度在实际应用中得到了广泛的推广和应用，尤其是在农业生产、商业贸易、税收征管等方面发挥了重要作用。明朝还对度量衡工具进行了标准化生产，提高了度量衡的准确性和可靠性。此外，明朝还对度量衡的科学性和实用性进行了研究，如《天工开物》等著作中对度量衡的原理和应用进行了阐述。

清朝建立后，继承并发展了明朝的度量衡制度。清朝在度量衡方面，继续沿用明朝的制度，并在此基础上进行了一些改革和完善。清朝的度量衡单位与明朝的基本相同，但在实际应用中，清朝对度量衡的管理更加严格，制定了更加详细的度量衡法规，如《大清律例》等。清朝还对度量衡工具进行了标准化生产，提高了度量衡的准确性和可靠性。随着对外交流的增加，西方的度量衡制度也在清代传入中国，对中国传统度量衡制度产生了一定的影响。清朝末期，随着近代化进程的推进，中国开始接触和学习西方的度量衡制度，为后来的度量衡改革奠定了基础①。

总的来说，明清时期的度量衡制度在继承和发展前代度量衡制度的基础上，逐步形成了一套比较完整和科学的度量衡体系。这一时期的度量衡制度在维护社会经济秩序、促进商品经济发展、加强国家统一等方面都发挥了重要作用，同时，也为中国近代度量衡制度的改革和发展奠定了基础。

中国的度量衡统一史是一个不断进步和发展的过程。从秦朝统一度量衡开始，经过汉代的细化和完善，到隋唐时期的精确化，再到明清时期的规范化和系统化，中国的度量衡制度逐渐形成了一套完整、科学的体系，为中国古代社会的经济、文化发展提供了重要的支撑。

① 丘光明,邱隆,杨平.中国科学技术史:度量衡卷[M].北京:科学出版社,1999.

三、四海皆同的王权驱动

标准无疑与王权之间存在紧密的关系——王权在很大程度上是社会的组织者和规范的制定者，因此，标准的实践常常是王权的一种重要表现。

在古代，国家的建筑往往是王权的象征和展示。"奇观"的兴建通常需要高度的标准化，包括建筑规模、结构设计、测量方法等。这些标准不仅体现了王权的雄伟，也显示了对建筑领域的掌控力。王权也通常会制定法典来规范社会行为，确保社会秩序的稳定。这种法典的标准化为王权提供了一种有效的管理手段，加强了王权对社会的控制。此外，王权在社会组织方面发挥着重要作用，尤其是在农业、贸易、资源分配等方面。标准化的农业生产计划、土地分配及贸易规则等，都是王权为了维护社会秩序而进行的标准实践。这有助于王权更有效地管理国家资源，加强对社会的掌控。标准行为还表现在王权的象征与仪式中。王权的象征物品、礼仪和仪式通常遵循一定的规范和标准，以巩固和强化王权的合法性，如王冠的设计、加冕仪式的步骤，都展现了仪式的标准化管理。

总体而言，标准（化）行为在古代往往成为王权巩固统治地位、确保社会秩序以及展示国家强大的手段。王权通过制定和执行标准，使社会各个领域更加有序、稳定，同时也在标准化中彰显自身的权威和雄伟。标准因此成为王权有效治理和统治的重要工具。以下，我们将通过古埃及金字塔与古巴比伦《汉谟拉比法典》一窥王权的"强迫症"。

像所有这类建筑工程一样，金字塔建造过程同样是从勘察平整工地开始的。随后，熟练的石匠们要开采成千上万块石块——主要是吉萨高原自有的石灰石。一队又一队工人要用石或铜制的凿子、木榔、木楔子凿下岩石，把这些尺寸大致相同的巨大石块运走。通常，为了找到没有裂缝和其他瑕疵的高质量石块，工匠们需要凿出深深的隧道。为了搬动石块，工人们在石块各个面上凿出凹槽，有时石块下方也要凿一些。然后，他们用木杠杆撬动石头，使其脱离岩床。工匠们必须不断为这项艰巨的工作制造新的工具，因为凿子和锤子很快就会断裂变钝。

　　工人把石头剥离下来之后，粗糙的石块必须要转运到相应的建筑地点。在那里，埃及的石匠会把石块加工成所需的精确尺寸，使其表面光滑、严丝合缝，之后才交付使用。小石块可以靠人肩扛或驴子驮，但这对用于构筑大金字塔的巨大石块来说是不可能的，埃及人采取了木橇搬运的方式。工匠们会先对粗糙的石块表面进行凿打与敲击，再用精细的磨光石进行抛光处理。最后，这种形状规则、切割精细的石块被一排排或一列列地堆叠起来。

　　建筑史家把这种构造叫作方石砌体。为了将这些方形石块放在合适的位置，工人们在金字塔内部建造起巨大的碎石坡道。这些坡道的尺寸与坡度随着工程的进展（即高度的增加）而调整。学者至今仍然不能确定：到底埃及人用的是与金字塔其中一面呈直角的简单直线形坡道，还是类似于楼梯的 Z 形或螺旋形坡道呢？直线形坡道的优势是简单，且能够保证金字塔其他三面畅通无阻；Z 形或盘绕金字塔的螺旋形坡道则能大大缩小坡面的倾斜度，使石块的拖动更加容易[①]。

　　古埃及第四王朝的吉萨金字塔群中，人称大金字塔的胡夫金字塔是其中最古老最庞大的。除廊道与基室外，它几乎是一座实心的石灰石建筑。一些尺寸数据能体现它的庞大：胡夫金字塔基底部各边长约为 236.2 米，面积约为 52 609 平方米；如今的高度约为 137.2 米，原高度为 146.5 米。大金字塔由约 230 万块石块组成，每块平均质量为 2.5 吨。底部有些石头甚至重达 15 吨。3 座吉萨金字塔体现了公元前 3 世纪中期埃及人杰出的工程与数学才能，也体现了古王国建造者们对石工建筑的掌握，以及发动并指挥庞大的劳动力大军、并为他们提供食物与住处的能力。这支劳动力大军从事的是有史以来劳动密集程度最高的工程[②]，体现了古埃及社会在建筑领域的高度组织和规范。

　　金字塔的建筑设计体现了高度的规范和标准。从底部到塔尖，金字塔呈几何学上的完美形状，其底边长度、高度、倾角等都经过精密计算。这种规范的设计不仅显示了古埃及人对建筑技术的高度掌握，也代表了对"宇宙法

① 乔治·罗林森.古代埃及史[M].王炎强,译.北京:商务印书馆,2022:70-72.
② 苏茜·霍奇.建筑的源代码[M].宋扬,译.北京:中国画报出版社,2021:55.

则”与“神圣比例”① 的理解。这些标准化的设计反映了王权对建筑的强大掌控力，展示了王权的威严与神圣性。其建造采用的统一建筑材料与技术，显示了对建筑过程的标准化管理。古埃及人对当地石材的使用——主要是石灰石和花岗岩，是经过深思熟虑的，既体现了当地资源的合理利用，也方便了施工的标准化。建造金字塔所用的技术，如抬石、切割、运输等，也经过长时间的实践和总结，形成了一套相对固定的标准化工艺。建造金字塔所需的大量人力物力背后，是王权制定的一系列有效计划与组织标准。这包括了劳工的组织、石块的采购、工程进度的监控等方面的标准化管理。这种组织形式使得工程能够高效进行，同时也确保了建筑的质量和稳定性。同时，金字塔的建造涉及高度复杂的工程测量，以确保建筑的准确性和对称性。

金字塔作为陵墓，也反映了对宗教与社会秩序的标准化。金字塔的建造是王权与宗教体系相互交织的产物，通过对陵墓建筑的标准化，王权巩固了其在宗教上的地位，使金字塔成为祭祀仪式和灵魂升华的场所。这也为社会提供了一种有序的、宗教上被认可的行为准则。

总的来说，古埃及金字塔的建造过程体现了在王权推动下标准的发展。王权通过规范化建筑设计、建筑材料和技术、组织计划、工程测量及宗教仪式，实现了对整个金字塔建设过程的高度掌控，从而在古埃及社会中建立起一套强大的建筑标准体系。

而当我们将视线转移到两河流域时，成文法的出现则标志了“标准”已成为社会的律尺。

在古代，建筑结构的安全责任通常归咎于设计者和建造者，并且很早就有了对建造者责任的具体规定。其中，最著名的规定之一可以追溯到公元前1780年，在巴比伦国王汉谟拉比颁布的法典即《汉谟拉比法典》中包含了一系列专门面向建造者的法规（见图1-6）。这些规定采用了“以牙还牙”的原则，对建造者在结构破坏引发的灾难中的责任进行了明确定义。具体而

---

① 吕衍航.古代建筑与天文考古[D].天津：天津大学，2011.

言，如果一座房屋倒塌导致业主死亡，建造者将面临死刑的判决；如果导致业主的儿子死亡，建造者的儿子也将被判处死刑；如果导致业主的奴隶死亡，建造者则需要以等量的奴隶进行赔偿；而如果仅导致财产损失，建造者则需要进行相应的经济赔偿。此外，对于倒塌的房屋，建造者还需要负责重新建设，其相关费用也由建造者承担。这些规定为建筑领域的责任分配提供了早期严格的法律框架[②]。

　　这部法典也为研究古巴比伦医学提供了重要的史料，同时也是世界上最早包含医学内容的法典之一。其中，一些涉及医疗的法规规定了医生治疗不同社会地位的患者时应遵循的收费标准，以及在医疗事故中医生可能面临的惩罚。以下是其中一些例子。215 条：医生用青铜刀治愈全权自由民[③]的重伤或眼内障者，应得到 10 个银币的报酬；216 条：如果患者为非全权自由民，医生应得到 5 个银币的报酬；217 条：如果患者是奴隶，医生的费用应由其主人支付，支付金额为 2 个银币；218 条：如果医生用青铜刀为自由民进行割治，造成患者死亡或眼睛受损，医生将面临断指的刑罚[④]。

　　这些规定早期为医疗行业的伦理和责任提供了一定的指导，并为不同社

图 1-6　卢浮宫藏《汉谟拉比法典》石碑[①]

---

① 祖菲，阿斯卡洛内.史前到古埃及时期的艺术[M].周婷，译.上海：上海三联书店，2023.

② 贡金鑫，张勤.工程结构可靠性设计原理[M].2 版.北京：机械工业出版社，2022.

③ 古巴比伦存在 3 种社会等级，全权自由民即第一个等级阿维鲁（Awilum），其中上层是王公贵族、财阀和大祭司等，属于统治者；下层是中小地主、自耕农、小商人和小手工业者，他们负担国家的赋税、兵役和徭役。

④ 陈小卡.医学史简编[M].广州：中山大学出版社，2022：14.

会地位的患者提供了相应的医疗服务标准。

在古巴比伦时期，尽管标准概念不同于现代，但在法律、贸易、建筑和社会组织等方面可观察到一些规范和标准的迹象。《汉谟拉比法典》为社会提供了法律标准，规范了社会秩序；在贸易中存在一些商品和货币的规范，以促进交易；城市规划和建筑遵循一些共同的设计原则；不同的社会职业和组织也可能有各自的规范和标准。这些表现揭示了古巴比伦社会逐渐认识到制定规范和标准的必要性，以确保社会有序运行。

第四节　传承与制度

在人类社会的演进中，传承与制度一直是构筑秩序与稳定的重要支柱，而标准作为一种制度化的手段，更是在各个领域发挥着不可忽视的作用。标准的引入，既是对经验和智慧的传承，又是对社会运作的有效制度化体现。历史的长河中，随着人类文明的不断发展，标准的观念逐渐融入人们的生活和工作之中，为社会的有序运作提供了坚实的支撑力。

在中国古代史上，标准与制度的运作有着深厚的历史渊源，其中《考工记》与《营造法式》等文献为我们提供了珍贵的古代标准化实践的见证。早在春秋战国时期，《考工记》作为一部古代的技术手册，记录了丰富的制作工艺和标准规范，为工匠们提供了明确的指导，促进了技艺的传承和提升。《营造法式》同样展现了古代建筑领域中标准的重要性。这部文献详细描述了古代建筑的规划、设计、施工等方方面面，明确了各个环节的标准操作程序。通过这些规范，古代中国的建筑工程能够在有序的框架内进行，确保了建筑质量的稳定和可持续发展。同时，中国古代官僚制度也对标准执行发挥了关键作用。官僚制度通过严格的等级和规范化的程序，推动了标准的贯彻执行。官员们需要按照既定的标准履行职责，确保社会各个领域的有序运作。这种官僚制度不仅是社会秩序的维护者，也是标准执行的有效推动者。

综合来看，古代中国的《考工记》《营造法式》和官僚制度共同构建了标准与制度的坚实基础。这些古代文献和制度为后来的发展提供了丰富的经验和智慧，成为中国古代标准化历史的重要组成部分。

一、《考工记》

《考工记》是先秦一部重要的科学技术著作，是中国目前所见年代最早的手工业技术文献。它是春秋末年齐国人记录手工业技术的官书，是一部手工业技术规范的总汇。今天所见《考工记》，是《周礼》的一部分（见图1－7）。《考工记》篇幅不长，但科技信息含量却相当高。书中主要记述了有关百工之事。分攻木之工、攻金之工、攻皮之工、设色之工、刮摩之工、抟埴之工6部分及30个工种，分别对车舆、宫室、兵器及礼乐诸器的制作做了详细记载，是研究中国古代科学技术的重要文献[②]。

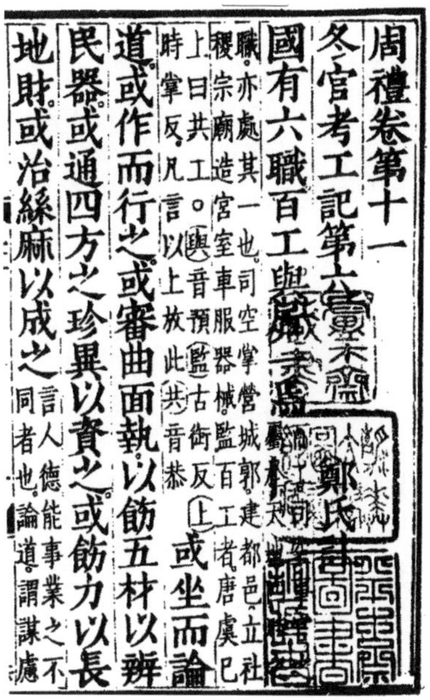
周禮卷第十一
冬官考工記第六
國有六職百工與
職亦處其一也司空掌營城郭建都邑立社
稷宗廟造宮室車服器械監百工者唐虞已
上曰共工○與音預監古銜反上
時掌反凡言以上放此共音恭
或坐而論
道或作而行之或審曲面埶以飭五材以辨
民器或通四方之珍異以資之或飭力以長
地財或治絲麻以成之
言人德能事業之不
同者也論道謂謀慮

图1－7 《周礼·考工记》影印版书影[①]

中国古代车辆起源较早，可以追溯至黄帝时期，夏代已有制车手工业及其管理部门。车轮承载着整个车辆本身和所载重物的全部重量，是车辆最重要的部件，结构复杂。因此轮、毂、辐、牙，从选材到制作和装配都必须严格，车轮检验按6道检验工序的方法进行，确保制作出的车轮的各方面性能都符合规定要求。其制作工匠和检验人员谓之国工。

在《考工记》中强调：

> 轮人为轮，斩三材必以其时。三材既具，巧者和之。毂也者，以为

① 张元济.四部丛刊初编[M].上海：上海书店出版社，2015.

② 杨金长.中国古代科学技术史[M].北京：人民军医出版社，2007：28.

利转也。辐也者，以为直指也。牙也者，以为固抱也。轮敝，三材不失职，谓之完。①

对制作车轮所需的毂、辐、牙3种原材料制定了特定的要求，并规定：

毂（轮轴中心部分）的安装必须确保其能够灵活转动，以保证车轮在运动中的灵活性和顺畅性；

辐（连接毂和车轮外缘的部分）的加工要使其能够稳固地打入卯眼，确保不发生偏斜，以保证整个车轮的结构牢固；

牙（车轮外缘的突起部分）要确保其坚固合抱，以增加车轮在行驶中的稳定性和耐久性；

即使轮子在使用过程中出现磨损或损坏，这3种材料也应当保持其原有的功能，以确保车轮的持久性和安全性。这一制作过程旨在保证车轮的质量和性能，适应不同的使用场景。

《考工记》还记载：

> 是故规之，以视其圜也；萬（矩）之，以视其匡也；县之，以视其辐之直也；水之，以视其平沈之均也；量其薮以黍，以视其同也；权之，以视其轻重之侔也。故可规、可萬、可水、可县、可量、可权也，谓之国工。②

对车轮进行质量检验的6道检测工序是古代齐国官营手工业工厂中执行的标准，明确了分工与合作、统一的技术标准，并对产品质量提出了高要求。在这一体系中，检验检测人员被称为"国工"。

车轮质量检验的6道工序如下。

（1）把车轮放在预先制作好、与车轮大小一致且平整的圆盘上观察和比较，检测车轮与标准圆盘是否密合（是故规之，以视其圜也）。

---

① 阮元.十三经注疏:清嘉庆刊本[M].北京:中华书局,2009.
② 同①.

（2）用矩（90°直角尺）检测牙、辐是否呈直角（萬之，以视其匡也）。

（3）用悬绳检测上下轮辐是否在一条直线上（县之，以视其辐之直也）。

（4）检测车轮各部位的重量是否均匀、平衡，在当时没有水平计量仪器的条件下，检测的方法是把车轮放在水中，观察车轮各部位的沉浮是否一致（水之，以视其平沈之均也）。

（5）检测毂的尺寸，将黍米倒入毂的中空部位，测量两毂的中间所容黍米之容积是否相等（量其薮以黍，以视其同也）。

（6）用秤称量两个车轮的重量是否相等（权之，以视其轻重之侔也）。

如果制作出来的车轮在这 6 道检测工序中能够达到圆中规、平中矩、直中悬、沉浮深浅相同、黍米容量相同、权衡轻重相同的标准，其制作工匠和检验检测人员的技艺就达到了国家级水准，可称之为"国工"[①]。

冶金标准方面，《考工记》中记载了 6 种器物的不同含锡量，称之为"六齐"，包括钟鼎之齐、斧斤之齐、戈戟之齐、大刃之齐、削杀矢之齐、鉴燧之齐，表现出古代中国人在合金材料科学配比方面已具有很高的造诣。实践证明，含锡达到 25% 以上的器物脆弱且不耐用，如果达到 50% 则稍碰即碎[②]。在钟、鼓、磬等乐器的制作及发音机理的探索方面，《考工记》也进行了详细的记述。《考工记》不但记载了钟、鼓、磬等乐器的制作技术规范（内容包括尺寸、形制和结构等），而且对发音机理进行了可贵的探索，得出了理论性结论：钟声源自钟体的振动，其频率的高低、音品与合金成分相关，也与钟体的厚薄、大小、形状相关[③]。

从《考工记》所反映的工业部门划分和生产制造中的分工情况来看，有两个值得注意的现象。

一是手工业部门的划分以制造技术的类别为标准，其与不同材料处理技术直接相关。这种划分标准与今天主要以产品用途为基础划分各工业生产部

---

① 邓学忠,姚明万,邓红潮.《考工记》中的制车手工业标准化及对秦代的影响[J].南阳师范学院学报,2022,11(4):21-25.

② 王晨升.工业设计史[M].新 1 版.上海:上海人民美术出版社,2016.

③ 郑士波.科学家的故事[M].天津:天津科学技术出版社,2021:156.

门（例如机械、日用、纺织等）的做法明显不同。这在一定程度上反映了当时制造活动对制造技术的高度依赖性。

二是一方面由于手工业部门首先按照制造技术的类别进行划分，然后根据所制造物的不同类别进一步细分，导致在器物制造和生产中出现一些现象：某些器物的制造有时需要通过两个或两个以上的部门协作完成，例如矢、戈等兵器，其头部由专门从事青铜冶炼工艺的工匠制作，尾部或柄部则由其他部门的工匠如专门从事刮磨或攻木工艺的工匠完成。而另一方面，同一种工艺可以应用于制造技术相近但用途不同的器物，例如"轮人为轮……轮人为盖""梓人为笋虡①……梓人为饮器……梓人为侯②"，两者都表现为细致的专业化分工和协作的生产组织方式。这种组织方式对于保证制作质量和提高生产效率都起到了积极的作用，其基本前提是所谓的标准化设计，即在实际进行生产制造之前，对器物的制式和制作方法进行统一规划和安排③。

二、跨越千年的标准手册

《营造法式》是一本古时研究建筑的书，宋朝李明仲（名诚）著，共三十六卷，三百五十七篇。内四十九篇系于经史等群书中检寻考究；其他三百零八篇，系历来工作相传，经久可用之法。书中附有各种彩色图样，极为精致④。

1937年5月1日，全国手工艺品展览会在北京举行，商务印书馆也选取精品参展，《营造法式》正是其中的名贵书籍代表。以上这段文字则来自当时刚创刊不久的"中国第一份少年画报"——《少年画报》。我们不知道有

---

① 笋虡(jù)，是古代悬挂钟磬的架子，横架为笋，直架为虡。
② 侯，此处指殷周时射礼中所使用的"箭靶"。
③ 徐飚.成器之道：先秦工艺造物思想研究[M].南京：南京师范大学出版社，1999：70.
④ 全国手工艺品展览会中的商务印书馆出品[N/OL].少年画报，1937(2)：3[2024-03-28].http://10.1.10.2：8090/search/detail/1b5149f2f0f4a77ac70cfc0b4bdde9ab/7/506675.

多少中学生看到这页商务印书馆朴实无华的"广告"，他们会感到新奇而多看两眼吗？还是会草草翻过呢？而我们同样不知道，当 1919 年朱启钤①在江南图书馆发现钱塘丁氏嘉惠堂所藏张芙川（镜蓉）影宋钞本《营造法式》时，他是何等的激动不已；当远在美国宾夕法尼亚大学攻读建筑学的梁思成收到父亲梁启超赠送的一套陶本《营造法式》时，他又会是怎样的复杂心情。

李诫，字明仲，河南管城县（今河南省郑州市）人，北宋建筑学家。李诫从宋哲宗元祐七年（1092 年）起在将作监供职，前后长达 13 年，历任监丞、少监和将作监。将作监是工部下属机构，主要负责国家的土建设计与施工，李诫任上便主持过大量王邸、宫殿的建造与修缮工作，而这也让他在实践中积累了丰富的建筑技术经验，为日后重编《营造法式》奠定了基础。

根据《营造法式》所附《镂版颁行劄子》记载，目前所复原的《营造法式》其实经历了一个复杂的成书过程，共分为 3 个阶段。第一次编写始于熙宁五年（1072 年），至元祐六年（1091 年）才编写完成。然而宋哲宗对当时首次成书的《营造法式》并不满意，故他于元祐八年（1093 年）下令对此书进行覆验，工作从元祐八年进行到绍圣三年（1096 年），这是成书的第二阶段。绍圣四年（1097 年），将作监奉哲宗旨意，由李诫主持再次编修《营造法式》，直至元符三年（1100 年）编修完成。哲宗去世后徽宗登基，两年后，即崇宁二年（1103 年）《营造法式》方颁行全国。这是成书的第三阶段。由于元祐六年成书的初版《营造法式》很快就被哲宗打了回去，并没有实际颁行，故学界一般仅将其称作《元祐法式》，而把具有真正法式书籍地位的"李诫重编《营造法式》"惯称为"《营造法式》"，本章所提到的《营造法式》也即此版。②

---

① 朱启钤，1872—1964，中国近现代政治家、实业家、建筑史学家、工艺美术家，清光绪年间举人，在光绪和宣统年间历任道员、京师大学堂译书馆监督等职，1919 年任南北议和的北方总代表，谈判破裂后退出政界。1930 年利用中英庚款组织中国营造学社，自任社长，从事古建筑研究。新中国成立后，曾任政协全国委员会委员、中央文史馆馆员。1964 年病逝，终年 92 岁。

② 郭黛姮.中国古代建筑史：第三卷[M].北京：建筑工业出版社，2009：630.李致忠.影印宋本《营造法式》说明[J].中国建筑史论汇刊，2011(00)：20－22.马鹏飞."新一代之成规"：宋《营造法式》的诞生及其历史作用[J].同济大学学报(社会科学版)，2022，33(3)：102－110.

李诫重编的《营造法式》共三十四卷：第一、二卷为"总释"；第三卷为壕寨制度（土石方工程）和石作制度（台基、台阶、柱础、石栏杆等）；第四、五卷为大木作制度（梁、柱、斗拱、椽等）；第六至十一卷为小木作制度（门、窗、栏杆、龛、经卷书架等）；第十二卷为雕作、旋作、锯作和竹作4种制度；第十三卷为瓦作和泥作制度；第十四卷为彩画作制度；第十五卷为砖作和窑作制度；第十六至二十五卷为诸作"功限"，即各工种的劳动定额；第二十六至二十八卷为诸作"料例"，即对各作按构件等第大小所需的材料的限量规定；第二十九至三十四卷为诸作图样。

崇宁二年（1103年），李诫上书劝"用下字镂版，依海行敕令颁取进止"，于是《营造法式》最早的版本便刊刻颁行，行称"崇宁版"。但在北宋末年靖康之难时，金军入京将其付之一炬。绍兴十五年，平江军府事提举王唤将《营造法式》重新刊刻，行称"绍兴版"。这是宋代的两个版本。宋代就仅有崇宁和绍兴2个版本。《营造法式》在明清的流传钞本较多：明代有4种钞本，清代则共有9种钞本，不过其中大多数民间流传钞本都来自绍兴本的影印本。1907年江南图书馆成立时，收购了丁氏嘉惠堂藏书作为建馆基础，而1919年朱启钤在江南图书馆发现的《营造法式》便是清代丁丙八千卷（丁氏嘉惠堂）钞本，行称"丁本"。在朱启钤的努力下，此本不久就由商务印书馆影印出版。

然而朱启钤并不满足于此。1921年，当朱启钤因公赴欧，在游历中深感建筑传统和"营建专书"保护流传的重要性，回国后，他领导陶湘、傅增湘、罗振玉、郭世五、阚铎、吴世绥、吕寿生、章钰、陶珙、陶洙、陶毅等人，将四库文渊阁、文津阁、文溯阁三阁藏本及蒋氏密韵楼本和"丁本"互相勘校，又与老工匠核实对照，再校《营造法式》。这一版《营造法式》因陶湘等人做了大量工作，行称"陶本"。陶湘刻书素以装帧考究，校勘精良，且纸、墨、行款、装订务求尽善尽美而闻名。因此，"陶本"的《营造法式》刊行之后，在当时引起了国内外建筑学术界的极大关注。1926年，陶湘受聘于故宫图书馆，主持故宫殿本图书编订工作，并于1932年在故宫殿本书库发现钞本《营造法式》。故宫殿本发现之后，中国营造学社刘敦桢、梁思成、谢国桢、单士元等人，以"陶本"为基础，将《永乐大典》本、丁本、四库文津阁本、读谈本，与故宫殿本相校，又有所校正。后来中国营造学社梁思成、刘敦桢的研究工作，都是以这一次校勘的成果为依据。而开头，我们在《少年画报》上看到的《营造法式》即是陶本《营造法式》。

当 1925 年陶本《营造法式》刊行时，对国学动态始终十分关注的梁启超也第一时间感受到了自建筑史学界传来的冲击波。梁启超立刻将《营造法式》刊行的事告诉了尚在美国宾夕法尼亚大学学习建筑的梁思成和林徽因，并寄发了样书及题记。当梁思成收到其父梁启超寄来的《营造法式》的时候，虽然也禁不住惊喜若狂，但面对精美但繁复的"天书"，他旋即陷入因看不懂而不知所措的困顿之中。①

1930 年可以说是中国自己开展的中国建筑史学研究元年，朱启钤在自撰年谱中写道：民国 19 年（1930 年）"僦居北平，组建中国营造学社，得中华教育基金会之补助，纠集同志从事研究"。这个传奇般的组织——成员包括梁思成、刘敦桢、单士元、莫宗江等中国建筑史璀璨群星，就这么在北平宝珠子胡同 7 号诞生了。"中国营造学社"之名便来自《营造法式》，而营造学社成立后的工作也与《营造法式》研究密切相关②。

> 虽然书出版后不久，我就得到一部，但当时在一阵惊喜之后，随之就给我带来了莫大的失望和苦恼——因为这部漂亮精美的巨著，竟如天书一样，无法看得懂。——梁思成《〈营造法式〉注释》

梁思成真正开始较系统地研究《营造法式》，应始于他 1931 年参加中国营造学社之时。梁思成研究《营造法式》的目的和重点不像他的前辈们那样局限于版本考证与校勘上，而是具备一种"向下"且"实用"的眼光——他试图用一般技术人员读得懂的文法和看得清楚的、准确的、科学的图样进一步注释，把古代较原始的、有"时间壁垒"的工艺图样翻译成现代通用的、

---

① 李诫.营造法式注释：卷上［M］.梁思成，注释.北京：中国建筑工业出版社，1983.
② 王贵祥.梁思成与《营造法式注释》——纪念梁思成先生诞辰 120 周年［J］.建筑史学刊，2021，2（2）：31－45.

具有标准意义的工程图。因此，在具体研究过程中，梁思成使用了"以意逆志"的方法——要对《营造法式》这种技术性、科学性古代著作进行研究，必须反古人之道而行之。于是，他把了解、破解古代的关键点和切入口放在了现代和近代：要研究宋代《营造法式》，就应从清代的工程条例开始；要读懂有关古代建筑的典籍，就要先求教于行业中的老匠师，由此就近而取远、追本而溯源。1932年，梁思成经过考证、测绘、标注许多清式建筑实例后写就的《清式营造则例》就是在这样的指导思想下完成的，这为日后进一步研究《营造法式》奠定了扎实的基础。虽然有了《清式营造则例》作为基础，但如何着手研究《营造法式》呢？这对当时的梁思成来说还是一个令人困惑的问题。

1932年春，梁思成找到了"窍门"。他在测绘辽代建筑独乐寺时，发现了独乐寺与明、清建筑的许多不同之处。自此以后，梁思成在中国营造学社的十余年时间里，调查了全国15个省的220多个县，测绘、调查、拍摄了约2000多个建筑，对唐、宋、辽、金代的建筑有了较全面的基础性了解。通过这些调查研究，梁思成"对中国建筑的知识逐渐积累起来，对于《营造法式》的理解也逐渐深入了"[①]。于是，从1940年开始，梁思成就正式着手对《营造法式》进行具体研究：他先是进行版本考证和文字校勘工作，然后用现代科学的摄影几何的画法，用准确的比例尺，附加等角投影或透视的画法将建筑的构造和构件表现出来，完成制图工作，最后进行文字注释工作。

1945年抗日战争胜利后，梁思成协同助手莫宗江和罗哲文基本完成了"壕寨制度""石作制度""大木作制度"等部分的图样。后来由于种种主、客观原因，直到1961年，国家建设部采取了一系列措施以保障科学家进行科学研究的措施，清华大学又给梁思成配备了楼庆西、徐伯安、郭黛姮三位年轻的得力助手，加之莫宗江鼎力相助，《营造法式注释》的工作才重新开始。

1963年，在梁思成的带领下，清华大学建筑系同仁们完成了《营造法式》中的"壕寨制度""石作制度""大木作制度"的图样，但"小木作制

---

① 李诫.营造法式注释：卷上[M].梁思成,注释.北京:中国建筑工业出版社,1983.

度""彩画作制度"及其他诸作制度的图样，由于能见到的实物极少，一时难以搜集。于是，将"壕寨制度""石作制度""大木作制度"的图样，以及有关功限、料例部分、"大木作制度"的文字注释等，作为《营造法式注释》的上卷交给中国建筑工业出版社，至 1983 年 9 月才正式出版①。

三、既是技术法规，又是设计与施工手册

梁思成读懂这本《营造法式》"天书"了吗？

站在今天对《营造法式注释》再研究的基础上，我们可以说梁思成不仅成功地读懂了这本天书，更通过他们团队的艰苦付出，让更多学者、技术人员以至一般民众都能读懂《营造法式》。毫无疑问，梁思成的研究使《营造法式》这部千年古籍得以被世人了解，对于学习、研究、保护至为珍贵的唐、辽、宋、金、元建筑提供了一把钥匙。那么，梁思成眼中的《营造法式》又是怎样的呢？

他在《营造法式注释》一书的序中是这样说的：

> 《营造法式》是北宋官订的建筑设计和施工的专书，它的性质略似于今天的设计手册加上建筑规范。它是中国古籍中最完善的一部建筑技术专书。②

首先，"法式"一词的词源和词义就很值得琢磨。潘谷西教授对"法式"二字的解释为："在宋代官方文件中用得相当普遍，有律令、条例、定式等含义，凡是有明文规定或成法的都可称之为法式"。宋神宗熙宁五年（1072年）在一次关于政府机构职能的诏令中写道："以事因贴奏诸称奏者，有法式上门下省，无法式上中书省；有别条者依本法"（《宋会要辑稿》第 58 册、职官一）。《营造法式》的编写方式其实就很类似我们现代的标准。第一部分规范了术语；第二部分是 13 个不同工种的任务和技术规范；第三部分是不

---

① 王贵祥.中国建筑的史学建构与体系诠释——略论中国营造学社与梁思成的两个重要学术凤愿与贡献［J］.建筑学报，2019(12):1-6.
② 李诚.营造法式注释:卷上［M］.梁思成，注释.北京:中国建筑工业出版社，1983.

同工种的劳动定额和施工质量；第四部分是各类型建筑图样。由此可见，《营造法式》是宋朝政府颁布的建筑技术律令，其性质相当于现代社会中政府发布的技术法规，其内容是建筑工程中必须执行的技术性条款，也就是技术标准和规范①。

接下来，我们将从材分模数制和斗拱结构，从细部进一步了解《营造法式》所代表的古代标准化成果。

《营造法式》的重要标准化贡献之一是建立了古代"材分模数制"。这种模数制把"材"作为尺寸基准，分为 8 个等级，相当于现代建筑标准化里面的模数。一个建筑的级别确定后，其模数级别也随之确定。

据《钦定四库全书——营造法式》卷四"大木作制度图样一"（见图 1-8）中记载："材：凡构屋之制，皆以材为祖，材有八等，度屋之大小，因而用之"。又对每一等级都做了详细规定，例如"第一等广九寸，厚六寸；第二等广八寸二分五厘，厚五寸五分"，依此类推，第八等尺寸最小。

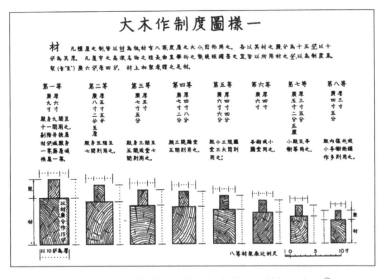

图 1-8　"大木作制度图样一"中材分、材架示意图②

① 成丽.宋《营造法式》研究史初探[D].天津：天津大学，2010：3-5.

② 李诫.营造法式注释：卷上[M].梁思成，注释.北京：中国建筑工业出版社，1983.

现代建筑工程设计使用统一模数制是为实现设计的标准化而制定的一套基本规则。从 20 世纪 70 年代起，国际标准化组织房屋建筑技术委员会（ISO/TC59）陆续颁布了建筑"模数协调（modular coordination）"的一系列国际标准。中国国家标准《建筑模数协调统一标准》（GBJ 2－1986）对模数制也做出了具体规定。标准的基本模数用 M 表示，1 M= 100 mm；导出模数包括 6 种扩大模数、3 种分模数。建筑尺寸都应为模数的倍数。现代模数制的应用使不同的建筑物及各分部之间的尺寸统一协调，使之具有通用性和互换性，以加快设计速度、提高施工效率、降低造价。令人赞叹的是，《营造法式》所确定的八级材分模数制和现代模数制相比有同样的功效。

中国古代建筑要体现严格的封建礼制，它的尺寸和规格形式一定要与主人的社会地位相适应。在古建筑群中，不同功效的建筑在封建礼制中也有不同的级别，主从分明，处于从属地位的建筑等级必须低于主要建筑。而《营造法式》的八级材分模数制就适应了这种封建礼制的需要。

材分模数制在古代建筑的实际应用中有很多优越性。对于领导设计与施工的负责人（都料匠）来说，可以根据用"材"的等级准确地把握建筑的尺度，所有尺寸都用"几材几"来确定。对于现场施工的工匠来说，只需要掌握一套用材标准，各种不同级别建筑中的构件，只需要用材分模数制所确定的各自材分尺寸去放线、施工即可，免去了对于繁多的尺寸的记忆，这在当时依靠口耳相传的条件下，是非常理想的[①]。

当然，八级材分模数制并不是李诫的创造，而是当时建筑技术和标准化成果的总结。李诫把这个成果很好地总结出来，撰写在《营造法式》中是他的一大功绩。八级材分模数制说明中国当时的古建筑标准化已经达到了相当高的水平。

"斗拱结构"是《营造法式》提出的又一项重要的标准化成果。中国古代建筑史上，先人采用的斗拱结构把标准化的基本原理"通用性、互换性、模块化、系列化"，以及零部件标准化等做到了极其完美的程度。

---

① 卢嘉锡，傅熹年.中国科学技术史：建筑卷［M］.北京：科学出版社，2008.

古代建筑框架式木结构形成了过去宫殿、寺庙及其他高级建筑才有的一种独特构件，即屋檐下的一束束"斗拱"。它是由"斗"形木块和"弓"形横木组成，纵横交错，逐层向外挑出，形成上大下小的托座。这种构件用以减少立柱和横梁交接处的剪力，以减少梁折断的可能性，既有支承荷载梁架的作用，又有装饰作用。

《营造法式》按照斗拱结构的不同位置分为以下3类。

柱头科：在柱头之上的斗拱，称为柱头铺作。

平身科：在柱间额枋上的斗拱，称为补间铺作。

角科：在屋角柱头之上的斗拱，称为转角铺作。

斗拱结构由5种部件构成：拱、翘、昂、斗、升。同一种零部件又因位置的不同，会有不同的尺寸，名称也有变化。如"拱"按长短分为瓜拱、万拱、厢拱；按位置分为正心拱、外拽拱、里拽拱。这5种部件都做到了标准化和系列化，确保了相同部件的互换性。而且斗拱本身就是建筑物的标准模块，为古代建筑施工简化了制作工艺、降低了组装难度和施工难度，大大提高了建筑工程的效率。

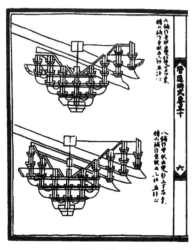

图1-9 《营造法式》中的斗拱图
——七辅作和八辅作[1]

斗拱结构起源于汉代崖墓、石室、石阙和明器。到了宋代已经发展得非常成熟。但是历史上最开始有文字详细记载形成了标准并绘制成"工程图样"的斗拱结构应属李诚的《营造法式》（见图1-9）。他把斗拱称为"铺作"。斗拱结构是力学原理和建筑结构完美结合的典范，同时还肩负着体现封建礼制的重要功能，是中国古建筑最重要的元素符号，也是中国建筑史上重要的标准化成果之一，为各国学者所赞叹[2]。

① 李诚.营造法式[M].邹其昌,点校.北京:人民出版社,2006.
② 王平.宋朝李诚编修《营造法式》对古代建筑标准化的贡献[J].标准学报,2009(1):13-17.

四、从《营造法式》管窥中国古代标准的"靠山"

在中国古代封建社会，皇帝至高无上，官僚体系等级森严，社会思想体系崇尚儒家，而哲学和科技思想则推崇复杂性思维的有机自然观，以整体、系统、联系和发展的眼光看待世界。重关系、轻本体的思辨逻辑占据着统治地位。

然而，中国的应用科学和实践在几千年的封建社会发展中又有非常大的发展。其中除了民间能工巧匠的传承之外，另一个重要的发展脉络是，封建官僚政府为了自身的统治要建立庞大的职官系统，其中有一些直接或间接与科技有关的职务。有些官位负责组织各种为官府服务的生产活动，如兵器制造、建筑、官窑、冶炼等。这种科技官职的设立，不但对古代科技的发展起到极大的推动作用，也对古代标准化有重要的促进作用。

秦统一中国后，在丞相、太尉、御史大夫这"三公"之下分设"九卿"，确立了中央集权的封建官僚政府体制。其中的"少府"掌管皇室财产、物资供应和宗庙陵园营建等，与科技有一定关系。唐初确立六部"吏、户、礼、兵、刑、工"，一直沿用到清末。隋唐以后的各朝代还设立一些与部同级的机构。例如，隋唐有"五监"：国子监、少府监、将作监、军器监、都水监。其中"少府监"管手工业制作，"将作监"管官庙工程修建，"军器监"管武器和军用品的生产，也与科技有一定关系。到明清时，与工程技术有关的归"工部"，与农学有关的归"户部"，与天文学有关的归"钦天监"。

在中国庞大的官僚体系中，科技官职造就了大批科技人才。这些科技官员负责组织生产、建立作业规范、编制工程预算，还肩负总结技术发展、编撰科技书籍等职责。他们在特殊的职位中长期工作，积累了丰富的经验，成了科技专才，同时也为古代标准化做出了相应的贡献。他们受朝廷委托编撰的"法式"或"则列"，再由朝廷颁布于天下，起到法规和标准的双重作用。编撰"法式"或"则列"的官员在编写过程中并不是自己闭门造车，他们除了凭借长期工程实践获得丰富的经验外，还向有经验的民间工匠求教，以确保撰写内容的合理性。

北宋年间，封建官僚政府需要建造宫殿、衙署、军营、庙宇、园囿等，急需制定各种设计标准、规范，以及有关材料、施工的定额、指标，明确等级制度，维护封建礼制；更重要的是制定严格的料例、功限，以防贪污盗窃。因此，哲宗元祐六年（1091 年），将作监第一次修成了《营造法式》，并由皇帝下诏颁行。至徽宗朝，又诏当时任将作监的李诫重新编修，于崇宁二年（1103 年）刊行全国。可见，《营造法式》是封建官僚政府为了规范建筑行业，杜绝腐败而颁布的法律性质的文件。

历史上出现李诫和《营造法式》绝不是偶然的。中国的建筑技术和标准化原理的应用在宋朝已经发展到了非常高的水平。封建官僚体系中的科技官职（如将作监）必然造就李诫这样的科技和标准化人才。他的伟大在于通过他受命编修的《营造法式》，首次系统总结了中国在一千年之前的建筑科技和标准化的发展成果，形成了中国历代建筑技术领域中的重要标准和规范，对后世的建筑技术和标准化的发展产生了深远影响。此外，宋代封建官僚政府为了政治的需要下诏制定的这样的"法式"所起的推动作用也是不容忽视的。

第五节　民间自发

民间自发形成的标准与标准化在各个领域都有着丰富多样的表现。这些表现既反映了社会的需求和文化背景，又在不同的历史时期中逐步演变和发展。在手工业和艺术领域，民间的工匠和艺术家往往会总结出一套传统的标准和规范。这可能包括特定的工艺流程、使用的工具、材料的选择等。通过师徒传承和实践经验的积累，这些标准得以延续和发展，形成了独特的手工艺和艺术风格。在商业领域，民间形成了一系列贸易和交易的标准，包括计量单位、交易流程、质量标准等。这些标准使得商业活动更加高效有序，同时也建立了商业信誉体系。家庭和社区内的组织结构、职责分工、决策方式等也往往受到自发形成的标准的影响，这有助于维持家庭和社区的稳定运作。

这些民间自发形成的标准不仅是文化的体现，也是社会秩序的基石。它们在形成过程中融入了人们对效率、规范和共同利益的追求，为社会提供了一种自组织的机制。在很多情况下，这些标准通过口口相传、实践和经验积累，逐渐形成并持续演变，为社会的发展提供了有力的支撑。

需要注意到的是，民间自发形成的标准与因统治阶级需求派生出的标准之间存在复杂而微妙的互动关系。统治阶级通常通过制定法律、规范和制度来维护自身的权力和控制。这些由统治阶级制定的标准往往涉及政治、法律、财经等方面的规定。然而，这些标准需要在实践中被执行，而执行过程中却经常受到民间自发形成的标准的影响。在实际执行中，统治阶级可能需要考虑和适应民间的实际情况，以确保标准的可行性和接受度，即统治阶级的标准在社会中实际运用时，常常会受到民间文化的塑造和演变。民间自发形成的标准反映了社会的习惯、价值观和共同体验，它们与统治阶级的标准相互交织，形成了社会文化的多元性。民间自发形成的标准有时能够成为社会变革的催化剂。当社会发生深刻变革时，民间的新标准可能与旧有的统治阶级标准发生冲突，从而促使制度的重构和调整。

一、"万物"与"格套"

雷德侯是海德堡大学东亚艺术史系教授，被认为是西方汉学界研究中国艺术最有影响力的学者之一。他的著作《万物：中国艺术中的模件化和规模化生产》（以下简称《万物》）一经问世[①]，立即引起了西方汉学界和学术界的广泛关注。在这本书中，作者从多个角度探讨了中国艺术与工艺，既按照历史线索和技术发展过程，又根据艺术门类和材质工艺的区别，深入分析了中国文化与审美观念的层次。他揭示了中国艺术史中最独特、最深厚的层面——艺术组成的模件化，而其背后折射出的古代手工艺技术模件化倾向是中国古代民间标准化的最深底色。

---

① 雷德侯.万物:中国艺术中的模件化和规模化生产[M].张总,译.北京:生活·读书·新知三联书店出版社,2020.

汉画像石是汉代人用以装饰陵墓的建筑装饰材料，从图像学的角度分析，汉画像石不只是平面的装饰，它还包括了由神道两侧的大型石雕、陵阙、祠堂、墓室组成的完整的陵寝，构成了完备的陵寝制度。汉画像石有较高的史料价值，翦伯赞先生在《秦汉史》序言中说："除了古人遗物以外，再没有一种史料比绘画雕刻更能反映出历史上的社会之具体的形象。同时，在中国历史上，再也没有一个时代比汉代更好地在石板上刻出当时现实生活的形式和流行故事来"。假如系统地把这些石刻画像收集起来，几乎可以成为一部绣像的汉代史。汉画像石是汉代社会的图像式百科全书，对于复原汉代历史具有十分珍贵的史料价值①。而在汉代画像石研究中，作为《万物》所提到的中国古代艺术品"模件化"生产特征，专属于汉画像石的"格套②"也随之被提出。

绘画艺术的程式化趋势出现较早，《汉书·艺文志》记有《孔子徒人图法》二卷，这表明西汉时期已有绘制孔子及其门人弟子图像的标准范式和技法。古代画家常以粉本为摹本来学画、以粉本为模范来创作。汉代画工通常对照粉本创作：先在抹好白灰的墓室壁面用墨线勾勒出图像轮廓，然后再描绘细节并敷彩，如内蒙古和林格尔东汉墓发掘时还留有明显的墨线，以及失误涂改的痕迹；或先在磨好的石头上绘出图案雏形后再雕刻，如陕西彬州市雅店汉墓画像石初发掘时，表面尚有清晰可见的矿物色彩。

汉画像制作工匠多为社会地位低下的劳动者，除卫改、操义、荣保、代盛、邵强生、王叔、王坚等少数工匠青史留名外，大多数在历史长河中湮没无闻。画像石题记和碑刻称他们为"良匠""石工""工""石师""师""画师""刻者"等，这里边不排除有尊称、拔高的成分。他们一般受雇于石料生产作坊或父子师徒式地组合在一起外出揽活，有严格的行业规矩，靠口传心授的"口诀"和代代流传的"粉本"进行创作。严格说来，汉画工匠不能称为艺术家，因为艺术家是趋新的，总是试图打破传统、张扬个性；而他们

---

① 武利华.中华图像文化史：秦汉卷（下）[M].北京：中国摄影出版社，2016.

② 格套：汉画像石研究名词，画像石的规格尺寸、刻绘内容、雕刻技法与其在墓葬中的装置都有一定的规律，且形成基本固定的模式。

是保守的，总是遵循已有的叙述规则和逻辑程式（见图1‑10），只有不得已时，才会对既有程式做局部和细节的调整。

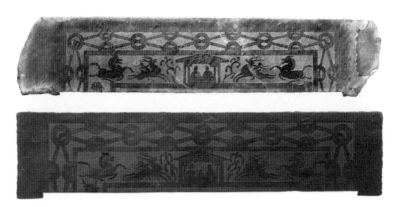

图1‑10　分别出土于绥德和神木的汉画像石门楣却有着相同的图像设计①

汉画像的程式化构图特征，表现在整体图像设计方面。从横向构图来看，汉墓普遍遵循"前堂后室"的图像配置规律。儒家历来重视礼乐秩序建构，丧礼无疑是重中之重。一般来讲，汉墓前室多配置车马出行图、拜谒迎宾图，以及能够标识墓主身份的任职治所、属吏、幕府、坞壁等的图像；中室多配置宣扬儒家伦理道德、强调人身依附关系的经史故事等图像；后室多配置燕居、庖厨、宴饮、乐舞、百戏等图像。一些规模稍大的汉墓还附有耳室，一般雕绘农耕、桑园、放牧、射猎等表现庄园生产生活场面的图像。从纵向构图来看，汉墓和祠堂普遍遵循"天上—仙界—人间"的图像配置规律。通常来讲，天上部分多刻天象类，如日、月、星宿、云气和四神图像；仙界部分多刻神话故事类，如东王公、西王母、伏羲、女娲、方士、羽人等仙人，表现天上世界的神禽翼兽，以及麒麟、芝草、神鼎等祥瑞图像；人间部分多刻车马出行、拜谒迎宾、狩猎捕鱼、历史故事、庖厨宴饮、歌舞娱乐等图像。

汉代画像砖一般为印模压印制作而成，作为殡葬商品公开出售，程式化痕迹更加明显。考古发现汉墓有两个特点。一是同一画像砖上，常有某幅图画重复压印的情况。青岛崇汉轩藏有一块"伍子胥"画像砖，画像第一层为模制的三个武士，榜题"伍子胥"。伍子胥髭须竖立，金刚怒目，腰佩利刃，脚踩水波。二是相隔不远处的不同墓葬，也常有同样模板压印、构图极为类似的画像。

当然，汉画像在总体遵循程式化构图的情况下，也会因不同地域的文化差异、不同丧家的个性需求、不同画工的创作风格、艺术传承创新的推动、丧葬礼仪文化的变革等多种因素驱使，出现活用粉本的情况。概括起来，主要有依样画葫芦复制粉本、参照粉本稍事改动、运用粉本反转构图、原粉本物象数量增减、原粉本物象替换变化、原粉本物象位置挪移、不同粉本拼合重组、跨媒介借用粉本、熔铸创造新的粉本等9种方式①。

汉代画像石以其程式化构图成为一种具有标准化特征的艺术形式，其传播在文化历程中扮演了重要角色。数以千计的汉代画像工匠通过学得的标准雕刻技术，为谋生、追求财富或实现艺术理想而选择留守或迁徙。他们带着内心记忆或书面的"粉本"走向他乡，将这一标准化的艺术形式传播到各个角落。这种流动推动了汉代"大一统"美术的形成，标准化的程式化构图成为文化交流的纽带。历史文献和考古材料揭示，古代工艺美术工匠的迁徙常伴随着经济中心的演变。在秦灭楚至西汉时期，南阳经济崛起，工匠们北上传播了故楚的标准工艺美术。这使得南阳地区在相当长时间内丧葬产业和汉代画像艺术繁荣，形成了标准化的风格。东汉末年，黄巾起义爆发，南阳工匠纷纷迁徙至蜀地，这一大规模的人口迁徙不仅仅是地域的转移，更是文化艺术标准的传播和融汇。汉代画像艺术在不同地区的标准化传承，展示了标准在古代艺术传播中的重要意义，为中国古代艺术的发展注入了独特的活力②。

二、做而不用：从雕版到活板的漫长旅程

宋体，无疑是我们日常生活中接触最多的字体之一，从识字卡片、教科书开始，宋体就承载着中国人对汉字的视觉记忆。作为一种适应印刷术出现

---

① 温德朝.粉本与格套：汉画像的程式化构图特征[J].中国美学研究,2021(2):160-174.
② 杨爱国.固守家园与远走他乡：汉代石刻艺人的活动区域[J].齐鲁文化研究,2005(00):163-169.

的专用字体，宋体横细竖粗、末有字脚、笔有尖端的字体特点使其格外具有辨识度，常作为书报等阅读材料的正文排版字体①。

宋体字的凝练性、功能性和专针对印刷技术而不断发展的适配性，说明了宋体字及印刷术真正的价值内涵和内核：从历史的角度上来看，印刷术是一种文化传播复制的媒介。而当印刷时代来临时，印刷技术的自我设计与革新则将更廉价、更高效始终作为其发展目的。字，信息的"复制"与"粘贴"，无尽的繁殖中潜藏着的正是在艺术设计和视觉感官中共存着的对规范、统一的呼唤。

让我们从引以为傲的"四大发明"开始，看看那篇必背的课文。

　　板印书籍，唐人尚未盛为之。自冯瀛王始印五经，已后典籍皆为板本。

　　庆历中，有布衣毕昇，又为活板。其法：用胶泥刻字，薄如钱唇，每字为一印，火烧令坚。先设一铁板，其上以松脂、蜡和纸灰之类冒之。欲印，则以一铁范置铁板上，乃密布字印，满铁范为一板，持就火炀之；药稍镕，则以一平板按其面，则字平如砥。若止印三二本，未为简易；若印数十百千本，则极为神速。常作二铁板，一板印刷，一板已自布字，此印者才毕，则第二板已具，更互用之，瞬息可就。每一字皆有数印，如"之""也"等字，每字有二十余印，以备一板内有重复者。不用，则以纸帖之。每韵为一帖，木格贮之，有奇字素无备者，旋刻之，以草火烧，瞬息可成。不以木为之者，木理有疏密，沾水则高下不平，兼与药相粘，不可取；不若燔土，用讫再火令药熔，以手拂之，其印自落，殊不沾污。

　　昇死，其印为余群从所得，至今宝藏。

　　——部编版初中语文七年级下册《活板》/沈括《梦溪笔谈》卷十八

---

① 许耘州.宋体字的发展与印刷术内在联系探究[J].散文百家(理论),2020(12):187-189.

以上这段记载虽然很短，却把泥活字的制作、排版、印刷和拆板的技术细节做了完整的介绍，还论述了活字版的长处及不适当材料的缺点。不幸的是，对于毕昇我们再未在其他传世文献中寻得任何记载，他便如同一颗耀眼的流星划过历史的长夜，在留下残影证明自己痕迹的同时就倏忽不见。虽然这一技术诞生后不久即湮没，但毫无疑问这是一项完整的、早于古腾堡活字印刷整整四百年的伟大发明。

毕昇之后约 600 年间，曾经有过两次记录谈到泥活字的使用。忽必烈汗的行台郎中姚枢（1201—1278 年）曾经劝说他的学生杨古以"沈括活版"印刷朱代理学家（程朱学派）的入门书籍及其他著作。王祯在《农书》中介绍他的木活字版之前，提到别人还有一种把泥活字和泥范一起焙烧，再排字成为整块印版的办法。两项记载都晦涩不详，但是至少说明，在 13 世纪中叶可能重新使用过泥活字。

没有证据表明明代曾经用过泥活字，直到清代中叶它才与磁版同时得到使用。1718 年，山东泰安学者徐志定发明了磁版印刷。据悉，他至少用它印刷了张尔岐编的杂记《周易说略》和《蒿庵闲话》（约印于 1730 年）这两部著作。另一项记载也谈到泰安有一位学者曾于 1718—1719 年用磁活字印过书。这项记载没有说明学者的姓名，看来极可能就是徐志定。沈括的记载，还启发过其他学者试用活版印刷。安徽泾县秀才教师翟金生（生于 1784 年）花费了 30 年光阴，发动全家制成了一整套泥活字。1844 年，他们制成泥活字 10 万多个，分成大小五种型号，并且用这些泥活字至少印了三种著作。第一种是翟金生本人的诗集，集名为《泥版试印初编》。集中有五首诗，是有关他创作、编辑、刻字、排字和印刷过程的。他是我们所知道的最早并也许是古代唯一的一位中国作家兼印工了。1847—1848 年，他还用自己的泥活字排印了一位朋友的诗集，一共印了 400 部；他还于 1857 年印了《翟氏宗谱》。近年来，还在安徽徽州发现了他印书用过的泥活字、陶范和毛坯。这些泥活字的字体与据说用它们所印书籍中的字体完全相符①。

---

① 钱存训,刘祖慰.中国科学技术史:第 5 卷.第 1 分册[M].北京:科学出版社,2018.

除了上述这些事例外，清代还有江苏的常州、无锡，以及江西的宜黄也都从事过泥活字印刷。常州的泥活字印刷以独特的排字方法著称。排字时，先在框架内填上一层泥，再把泥活字排在泥上。泥把活字紧紧固定住。用此法印出来的书的印刷质量受到称赞，以至全国各地委托印刷的人都来常州。木活字只能一个个地刻，泥活字和磁活字也是这样。但据说翟金生的泥活字却是用字范印出来以后，再焙烧为坚硬的陶质。

有些学者怀疑制造泥字是否可行。然而现存徐志定和翟金生所印各种书籍的版本足以证明泥活字确实存在过。事实上，有人甚至认为磁活字"坚致胜木"，而泥活字则和石头、骨角一样坚实，更有胜过木活字之处，因为"木字印二百部，字画就胀大模糊"了。

然而中国古代真正意义上的活字印刷实践还是由木活字走通的。纵观中国活字印刷术的发展和普及，元朝王祯的《农书：造活字印书法》（元皇庆二年，1313 年）和清朝金简编写的《钦定武英殿聚珍版程式》（乾隆四十二年，1740 年）是中国古代活字印刷术发展史上的两个重要标准文献，对推动活字印刷技术的普及起到了重要作用。

康熙、雍正、乾隆三朝是清朝印刷技术的鼎盛时期[①]，康熙十九年（1680 年）设立中央编辑、出版和印刷机构——武英殿。最初为武英殿造办处，后改名为武英殿修书处，其下设监造处和校对书籍处。监造处专掌监刻书籍，再分设铜字库、书作、刷印作。校对书籍处负责书籍付印前后的文字校正工作。武英殿印书包括雕版印刷和活字印刷两种方式。康熙初期，以雕版印刷为主，发到苏州、扬州一带刻版后运回武英殿印刷。雍正年间开展了大规模的铜活字印刷。乾隆年间开始木活字印刷，《四库全书》的出版标志其达到了顶峰。嘉庆之后，武英殿逐渐走向衰落，同治八年（1869 年）武英殿被烧毁。武英殿有两次著名的印刷活动均与活字印刷有关，一是在雍正四年（1726 年）用铜活字印刷《古今图书集成》，二是在乾隆年间用木活字印刷《武英殿聚珍版丛书》。

---

① 曹红军.康雍乾三朝中央机构刻印书研究[D].南京:南京师范大学,2006.

《钦定武英殿聚珍版程式》由主持武英殿编印工作的金简组织编写（乾隆四十二年，1777 年），由乾隆皇帝批准出版。该标准详细记载了这次活字印刷的情况，介绍了木活字制作及印刷技术。在此之前，金简编撰了《钦定武英殿聚珍版办书程式》（乾隆四十一年，1776 年），属于内部标准。这两个标准内容基本一致，是对《武英殿聚珍版丛书》木活字印刷实践活动的总结，是木活字印刷技术标准的典范，对清朝活字印刷技术标准化及其普及推广起到了重要作用。

《钦定武英殿聚珍版程式》是《武英殿聚珍版丛书》大型印刷活动的总结，技术标准来源于技术实践。清朝大规模的木活字印刷始于乾隆三十八年（1773 年），前后共刻制 253 500 个大小号枣木活字（所用字数 6 000 余个，常用字刻 10 个或 100 余个不等，合计大号字 100 000 余个，小号字 50 000 余个，备用字 2 000 余个），印成《四库全书》及其他经典著作，包括了经、史、子、集等历代的重要著作 130 多种、2 300 多卷，谱写出历史上制造木活字数量最多、印书最丰的不朽篇章。《钦定武英殿聚珍版程式》一书中所记载的木活字制作及印刷技术比王桢的《造活字印书法》更为详尽、严密、科学，在工艺规范、工艺流程、生产调度中出现前所未有的严谨，这是木活字印刷术接近顶峰的表现。

在此以前，清朝康熙年间另一次重要的活字印刷是铜活字印刷，始于康熙四十年（1701 年），康熙五十五年（1716 年）由阵梦雷领修书人员 80 人修订《古今图书集成》。雍正即位后由蒋廷锡监印完成，共计 64 部，每部 10 000 卷，目录 40 卷，共印刷了 5 020 册，分 6 编 32 典 6 109 种，全书约 1 亿字。"内府铸精铜活字百数十万，排印书籍"，使用铜活字数在 25 万左右。正文用大字，注文用小字，铜字镌刻工整，印刷清晰，书中所附的精美插图为木刻版画。印刷这样大部头的百科全书，而且是用铜活字印刷，在中国历史上还是第一次，更是印刷史上的一件大事。遗憾的是铜活字印刷技术没有形成相应的标准文献记载存世，藏在武英殿的铜字在乾隆九年（1744 年）被熔化改铸铜钱，不能不说是中国古代印刷史上的一件憾事。

《钦定武英殿聚珍版程式》无疑是中国活字印刷技术的一个重要标准文

献，是《武英殿聚珍版丛书》印刷活动的标准化，对于规范清朝印刷业、推动活字印刷技术在地方书局和民间印社的普及起到了指导作用。《钦定武英殿聚珍版程式》虽然规范了木活字印刷，但局限于清朝的工业技术水平，缺乏后继的技术创新和标准升级，尤其缺乏与印刷产业链相关的技术创新，结果导致中国古人虽然发明了活字印刷术但没有催生现代印刷技术。究其原因是：①采用了落后的木活字而不是铅锡合金活字；②采用刻字制活字而不是铸造制活字，无法形成工业化生产规模；③没有发明油墨技术以适应金属活字印刷；④清朝印刷标准还是基于手工印刷，是手工业标准规范，未涉及机械印刷领域，不足以产生印刷工业的萌芽。清朝木活字印刷术标准表明标准化的基本道理是，标准是实践的总结，这也反映了中国古代历史上官方颁布的标准对技术普及和推广的重要作用。一个产业技术的形成和发展需要产业链相关技术标准的支持。一个技术标准形成后，如果缺乏持续的技术创新和标准升级，原有技术标准将会被淘汰。一个产业的形成需要与该产业相关的各个环节的技术创新和标准化的支撑。标准化与技术创新密切相关，缺乏技术创新的标准是没有生命力的，最终难以摆脱被淘汰的结局。这就是解读《钦定武英殿聚珍版程式》的现实意义①。

三、印刷革命的真正开始：古腾堡和他的铅活字印刷

　　欧洲人使用印刷术，最初无疑是从中国传入的，虽然具体的传播途径还不是很清楚。根据当代学者的分析，意大利商人可能是传播媒介：12—13世纪，意大利人通过丝绸之路与波斯、中国做生意时，对中国印制的纸币和雕版印刷的其他商品如纸牌应该是非常熟悉的。马可·波罗（Marco Polo）就曾描述过蒙元帝国印制的纸币。12世纪，造纸技术传入了欧洲。也有人认为造纸技术是在13世纪中叶从陆路和海路两条路线传到欧洲的。据说，一些参加第七次十字军东征的骑士们，做了俘虏后被长期关押在叙利亚，在那里他们获取了造纸技术的秘密，并把它带回意大利和法国。造纸需要干净的

---

① 胡雄伟.清朝木活字印刷标准——解读《钦定武英殿聚珍版程式》[J].标准科学,2009(4):4-11.

流水，需要原料的充足供应，更需要市场需求，因此最初主要在意大利北部、法兰西岛（巴黎一带）、法国西南部发展。在德国，有文献可查的第一个造纸工场在 14 世纪末建于纽伦堡，仅比古腾堡发明印刷术早 50 年。瑞士的第一个造纸工场在 1433 年建于巴塞尔。而英国，直到 15 世纪末才出现造纸工场。造纸业的发展使欧洲使用和推广印刷术的基础物质条件更为成熟[①]。

13 世纪末，雕版印刷术传入德意志南部和意大利北部，但最初发展很慢。14 世纪后期，北方的巴伐利亚、士瓦本、奥地利、波希米亚、低地等国家开始用雕版技术印制宗教圣像画。而在意大利，直到 1400 年左右，威尼斯等城市才能印制整张的纸牌和圣徒像。不过，从印刷单张的宗教招贴画发展到印刷宗教书籍，中间没有很长的路程。1380 年左右，能在图画中刻有一行通栏的文字说明；1423 年，已能刻两行字的短文；至 1437 年，便能看到画中刻有 13 行字的文章了。因此，从技术发展进程看，15 世纪早期欧洲应该开始了雕版印刷书籍的过程，不过现在能找到的证据尚不早于 1470 年[②]。15 世纪可以说是欧洲的"印刷术世纪"，书籍的雕版印刷和活字印刷都是这个时代的产物。文艺复兴运动唤起了人们对知识的渴望，书籍无疑是满足这种渴望的最好工具，这是印刷技术在 15 世纪的欧洲不断出新的基本动力。能工巧匠们的勤于构思和创造，是印刷技术不断改良和革新的关键。具有讽刺意味的是，最初的书籍大多是《圣经》或宣传宗教思想的书，但却遭到教会人员的斥责，将其贬称为"实用书"，与教会誉为"艺术作品"的那种书法工整漂亮的手抄本宗教书相对，教会及其控制的图书馆甚至不愿收藏这些书。内中深刻的原因其实是，印刷书籍使《圣经》大众化，使宗教思想通俗化，这违反了教会的愚民政策，打破了教会人士解释《圣经》和基督教教义的垄断权[③]。

约翰内斯·古腾堡（Johannes Gutenberg）的活字印刷术发明过程是技术

---

① 王受之.世界现代平面设计史[M].广州：新世纪出版社，1999.
② 刘景华.铸字的艺术——欧洲印刷术与知识大众化[J].经济社会史评论，2009(2)：203 - 216.
③ 戴吾三.文艺复兴时期的技术与科学[J].装饰，2011(9)：34 - 39.

革新和商业冒险的结合。古腾堡在 1434—1444 年居住在斯特拉斯堡，并在那里开设了一家公司。在这期间，他尝试制作金属镜子，但由于亚琛暴发鼠疫，原计划的朝圣活动被迫推迟，导致他与客户之间发生了法律纠纷。古腾堡的活字印刷术的发明并非一蹴而就，而是一个逐步改进的过程。他将当时已知的多种技术有效地组合起来，包括在斯特拉斯堡铸镜子的经验，这为他后来的印刷术发明提供了条件。为了筹集资金建立印刷厂，古腾堡从一个当地商人那里借了一大笔钱。后来，由于双方在盈利分配和公司命名上的分歧，他们最终在法庭上分手。

《古腾堡圣经》大约印刷了 180 份，其中 49 份至今仍存。据研究，古腾堡通过这项发明赚了不少钱。直到 60 岁左右，古腾堡仍然是一名单身汉，因为他将所有的时间都投入到了创造和发明中。后来，他被拿骚①的大主教召见，并同意完成他早已开始的工作——出版德文《圣经》。1455 年，古腾堡出版了第一部 42 行的《圣经》，这部作品在当时引起了巨大的轰动，因为它不仅内容重要，而且印刷质量相当高，与当时的手抄本相比，它显得非常精美。

古腾堡的印刷术不仅在技术上是一个巨大的突破，而且在社会和文化层面上也产生了深远的影响。它促进了知识的广泛传播，为文艺复兴和宗教改革奠定了基础，并且对后来的工业革命也有着不可忽视的影响。古腾堡的印刷术使得书籍的生产更加经济、快速，从而大大减少了文盲率，推动了欧洲文明的发展。古腾堡的发明在欧洲迅速普及，50 年内就已经印刷了 3 万种印刷物，共 1 200 多万份印刷品。古腾堡使用的字母由铅、锌和其他金属的合金制成，它们冷却快，能够承受印刷时的压力。

古腾堡的铅活字印刷技术使得图书、报纸等大规模的印刷成为可能。这一创新大大降低了书写、复制和传播信息的成本，促进了知识的广泛传播。印刷的大规模生产推动了文学、科学和思想的发展，为全球知识的累积提供了基础。铅活字印刷技术推动了文字的标准化。在手工抄写时代，每位抄写

---

① 拿骚（Nassau）是德国莱茵兰-普法尔茨州的一座城市。荷兰的奥兰治-拿骚王朝、巴哈马的首都拿骚等都是自拿骚得名。

者的书写风格和拼写规则可能存在较大差异，导致了文字的多样性。而铅活字印刷要求制造相同字形和尺寸的铅字，使得文字的标准化成为可能。古腾堡的印刷技术的推广也促进了出版业和印刷业的发展，这涉及出版物的制作和纸张的生产等方面。在这个过程中，标准化的观念渐渐应用到制造业和商品生产中，形成了更为统一的生产标准，提高了生产效率。同时，铅活字印刷技术的兴起也引发了对知识产权和著作权的关注。随着作品的大规模印刷和传播，对著作权的保护成为一个迫切的问题。这促进了著作权等法律制度的逐步形成，为著作权的标准化奠定了基础。

四、探索名副其实的"流水线"：社会剧变的前夕

"流水线"这个词汇最初源自工业制造领域，特别是与汽车制造相关的历史。它的英文表达是"assembly line"。这个概念的发展与美国汽车制造业的先驱亨利·福特（Henry Ford）密切相关。

在20世纪初期，亨利·福特引入了一种革命性的生产方法，称为"流水线生产"。在这个生产模式中，汽车组装工人站在一个移动的传送带旁边，每个工人负责完成汽车组装过程中的一个特定步骤。汽车框架沿着流水线传送，而工人在固定的工作站上进行特定零部件的安装。这一创新大大提高了汽车的生产效率，降低了成本，使得汽车变得更加普及和可负担。"流水线"这个词的起源与流动的传送带有关。就像水流一样，产品在传送带上流动，经过在不同的工作站加工，最终形成一个成品。这个概念后来被广泛引用和推广，成为描述各种生产和工作流程的通用术语。

但有关"流水线"一词的起源其实存在一些争议。尽管福特的"流水线"在20世纪初对工业生产产生了深远影响，但有些人认为类似的生产方法在历史上的其他领域也有过应用。有一种观点认为，"流水线"这个概念的灵感来自威尼斯的造船业。

当海权使威尼斯成为当时地中海主要的贸易中心之后，贸易刺激手工业进一步发展。工匠发现许多顾客不仅购买商品自用，而且愿意购入商品用于出口。船舶为工匠的产品打开了销路，同时也为工匠带来了所需的货源。与

商业组织上坐商取代行商的变化一样，当生产发展到不仅能满足当地的需求，还能满足远方的市场时，手工业的组织中也出现了变革。

威尼斯最大的手工业机构是威尼斯兵工厂，因但丁在"地狱"里为它赋予位置而闻名。当维吉尔把但丁领下深坑时，但丁发现地狱越来越拥挤，为了表达这种感觉，他将所见过的世界上最密集的人群进行了比较：1300 年在罗马列队游行的朝圣者、他曾指挥过的军队和聚集在威尼斯兵工厂内的工人。也许兵工厂显示了但丁所见过的，或应该见过的，当时规模最大、最繁忙的手工业活动场面。[①]

在 14 世纪的威尼斯兵工厂，与威尼斯的其他大型国有工坊一样，生产过程的集中并未改变，仍然延续了由熟练工匠发展起来的手工作业传统。实际上，兵工厂在执行标准方面并没有过多的官僚规定。政府规定了弩的标准，以确保弓弦和箭矢能够与所有弩相匹配。但对于桨帆船，政府只规定了基本的尺寸，以控制它们的大小和比例，而其航海性能和一定范围内的大小都取决于造船工头在建造过程中所做的决策。

工头的优劣主要取决于他们的设计技能，这一技能在造船工的眼中极为重要，因此造船只能在一定程度上缩减为可以由其他人执行的计划。敛缝工、制桨工、铁匠等工人的领导，主要负责执行行会的技术标准。曾有一次，一艘商用加莱船因为敛缝不完善而险些沉没，元老院要求行会的加斯答第和兵工厂的敛缝工工头对此事负责，并将其撤职。如果雇佣了 12 个造船工、6 个锯木工、16 个敛缝工，再加上他们的学徒，每年就能制造出 6 艘商用的大型加莱船。而以同样谨慎的速度建造相同数量的轻型加莱船，所需的人手则会稍少一些。这个工人团队约有 30 人，每个工种都有一名工头。人们认为这个规模并不算大，因此不需要像私人造船厂那样雇佣工头监督整个建造过程。[②]

而在实际生产中，应用了一种类似现代"流水线"的系统：船只在河流上移动，每个工匠负责船只的特定部分。这种系统被认为对工艺有着相似的分工和协同效应。流水线生产将制造过程分解成一系列简化的任务，每个任

---

① 但丁.神曲·地狱篇[M].田德望，译.北京：人民文学出版社，1990：157.
② 莱恩.威尼斯：海洋共和国[M].谢汉卿，何爱民，苏才隽，译.北京：民主与建设出版社，2022：193.

务由专门人员负责，产品在生产线上流动，从而减少了转移时间、加快了生产速度。通过提高生产效率，流水线生产降低了单位产品的制造成本。这使得大规模生产变得更加经济高效，更多的人可以负担得起产品，从而推动了商品的大规模生产和消费。同时，流水线生产需要大量的劳动力来操作和监督生产线，这导致对工业劳动力的需求增加。

生产速度、生产效率、成本、消费、劳动力……这些词语无疑让我们想到了一个词——资本主义。正如前文所说的，民间自发形成的标准有时候能够成为社会变革的催化剂。在社会经历深刻变革时，民间新标准可能与旧有的统治阶级标准发生冲突，从而推动体制的重塑和调整。我们已经看到，在民间标准化行为下生产力发展得愈发茁壮，弥漫着一股剧变前夕的味道。那么我们之前关注的重点，古代中国的民间标准与标准化发展又是怎样的呢？

在明代，随着商品经济的蓬勃发展，各地区之间的经济联系进一步加强，呈现出相互依赖的明显趋势。换言之，地方经济分工得到了进一步强化。例如，在农业方面，不同地区呈现出多元化的分工趋势，一些地方专注于种植多种谷物，而其他地方则以桑棉等农产品为主；手工业分工更为显著，一些地区专注于制陶、制瓷业，而另一些则专注于纺织业。此外，不同地区对于手工业原料和成品的生产也呈现出分工的趋势。地方经济的分工不仅是商品经济发展的产物，同时也推动了商品经济的进一步发展。在明代，各地区经济的相互依赖表现得尤为明显。北方地区通常依赖南方供应的棉布，而南方的棉织业区域则依赖北方提供的棉花原料。江南、闽、粤的丝织业依赖湖州的丝茧，山西潞州的丝织业则依赖阆中的丝茧。四川产的丝经商人跋涉万里运到福建去织漳缎。西北延安一带的绸缎依赖江浙地区的输入，而棉花和棉布则依赖河南、湖北地区的输入。这些例子充分说明了地方经济分工的加强。而这种地区生产原料的分工和专业化程度佐证了地区生产标准化的潜在发展。

在清代，所谓的"帮"与"会馆""公所"等组织和机构呈现出明显的特征。"帮"是一种在行业和地方上相对牢固的组织，具有相当强的团结性。与此同时，"会馆"最初是地方性的组织机构，后来与工商行业关联，演变成一种既有地方性又有行业性质的组织机构。"公所"大致可以看作"会馆"的分支,更强调行业性质,但也保留一定的地方性。行帮、会馆和公所实际上是同一事物的两个方面:行帮是组织,而会馆和公所主要是机构;行帮组织设立了会馆和公所机构,以处理各种事务。行帮与会馆、公所几乎已经成为不可分割的实体。

行帮分为手工业行帮和商业行帮,两者都具有相当严密的组织结构和帮规。特别是手工业的组织和规定更为严格,包括店东与帮工、客师之间的义务,统一的工资水平,学徒制度,原料的分配,产品的规格和质量,商品的价格,以及作坊的开设地点和数量。为了维护本帮的商业利益,还禁止城镇外手工业商品的进口和销售。由此可见,行业内部为保护利益和强化利益共同体也驱使着"内部标准"的诞生。当然,封闭的环境不利于技术的传播、发展与进步①。

明清时期,有一些迹象表明资本主义的一些元素开始萌芽,但与标准化的关系并不是直接的。明清时期的中国经济是一个多元而复杂的体系,市场的活力在逐渐释放。商业经济逐渐崛起,商人和手工业者之间的关系开始变得更为复杂。商业活动的增加促进了商品的流通和交换,为资本主义的发展提供了土壤。这期间的商人已经开始追求利润,这是资本主义经济的核心。同时,一些手工业开始出现专业化和分工,这与标准化有一些相似之处。例如,一些手工业者开始专门从事特定的工艺或生产特定类型的商品。货币经济逐渐取代了以往的以物物交换为主的经济形式。白银货币化促进了商业的发展和商品交换的增加,为资本主义的萌芽创造了条件。

然而,明清时期的资本主义萌芽还远未达到后来西方工业革命时期的水平,而且在这个时期,中国经济体系中的封建元素仍然占主导地位。资本主义的真正崛起要等到更晚的时期。标准化在现代资本主义生产中是更为突出的特征,与工业化和大规模生产密切相关。我们的视线还要继续向下转移。

---

① 童书业.中国手工业商业发展史[M].上海:上海人民出版社,2019.

第二章

人类标准化发展的飞跃
（第一次工业革命时期）

疑今者，察之古；不知来者，视之往。

——《管子·形势》

第一节　晨光初曦：工业革命前夜欧洲的标准化进展

历史如川流，既首尾贯通，又常在陡峭处下降或飞升，淌入另一较为平坦的河床。而其漫长的轨迹，曲曲折折地包含着交汇、分叉、洄流，以及暂时的隐而不现。某种意义上，标准化的历史乃至人类文明史，以第一次工业革命的兴起为分水岭，被划为两截。

就像工业革命的诞生早有长期的铺垫，而其全球扩展也经历了与传统社会的漫长互动一样，近代标准化的演变同样不是一蹴而就的。在工业革命前夕的世界，尤其是欧洲，农业、商业、技术领域，已经出现了一些追求更高生产效率和经济效益的标准化现象。而16—17世纪的科学革命，虽然不直接关乎产品的制造，但在更深远的层面上，影响着标准发展。需要强调的是，以上各项变化虽然还带有前现代社会的尾巴，但已经渐渐露出将标准推向近代形态的苗头了。

一、静悄悄的革命

不少人认为，工业革命的浪潮席卷英国之前，一场农业革命早已悄然进行。而以土地制度、农业技术及生产效率发展为标志的农业革命，为机器大工业的诞生打下了良好基础。

中世纪的英国，敞田制在农村经济中占据着主导地位。农民、领主的土地被条带状地分开。一般来说，公田与私田间有明确的区分。但在收获后与休耕期，耕地与草地"敞开"，可以用于公共放牧。同时，在公共牧场和荒地上，人们享有拾柴、放牧等权利。在这种制度下，虽然存在着庄园法庭或村民会议参与土地管理，但农业经营还是呈现出分散化、小规模的特征。毫无疑问，在这样条条块块的土地上，很难组织起大规模、高效率的农业生产，更谈不上确立统一的经营标准了。

故而，逐渐展开的圈地运动，就为推行新的耕种技术或作物、进行大规模的农业改良奠定了基础。"耕作最好的郡是那些早就已经圈地了的郡。"① 当然，敞田制也并非毫无活力。有研究表明，农民们可以通过协议来统一种植方式，从而实现一块土地上的最佳生产秩序②。显然，盲目追求某种土地制度的推广是弊大于利的。相反，"在圈地成本高昂的时代，通过实施强迫性的轮作制度，规定放牧时间，规定每一家可以放牧的牲畜数目，相对于圈地很可能是更加有效地利用现有资源的一种制度安排③。"在我们看来，这些以协议与合作形式探索最优经营模式的努力，可以视作近代前夕农业领域的"标准化试验"。

图2-1 费迪南德国王望向大西洋彼岸④

这一过程中，除了制度变迁，新作物的引进也是重要一环。哥伦布及其后继者熟悉了美洲农业后，"他们发现旧世界与新世界共有的作物只是棉花、椰子和一些葫芦属植物⑤"，而"玉米、木薯、马铃薯、甘薯（至今或许还没有传至一些太平洋岛屿）、花生、法国豆、烟草、可可、菠萝和西红柿"⑥ 则不被美洲以外的世界所了解（见图2-1）。正是这些作物，在欧洲农业革新中发挥了重要作用。不过，新作物的

① 汤因比.产业革命[M].宋晓东,译.北京:商务印书馆,2019.
② 关于敞田制度的革新与进步可参见:文礼朋.近现代英国农业资本主义的兴衰[M].北京:中央编译出版社,2013.
③ 文礼朋.近现代英国农业资本主义的兴衰[M].北京:中央编译出版社,2013:93.
④ 图中为哥伦布登陆西印度群岛,同时,费迪南德国王望向大西洋彼岸.克罗斯比.哥伦布大交换:1492年以后的生物影响和文化冲击[M].郑明萱,译.北京:中信出版社,2018:3.
⑤ 波斯坦.剑桥欧洲经济史(第4卷)[M].北京:经济科学出版社,2003:248.
⑥ 同⑤.

移植是一个复杂的议题。人们都知道移植一种性能优良的作物是好的，但如何让农民统一接受，生产方式应该怎么与之配套，并非不需要讨论。这不仅是选择种什么的问题，更为重要的是，需要通过协议确立一套新的农业经营标准。

塔斯顿村的"标准化试验"就比较成功。这是一个位于牛津郡的小村落。18世纪初，该地农场的规模普遍比较小，主要由家庭运营。在引进红豆草种植的过程中，塔斯顿村农民通过协商实现了生产标准化，建立起带有现代色彩的经营模式。一开始，经过一致同意，村民们分别腾出自己耕种的一块公共用地，将它们拼凑成一整块地，用以引种红豆草。然而，这种模式很有旧传统的影子。比如，虽然土地被拼合成更大的一块，"但各家各户依然在这块整合后的土地上拥有属于自己的一小片地块，并且可以首先在属于自己的一小片地块上割草，从而使各家各户获得日常生活所需的干草"[1]。不同之处在于，人们会从入伙的佃户里选举3人进行日常管理，如决定播种、放牧的时间。而协议书则作为全体立约人愿意遵循新经营标准的证明。显然，红豆草的种植已经突破了原先的家庭经营模式，在更大范围内达成了作物种类、种植用地和栽培方式的统一化。

当然，任何革新都不是一帆风顺的。很快，还没来得及适应新秩序的村民围绕红豆草的经营管理吵得沸沸扬扬。土地总管威廉·坎宁（William Canning）表示："我发现这些前来法庭闹事的家伙们个个都脾气火暴……以致如果我不厉声呵斥恐吓他们，原先达成的协议恐怕就要毁于一旦了。"[2] 关键时刻，封建领主的权威发挥了作用。恫吓与威胁之下，坎宁控制住了闹事的村民。新经营模式最终得到了推行。

相较塔斯顿村，位于同一堂区的斯皮尔斯伯里村解决问题的方式更为巧妙。在这里，村民被允许自己决定是否移植新作物并加以栽培。由于推广方案的灵活性，斯皮尔斯伯里村没有发生大规模的争议。看到先行者引种红豆

---

① 罗伯特·艾伦.近代英国工业革命揭秘：放眼全球的深度透视[M].毛立坤,译.杭州：浙江大学出版社，2012：102.
② 同①103.

草的成功，其他村民也纷纷跟随。有了移植红豆草的经验，农民们又在红豆草的试验田上试种芜菁，并在不久后将种植芜菁作为各家的义务——很可能是吃到了生产效率提高的甜头。后来，芜菁还被直接引种在本来种植蔷薇与冬麦芽的土地上。这时，"原先移植新作物时必须先在试验田进行试种这一程序已经取消了"。显然，在统一移植新作物的"标准化试验"过程中，斯皮尔斯伯里村因方法灵活，遇到的阻力要小得多。

可以看出，要引导村民遵循新的农业经营标准，完全强制地推行某种模式很可能是行不通的。而借助签订协议循序渐进，让农民看到统一种植新作物的良好收益，就会事半功倍。当然，规模的扩大与生产的协同，必定伴随着决策权的集中。而本来习惯于家庭经营的农民，也会渐渐熟悉更加"现代"的集体经营模式。这当然不能同当代大农场的专业化生产相提并论。但这些牛津郡的农民，已经通过村社协作，建立起更为系统、高效的标准化生产秩序。

二、复式簿记

中世纪末期，欧洲商业领域也出现了一些新现象。在意大利，城市工商业与海外贸易有了很快的发展。作为东西方商品交换的集散地，威尼斯、佛罗伦萨、热那亚等港口城市，逐渐成为资本、货物、船只和人力流动的中心。为了规避风险和增加利润，商人往往以合伙的方式经营业务，而商业活动也变得越来越复杂。现实的需要迫使人们思考，怎样更清晰地展现收入与开支的情况，让商业经营更有效率，能精确地追求更多利润呢？

人们亟须建立一套标准的记账程序——复式簿记正是在这样的背景下得到推广的。原先，"会计只需进行简单记录，记账属于文书性质而不是作为收入的管理手段"[①]。复式簿记则不同，它"不仅为梳理繁杂的经济数据和营利性企业的利润核算提供了理性方法，且通过对经济数据的精确核算促进了历史上理性营利观的发展和理性主义的增长"[②]。

---

① 李南海.复式簿记与资本主义的兴起：马克斯·韦伯的分析及其遗产[J].会计之友,2019(11):157.
② 同①157.

很幸运，我们至今还能看到当时意大利一些簿记的原件。佛罗伦萨古文馆里，就收藏着菲尼兄弟商店的账簿。这份账簿，记录了佛罗伦萨菲尼兄弟商店（Riniero und Baldo Fini）1296—1305 年的总账。可以看出，该商店"已经有了日记账（草账）、分录账和总账的区别，""不仅设有人名账户，还设有物名账户"①。在物名账户里，商品又被更精细地分为被服、羊毛、靴帽、杂货等不同类型。此外，"费用（包括利息在内）""经营成果"等内容也被记录在"损益账户"里②。热那亚古文馆里也保存着 1340 年热那亚市政厅的总账，左右对照是这份账簿的鲜明特征。一般而言，每个账户会占用一张账页，而账页则被分割为左右两方——左方是借方，右方是贷方。所有的经济事项被区分为借方与贷方加以记录。这样做的优点很明显，可以清晰呈现"债务债权的发生和结清"③。

藏于威尼斯古文书馆的威尼斯多纳多索兰佐兄弟商店（Firma Donado Soranzo und Gebruder）的账簿，同样记录着当时商业管理的进步。德国经济史专家西夫金（Sieveking）发现了这份账簿，并将他公布于世。其中记录的 1406—1434 年的新账尤其值得关注。这份账册"已经有了较为完整的账户设置，除了有债权债务、商品、现金和损益等账户外，还设置了资本账户"。并且，通过该账册，记账人员会"通过验算借贷平衡来检查全部账目"④。而这将使商店的收支管理更加准确、严谨。总之，借助建立一套标准的记账程序，当时意大利的各大商店可以有效规范自身的经营行为，计算出营利或亏损，并据此做出下一步的经济决策。而使用簿记来提升管理效率，也成为潜在的行业规范，推动着商业经营的理性化。

复式簿记的普及，不仅是记账方式的统一，它实际蕴含着将商业活动纳入某种标准化程序的思想。该程序由资产、债务、收支、利润等要素构成，簿记则是将经营活动各环节整合起来的载体。

---

① 刘常青.世界会计思想发展史[M].郑州：河南人民出版社，2006：191.
② 同①191.
③ 同①194.
④ 同①199.

　　如果说各大商店的簿记管理，让我们直观地看到意大利半岛商业活动的规范化，那么卢卡·帕乔利（Luca Pacioli）的《簿记论》则为统一、高效的标准化经营秩序的建立提供了理论依据。帕乔利生于意大利台伯河上游的一个小镇，从小家境贫困，只能进入免费的教会学习。不过，他勤奋好学，曾师从数学家彼得拉·德拉·弗兰切斯卡（Piero della Francesca）和多梅尼科·普拉加蒂诺（Dominico Pragadino）。在富商罗皮西亚家担任家庭教师期间，帕乔利也有机会接触到当时威尼斯活跃的商业活动。1470—1475 年间，他成为圣方济各会的一名修士。这非但没有影响他探求数学知识，相反，与当时不少修道士学者一样，帕乔利希望通过研究科学更好地把握上帝的教义。在其传世名著《算术、几何、比及比例概要》（又名《数学大全》）里，每一段的开头和结尾都会出现"以耶稣之名"的字句。在帕乔利心中，自己的科学著作还是要献给上帝的。难能可贵的是，作为一名数学家，帕乔利非常重视知识的实践性。这一思想，在《簿记论》的写作中体现得尤为明显。

　　1494 年，帕乔利出版了《算术、几何、比及比例概要》。从中析出的《簿记论》，是世界上第一部关于复式簿记的著作。《簿记论》有 37 章，也包括两个附录。总的来看，它可以分为多个部分，内容相当丰富：第 1～4 章说明了财产盘存和财产目录的编制方法；第 5～14 章介绍了簿记中的 3 种账簿类型，即备忘簿、日记账簿和分类账簿，通过介绍不同账簿的登记方法，帕乔利揭示了复式簿记的核心原理——借贷记账法；在第 15～27 章，帕乔利说明了针对有关交易的会计分录的编制及分类账的登记；第 28～35 章主要讨论了结账与编制试算表的方法、凭证的保管；第 36、37 章则概述了分类账簿的登记原则与内容[①]。这本书以通俗语言提炼了威尼斯商业活动中运用复式账簿的经验，具有鲜明的实用色彩。显然，帕乔利在有意识地寻找当时商业活动的最优模式。他指出："我们在这里采用威尼斯的记账方式，相对于其他的方式，它是最值得推荐的"[②]。而在帕乔利为优秀商人列出的 3 个

① 吴水澎,刘峰.从《簿记论》看帕乔利的会计思想[J].会计研究,1994(3):29.
② 田春芝,纪志刚.文艺复兴的时代骄子:修士数学家卢卡·帕乔利[J].自然辩证法通讯,2023(1):123.

标准中，第三项就是"所有商业事务必须采用有序的方式记录，使商人能够简洁地了解自己的经营活动"①。显然，他希望通过规范的复式账簿，来实现商业管理的有序化、最优化。

今天，卢卡·帕乔利的大名，往往与"现代会计之父"联系起来。而人们也将他的《簿记论》，视为会计科学发展的里程碑之作。直到1994年，也就是《簿记论》出版的500年后，来自全球各地的会计学者还在圣西波哥参与帕乔利协会举办的盛大庆祝活动，并观看录像片《卢卡·帕乔利：未被歌颂的文艺复兴时代的英雄》②。我们认为，帕乔利之所以在世界范围内享有盛誉，主要由于他在当时威尼斯复式簿记流行的经验基础上，科学地阐释了企业生产经营的规律。商人们在簿记上的标准化实践，还是比较分散的，且多以"口授心会，单脉相传"③的形式传承。将数学理论与簿记实践相结合，这还是第一次。他科学地探讨了什么样的记账方式最有利于商业活动的有序和高效，指导人们不断完善复式簿记，从而极大地推动了记账程序的标准化。

三、现代公司的"史前史"

记账方式的演变与企业组织形式的转化是相辅相成的。海外贸易是一项风险很大的活动，除了惊涛骇浪的侵袭、细菌病毒的威胁，海盗的劫掠也时常使商人们受损严重。为了确保利润最大化，除了在记账方式上务求精确，商人们也在寻找最佳的管理标准。这实际上是想通过调整经济秩序，来提升企业经营的标准化水平，从而以效率最高的方式分配资源。

今天，公司管理早已成为人们最为熟悉的工作场景之一。五花八门的管理构架，纷繁复杂的规范章程，还有层出不穷的考核体系，已经被我们熟知。然而，在前现代社会，严格意义上的公司还没有产生，各种企业组织的管理标准化水平还不能同今天相提并论。但不可否认，13、14世纪以来，人

---

① 田春芝,纪志刚.文艺复兴的时代骄子:修士数学家卢卡·帕乔利[J].自然辩证法通讯,2023(1):123.
② 葛家澍,王光远.纪念帕乔利复式簿记论建立中国财务会计概念结构[J].会计研究,1994(3):8.
③ 卢卡·帕乔利 文艺复兴时期著名数学家、会计学家[J].中国总会计师,2008(9):100-101.

们就不断完善管理标准，想要找到不同企业成员间工作范围、责任及权限的最佳分配方式。

随着贸易规模的不断扩大，欧洲商人们发展出一种被称作"康曼达"的经营模式。从某种意义上看，这种模式兼具借贷与合伙的特征。假如你是一位商人，可以向不同的投资者集资。投资者不直接参与你的贸易活动，只是在返航后按比例分红。投资者只对托付的那部分资本承担有限责任，如果远航商人也投入一些资本，那在划分利润时也按比例分配。这种方式的优点是明显的，商人可以扩大自身的流动资本，从而增加利润。同时，由于投资人众多，资本也被分摊。商人每逢需要出海，就会大肆宣传自己的项目。"广场上或是港口旁就有公证人员。手握存款并且不想把它放到床底下的任何人都会联系商人签署'康曼达契约'。"① 商业领域的标准化，往往是由经营活动的需要催生出的。人们在贸易往来中，自然而然地觉察出"康曼达契约"的优势，就纷纷采取这种合伙模式。它的最优性，而非某种强制性，使它在航海贸易中推广开来。

标准化是一个永无止境的过程。它意味着一种秩序、模式或方案在特定时期得到广泛的承认与运用，但也包括不断地改进、创新乃至取代。企业管理中，随着经济形势的变化，管理的组织架构也往往因时而变。据研究，13世纪下半叶，"康曼达契约"便开始衰落。到了14世纪下半叶，其衰落速度越来越快。15世纪时，就很少见到有人签订"康曼达契约"了②。这种衰落，或许与经营形态的变化有关。随着贸易的常规化，"传统的流动商人让位于居家式的固定商户"③。于是，更为我们所熟知的"公司"逐渐步入历史舞台的中央。

中世纪晚期，公司还是新生事物。由于英国在全球贸易中日渐增长的突出地位，我们也将英国公司制度的演进作为重点考察对象。英国早期公司的发展，与皇室特许状有密切联系。这类公司一般被称作"管制公司"

---

① 奇波拉.工业革命前的欧洲社会与经济[M].苏世军，译.北京:社会科学文献出版社,2020:230.

② 同①231.

③ 同①231.

（regulated company）。与现在的股份制公司不同，当时的公司更像是贸易保护团体。"在服从公司规则的前提下，各个成员用自己的资产、为自己的利益经营。每个成员的债务与公司、公司其他成员完全分离，团体化的程度并不充分"①。公司的主要职能则是维护团体内成员的经营特权。很长一段时期内，政府看重管制公司在贸易与殖民中的作用，而公司也经常替国家承担一些殖民地的开支。可以说，这种政府与公司协作的模式，为推进英国的海外扩张起到了很大的作用。

伴随贸易的兴盛，公司制得到进一步发展，管理的标准化水平也得到了提高，又衍化出"合股公司"（joint-stock company）的新形式。与原先不同，这类公司遵循联合经营的原则，成员们共同投入资产，并出于共同的利益经营，公司逐渐成为专门从事营利活动的较为纯粹的现代商事主体②。不过，合股公司仍需从国家获得特许权。然而，在缺乏完善市场规范的情况下，不少投机者借助创办公司，在金融市场里敛财。而新创立的大部分公司都没有获得王室或议会的合法特许。这不仅造成一批冒牌公司的产生，还损害了英国国家利益。在这样的背景下，建立适当的市场准入标准，成为政府的当务之急。

1720年，《泡沫法案》（Bubble Act）正式出台。其核心内容是强化特许权的管理——未经王室特许或议会授权，禁止新合股公司的组建。并且，该法案致力于整顿冒牌公司，打击投机行为。《泡沫法案》在英国公司制度的发展进程里，发挥了破坏性作用。政府不惜压制公司的成立，想要用强化特许权的办法来保护特许权，却根本没有考虑如何使经营者更好地利用公司体制。

吊诡的是，英国政府出台《泡沫法案》的直接目的是保护南海公司的利益，而南海公司恰恰是当时最需要清理的"泡沫公司"。该公司是由哈里·耶尔伯爵创立的合股公司，声称要将英国的加工商品运到南美洲东部海岸，从而换得大量金银。然而，这根本是空话，哈里·耶尔伯爵的实际目的是利

---

① 蔡立东.公司制度生长的历史逻辑[J].当代法学,2004(6):29-42.
② 同①35.

用人们购买股票的狂热赚钱。英国下议院批准南海公司对南美洲贸易的垄断权后，该公司股票的价格获得大幅上涨。不过，其他企业纷纷效仿，投机公司层出不穷，这使得南海公司担心自己的股票价格下跌。由于南海公司承诺接收英国国债，并与政府官员存在复杂的利益关系，兼之政府本就想要治理金融乱象，打击投机公司的《泡沫法案》最终出台。然而，南海公司的虚假经营最终被人们发觉，伴随着股市的大崩盘，该公司也股价大跌，"南海泡沫"被彻底挤破。这次金融闹剧，很大程度上阻碍了合股公司的发展。有观点认为，《泡沫法案》使英国公司制度的成长向后推迟了100年①。

通过梳理工业革命前欧洲企业组织形式演变的进程，可以发现，作为模范的"最优管理标准"并不固定。商人们往往根据营利的需要，不断调整企业的体制。作为市场的监管者，政府也通过设立准入标准，介入到企业的组建与发展中。固然，完善的行业标准可以保障企业的公平竞争、市场的稳步运行。但不是所有标准都能起到促进作用，设立的时机是否恰当、内容是否顺应经济发展的潮流也非常重要。在这一方面，英国政府出台的《泡沫法案》就是一个失败的例子。我们不能否认打击投机行为的必要性，但在合股公司如泉涌出现的形势下，《泡沫法案》没有选择完善公司制度本身，而是严厉打压所有新合股公司的建立，无疑延缓了英国公司制度的演进。

四、科学革命的深远影响

工业革命前，科学方面的进步同样引人瞩目。今天，人们经常用柯瓦雷（Koyré）创造的"科学革命"一词来描述16、17世纪天文学、物理学等领域的剧烈变革。虽然不如工业革命、农业革命那样与人们的日常生活有着更直接的联系，但在某种意义上，科学革命的影响更为深远。对标准化来说，其本质正是科学化。而科学革命造成的思维方式的系统变革，必将成为人类制定、应用新标准并改造客观世界的不竭动力。

让我们先跳过具体的科学成就，把目光放在世界观的悄然变化上。1660

---

① 蔡立东.公司制度生长的历史逻辑[J].当代法学，2004(6)：29-42.

年，伦敦皇家学会成立。在哈夫曼（Harman）看来，"这件事情代表着新世界观出现的一个重要转折点"①。诚然，学会成员的思想观念差异很大。其中，既有人坚定支持笛卡尔的原则，也有接受炼金术、自然巫术的。但其核心成员，如胡克（Hooke）与波义耳（Boyle），都自觉遵循了一种机械论的世界观。他们信奉培根的科学实验方法，提倡世界是一个机械体系，而我们可以通过理性认识它。当然，这批科学家并不排斥上帝。相反，在他们眼里，获得对自然的认识，有助于人类理解上帝的事业②。这种机械世界观，实际上与现代标准化背后的那套思想观念很接近。因为，一旦我们意识到世界是一个有规律、可操控的自然体系，那么借助理性建立起一套符合客观规律的最佳秩序，就成为可能。而作为对现实经验的抽象总结与反映，标准也将在人类改造世界的历程中迸发出更加巨大的能量。

在这一世界观的指导下，学会成员积极地测量、计算各种自然过程。胡克在光学与显微镜方面取得重大成就；波义耳通过实验方法剖析了压力与气体体积的关系，发现了"波义耳定律"③。如果我们把视野打开，不局限于皇家学会的辉煌成就，便会发现早在工业革命前，科学界就已经兴起了一股探索、丈量自然世界的浪潮：伽利略（Galileo）通过钟摆与小球的滚动测量出精确的时间；为了研究血液循环，约翰·哈维（John Harvie）陷入测量血流的困难；约翰尼斯·开普勒（Johannes Kepler）在超越托勒密天文学说的过程中，发现了精准天文测量的价值④。毫无疑问，在领悟到自然可以通过精确方法被理性认知后，科学家们开创了一个"丈量"世界的年代。

当时，人们曾试图建立一个全球通用的计量标准体系。在这种愿望的驱动下，法兰西科学院和英国皇家学会合作，想要找到一种恒定的现象，从而在其他计量标准被破坏后，也能加以重建。科学家群体最心仪的两个

---

① 哈尔曼.科学革命[M].之也,译.上海:上海译文出版社,2003:45.
② 同①46.
③ 同①46-47.
④ 克里斯.度量世界:探索绝对度量衡体系的历史新知文库[M].卢欣渝,译.北京:生活·读书·新知三联书店,2018:70.

候选对象是特定时间内摆动的钟摆和地球子午线。现在看来，这种假设是错误的。但是，它却折射出 17、18 世纪科学家对统一计量标准的热烈追求，以及人们对科学方法的推崇。1742 年，英国皇家学会就制作了一式两份的线性量具，在上面刻制自己的标准后送给法国科学院。而法国人在铭刻自己的标准后，也将其中一份量具送回英国。类似的努力同样反映在政治层面上，英国卡里斯福特委员会就想要整合国内流通的各种标准。1758 年，皇家学会与这个委员会合作提出了一个关于标准统一化的报告。该报告指出：四百多年时间里，不断颁发的各种法案相互抵牾，而在王国境内，应该只存在一个统一的称重、丈量体系。随后，国家也制定了新的线性及重量标准。可惜，立法机构没有继之出台更多法案。不过应该承认，这些实际成效或大或小的努力，在人类标准化发展史上，还是具有里程碑意义的。①

谈及科学革命，就不得不提艾萨克·牛顿（Isaac Newton）的名字。他对物理学的伟大综合，无疑代表着科学革命的巅峰成就。牛顿的成就在于，将对宇宙结构的认识建立在严密的数学论证上。在他眼里，上帝创造了世界，而"宇宙的基本运作机制是由上帝神圣的力量启动的"②，但人类可以通过实验方法与数学计算理解世界这座"机械钟"是如何运作的，尽管是由上帝上好发条，并为它对时。怀着描绘世界的宏大气魄，牛顿致力于探寻绝对的时间、空间与运动。1687 年出版的《自然哲学的数学原理》中，牛顿提出了他那壮丽而精美的三大运动定律。

> 定律一：每一个物体都保持它自身的静止的或者一直向前均匀地运动的状态，除非由外加的力迫使它改变它自身的状态为止。

> 定律二：运动的改变与外加的引起运动的力成比例，并且发生在沿着那个力被施加的直线上。

---

① 克里斯.度量世界：探索绝对度量衡体系的历史新知文库[M].卢欣渝，译.北京：生活·读书·新知三联书店，2018：71-75.

② 哈尔曼.科学革命[M].之也，译.上海：上海译文出版社，2003：51.

定律三：对每个作用总是存在相反的且相等的反作用，或者两个物体彼此的相互作用总是相等的，并且指向对方①。

当然，现代物理学在时空观念上，与牛顿有着极大的差异，但这不妨碍牛顿物理学体系的革命性意义。通过发现上帝为物体运动规定的"标准"，以牛顿为代表的物理学家也引领着一个新的标准化时代的来临。在这一时代，人类积极地、系统地以科学的方式探索、利用客观世界的种种规律，追求各项活动的有序化、最优化，从而造福自身。

值得注意的是，随着科学革命的进展，科学界内部的行业标准也越发成熟。17、18 世纪，人们意识到科学研究的组织化有助于学者们交换意见和推动实际研究的进步，一批科学社团也随之诞生。猞猁学院是最早成立的社团之一。1603 年，切西亲王与 3 名同伴在罗马建立了该学院，并维持了大约 30 年。之所以取名"猞猁"，是因为这种动物"目光敏锐、擅于洞察"②。该学院成员的研究范围涉及自然哲学的所有分支，大多独立进行，不过偶尔也有合作。猞猁学院很倚赖亲王的支持，切西去世不久，便不得不解散。西芒托学院建立的原因与猞猁学院类似，莱奥波尔多·德·美第奇（Leopoldo de'Medic）对自然哲学的兴趣直接促成了它的诞生。虽然仅仅存在了 10 年，但该学院"是自然哲学家自愿联合起来对自然进行集体实验性研究的最引人注目的典范"③。

与这两个科学社团相比，与政府存在更密切联系的英国皇家协会和巴黎皇家科学院有着更稳定的组织机制，研究活动也具有较强的计划性。1665 年，皇家协会的秘书亨利·奥尔登堡（Henry Oldenburg）创办了《哲学会刊》，这是当时第一份科学期刊。它不仅发布学术活动的讯息，也发表各类报告、学术书信与书评。很快，它就成为"欧洲科学生活的一个重要发声途

---

① 牛顿.自然哲学的数学原理[M].赵振江,译.北京:商务印书馆,2006:15-16.关于定律三,原书译为"对每个作用总是存在相反的且相等的与反作用","与"疑为衍字,现删去。

② 普林西比.科学革命[M].张卜天,译.南京:译林出版社,2023:108.

③ 同②109.

径"①。路易十四统治时期，皇家科学院为解决国家问题而服务的色彩很强。皇室的拨款无疑影响了学者们的研究议题。他们测量了凡尔赛宫乃至整个法国的水质，在皇家印刷厂等地处理技术问题。值得一提的是，院士们开展了第一次对法国国土的准确勘测。另外，国家的赞助也的确丰厚，不仅提供了实验室、植物园、天文台等科研场所，还支持本国学者进行海外科考。18世纪初，远征队就前往南美洲和拉普兰地区，想要通过观察与测量，检验笛卡尔、牛顿关于地球精确形状的预言。当然，除了服务国家的需求，院士们也会组织一些其他研究，比如集体编写动植物博物志②。

无论是社团的成立、国家的支持，还是刊物与沙龙的创办、集体性研究活动的展开，都为科学研究的进步搭建了良好的平台。特别是科研团体的兴起，使得学术活动更为规范化、组织化，出色的成果也易于得到更大范围内的共鸣。某种意义上，统一的讨论平台、共同遵守的学术准则、一起探索的科学议题，非但不会泯灭单个研究者的个性，反而有利于重大科研突破的产生。而这显然是科学进步与行业标准化之间互相促进的表现。

这一节，我们鸟瞰了近代前夕欧洲的标准化进展。可以发现，尽管尚未经受工业革命的洗礼，人类在利用标准提高生产和经营效率上，已经有了很大的进步。无论是牛津郡的种植试验，还是通过复式账簿建立高效的标准记账程序，抑或是借助专利制度，使新技术成果得到更好的保护，都促使人们制造出更多、更好的产品，并加速商品的流通与交换。而科学革命的进行，更让人们看到了用标准改造世界的广阔前景。从某种意义上看，这些新进展，都为工业革命以来人类标准化发展出现的巨大飞跃做着铺垫。

晨光初曦，一个新的时代即将到来！

---

① 普林西比.科学革命[M].张卜天,译.南京:译林出版社,2023:110.
② 同①112.

第二节 天作之合：技术和标准的联姻

技术发展与标准制订之间存在异常紧密的联系。倘若标准设置得当，便能最大限度地为技术革新提供动能，替先进技术的推广保驾护航。如果相关标准落后于时代，或是违背了经济运作的客观规律，也将成为技术进步的绊脚石乃至拦路虎。在第一次工业革命的进展中，技术与标准的密切联动、相辅相成，就得到了充分体现。

一、天才之火添加利益之油

技术发展的突飞猛进，离不开一系列配套措施的推行。而近代专利制度的建立及完善，由于保障了发明家和投资者的稳定回报，很大程度上刺激了新技术的涌现。可以想见，如果最先进的技术成果能被随意窃取，不仅企业投入到发明中的前期成本无法收回，发明领域的恶性竞争也终将影响技术创新的进展。只有保护好专利成果，才能有序、高效地实现技术共享，也才谈得上搭建互联互通的技术标准化平台。

今天，我们推进技术标准化的前提是，由标准组织参考、借鉴各个企业的专利技术，从而制订产品的相关指标及规范。一些情况下，特定的技术标准就是由某项专利技术——拥有具备核心竞争力的专利决定的，这也成了企业生死存亡的关键。因此，将先进的技术经验转化为公认的专利技术，进而掌握本领域技术标准的制定权，就成为不少企业的追求。

英国在现代专利制度的确立过程中，起着关键作用。在中世纪颁发特许状的基础上，1624 年，英国出台了著名的《垄断法案》。该法案"将合法的专利垄断限于新发明，规定发明专利的技术主题（新颖而成熟的新技术）、专利权人（第一个真正的发明人）、专利期限（14 年）等条件，引领专利制度走向了新的轨道"①。这一法案旨在限制王室任意授予专利权的行为，更好地保护了发明人的利益。然而，《垄断法案》虽然堪称现代专利制度的起源，但仍带有浓厚的王权色彩，具有不小的缺陷。

英国工业革命的兴起与现代专利制度的形成与完善有着紧密联系。18世纪，英国以纺织业为代表的技术革新层出不穷，专利申请数量也增加很快。1733 年，机械工、织布工约翰·凯伊（John Kay）发明了飞梭。1765 年，同时是织布工与木匠的哈格里夫斯（Hargreaves）发明了一种多轴纺纱机，以哈格里夫斯的女儿珍妮的名字命名，称作"珍妮纺纱机"。1785 年，阿克莱特（Arkwright）又发明了水力织布机，将织布的速度提升了 40 倍！这些发明诞生的背后，不乏专利制度的推动。申请专利并获得长期稳定的回报，吸引着企业主与发明家将更多的资金与精力，投入技术革新中来。最先进的技术成果，也因此得到更迅速、规范地研发与推广。或许更为典型的例子，还是蒸汽机技术的演进。瓦特在对蒸汽机做出重大改进后，就申请了专利，这也使他获得大量财富。可以想见，这类借助申请专利取得成功的例子，会吸引越来越多的人投入技术创新中，进而产生不少得以塑造本领域技术标准的先进成果。

如前所述，英国较为成熟的标准化平台，对于技术革新与推广有着重大意义。而 18 世纪以来政府对于专利制度的完善，也促进着技术标准化的发展。

事实上，1624 年《垄断法案》颁布以来，英国专利制度遭受过不少的批评。首先，专利的申请程序僵化而烦琐。无论专利是否新颖，申请人都"一定要经过国务大臣、掌玺大臣、国王、大法官等人的形式审核，并且经过各种文件传递和加盖各种图章、国玺的过程"②。其次，专利的申请费用较高，时长却不短，并且当时所有的专利申请都必须申请人本人亲自到伦敦办理，又增添了不少成本。这在很大程度上限制了专利的申请量。另外，专利信息的传播也有不小的阻碍。从开始为专利授权到 18 世纪，英国就"从来没有

---

① 邹琳.英国专利制度的产生和发展研究[M].北京：法律出版社，2018：58.
② 同①84-85.

创办过专门的专利刊物，专利信息的传播主要靠发明人的言传身教，如培训技术工人等"[1]。虽然陆续产生过一些与专利有关的期刊，但都不够规范、专业，"只能起到基本的科普作用"[2]。并且，由于英格兰与苏格兰、威尔士及爱尔兰的关系微妙，在英格兰境内获得专利权后，如果想在其他 3 个地方也实施专利权，还需要单独申请。凡此种种，显然都阻碍着最新技术成果得到认可与推广。

在这样的背景下，改革专利制度的呼声越来越高。1851 年，世界工艺博览会在英国召开。在这次盛会上，英国人展现出领先世界的创造水平和技术成果。为了保护先进的技术创新，一项具有现代属性的专利法案已经呼之欲出了。

1852 年，政府终于颁布了一套具有划时代意义的《专利法修正案》。该法案是对英国专利制度的系统性完善。其一，简化专利申请程序。同年 10 月 1 日，英国专利局正式成立，所有与专利相关的事务都在专利局统一办理。多次讨论后，也对申请程序进行了改革。其二，完善专利管理制度。除了建立专利登记制度，还改革了专利费用，借以减轻申请人的经济负担。其三，推动专利期刊顺利出版，并得到推广。《专利法修正案》规定，专利局下属的说明书办公室要通过出版专利文献，将新发明的核心技术与知识向社会传播。此外，一些介绍先进技术的出版物越来越受到社会欢迎，而专利局也建立了专利图书馆和展览馆。这都意味着人们可以迅速、高效地了解科技前沿，从而在很大程度上促进技术创新。[3]

毫无疑问，现代专利制度的确立，对于搭建一个以信息共享为核心的技术标准化平台，有着重要意义。专利的申请、登记与推广，不仅是保护发明者的利益，也有助于提升公众福祉。大量技术成果以专利的形式被认可，又通过专利索引或介绍，为更多人所知，从而使得每一位发明者都能站在前人的肩膀上。这就形成了技术领域的良性竞争与协作。

---

① 邹琳.英国专利制度的产生和发展研究[M].北京:法律出版社,2018:85.

② 同①86.

③ 同①93-100.

通过其他国家的情况，也可以窥见专利制度演变与技术标准化的关系。美国专利制度发展的时间也不算晚。美国成立早期，基于 1787 年宪法，美国就确立了自己的专利法。《美利坚合众国宪法》规定："国会有权通过确保作者和发明者对其作品和发现有限时间的专有权来促进科学和实用技术的进步。"① 专利制度的发展，从一开始就与促进科学技术进步产生了紧密联系。美国专利制度旨在筛选出那些真正值得保护的技术，而"1790 年专利法也要求发明要以一种让熟练的技术工人明白的方式公布"②，这也是为了先进的技术经验能够更便捷地被人们利用。此时，虽然不存在后来那样高度专业化的标准化组织，但专利信息的公布在某种意义上也起着"技术标杆"的作用。1836 年，美国又修订了一部专利法。该法案"首创了对专利进行全面审查的方式，建立了一个独立的专利审查机关——专利局"③，奠定了现代美国专利制度的基本框架。

19 世纪德国统一之前，一些联邦国家（如普鲁士），就建立了自己的专利法。1842 年，出现了适用于整个德意志关税同盟的专利法。而到了 1877 年，一部更加彻底的专利法案被德意志帝国使用④。除了发明人的利益，这部法律也致力于保障技术的合理共享："没有专利可以拒绝合理条件下的专利许可授予；否则，被视为违反竞争的行为"⑤。这一举措，显然是为了更好地保障技术共享。同时，为了保护一些较小的发明，德国设立了实用新型专利。这类专利的授予不需要审查，对创造性的要求较低，保护期限也较短——最长为 10 年⑥。

以上，我们详细梳理了专利制度的发展过程，特别是工业革命以来现代专利制度的构建。可以说，在标准化组织大量产生之前，专利授予发挥着为技术标准化保驾护航的作用。它为技术的发明、革新与应用设定规则，从众

---

① 格莱克，波特斯伯格.欧洲专利制度经济学：创新与竞争的知识产权政策[M].张南，译.北京：知识产权出版社，2016：19.

② 同①19.

③ 孙旭华.美国专利制度的历史发展[D].北京：中国政法大学，2008：19.

④ 同①20.

⑤ 同①20.

⑥ 同①20.

多技术成果里挑选出真正具有价值的并加以认可，最终促进了标杆性技术的共享。当然，专利的独占性，使一些企业有可能通过掌握核心专利，垄断相关领域的技术标准制定权，形成一家独大的态势。但专利制度同样鼓励一些后发企业加大研发投入，早日产出革命性的技术成果，从而重新塑造本领域技术标准。不管怎样，自从现代专利制度建立以来，每一场标准之争的背后都必然是各自专利技术的比拼。

二、全世界第一张专利证书

以上，我们详细梳理了现代专利制度的演变进程。人们可能会对这样一个问题感兴趣：全世界第一张专利证书出现在什么时候呢？

这个问题并不那么容易回答。因为现代专利所具有的一些属性，也能在前现代的很多事物里发现。比如，专利是对有价值的秘密进行保护。而在古代，就有一些技术工人或工程师有意识地存留一些"秘而不宣"的绝技。再比如，专利证书的颁发维护着拥有者对该专利的独占权，不过很多古代政府都会向一些群体授予形形色色的"特许权"。这些现象，都属于专利的萌芽。

公元前 500 年，在意大利南部的锡巴里斯城，对于发明了新菜谱的厨师，国王会将新菜谱 1 年的独享权授予他。这或许就是最早的专利形式之一。今天，食品专利已经与我们的生活息息相关。很多具备新颖性、创造性、实用性的食品配方，都已经被国家专利法保护。锡巴里斯城的菜谱独享权，就可以被视作现代食品专利的前身。

同样在意大利，1426 年，一位建筑设计师设计出了在亚诺河上运输大理石的方法，并被授予关于该技术的垄断权。不少人认为，这是该时期的意大利已经出现"专利"概念的体现。

一般认为，1474 年由威尼斯政府颁布的专利法，在专利制度的产生中具有里程碑意义。该法令"对发明人的权利、专利纠纷的主管部门、主要的救济方法和赔偿数额等重要的法律问题做了比较详细的规定，还规定了对公共利益的维护问题"①。当然，作为一座商业繁荣的城市，其实威尼斯最初颁布这部法令并不是想要建立更为开放的市场，而是从重商主义出发，维护本国的利益。不过，在这部专利法的指导下，威尼斯境内授予的专利数量不断增加，"1474—1500 年专利数量为 33 件，1501—1550 年为 116 件，1551—1600 年为 423 件"②。

需要说明的是，这部法令也不能被视作具有现代意义的专利制度的开端③。专利法的最终目的应该是使最先进的技术成果得到共享与普及，并成为生产领域的标准和模范，但威尼斯专利法的核心仅仅是保护国家及发明人的利益，并不像今天这样，先进的专利成果能够被技术标准的制定者借鉴，并供更多人参考。不过，这一时期威尼斯政府颁发的专利，在一定程度上防止了侵权行为，保护了发明者的利益，却是毫无疑问的。

英国与早期的专利证书也颇有渊源。早在 1236 年，亨利三世就授予波尔多市民色布制作技术 15 年的垄断权。中世纪的英国，国王经常以特许状的形式，将不少种类的权利授予臣民。就一些词汇而言，"令状'writ'一词在形容词的词义上与'patent'就有着相近的意义，都有'明显，显著'之意。而以上二者都是王室颁发的一种'特权'，只是前者最后发展到了司法领域而后者则发展到了经济和技术领域"④。"英国王室颁发的一些特许状'charter'的词义也与'patent'紧密相连，都有'明显的，显然的'之意"⑤。

早期的专利证书大量出现在英国，与这里的地域特征有不小的关系。首先值得一提的是英国浓厚的法律传统。如前所述，在英国，"专利制度的产生来源于古老的王室授予'特许权'的习惯"⑥。其次，发达的宪政文化也使英国王室有意识地尊重臣民利益——包括他们的各类技术革新。而这有

---

① 邹琳.英国专利制度的产生和发展研究[M].北京:法律出版社,2018:42.

② 格莱克,波特斯伯格.欧洲专利制度经济学:创新与竞争的知识产权政策[M].张南,译.北京:知识产权出版社,2016:15.

③ 同①42.

④ 同①22.

⑤ 同①22-23.

⑥ 同①21.

助于专利制度的萌芽。另外，由于英国是一个较为狭小的岛屿国家，为了提高经济收入，王室"只能从鼓励贸易和技术改进等方面入手"[①]。这同样促进了政府以颁发特许权的方式推动技术革新，进而创造更为丰裕的物质财富。

第三节　钢铁巨兽：工业、工厂与标准

"工业革命"由"工业的"（industrial）与"革命"（revolution）两个词构成。这个词最早诞生在法国，法国人把他们 19 世纪 20 年代在制造业领域出现的技术变革与 1789 年、1830 年的政治革命相类比。恩格斯在 1844 年发表的《英国状况：十八世纪》里，也运用了这一词汇。而真正使这一词汇广泛传播的，则是因撰写《历史研究》而闻名遐迩的阿诺德·约瑟夫·汤因比。汤因比去世后整理出版的《关于英格兰工业革命的讲座》中，这位历史学家、社会改革家旗帜鲜明地使用了"工业革命"的表述[②]。今天，"工业革命"早已成为深刻影响人类历史记忆的重要概念。而这场变革所蕴蓄的丰富内涵，则为后人留下了无尽的阐释空间。

第一次工业革命也带来了标准化发展的飞跃。与古代标准化不同，蒸汽时代的标准化逐渐建立在机器大工业的基础上。"生产和科学技术的高度发展，不仅为标准化提供了大量的经验，而且提供了系统的实验手段，从而使标准化活动进入了以严格的实验数据为根据的定量化的阶段"[③]。如前所述，蒸汽革命时期标准化发展的主要脉络是，通过技术标准化与管理标准化，最大限度地提高生产效率，从而创造更为丰富的物质文明。而蒸汽机技术与工厂制度的演变，无疑在这一过程中具有里程碑意义。

---

① 邹琳.英国专利制度的产生和发展研究[M].北京:法律出版社,2018:20.

② 严鹏,陈文佳.工业革命[M].北京:社会科学文献出版社,2019:10－14.

③ 李春田.标准化概论[M].北京:中国人民大学出版社.2014:5.

一、让最好的蒸汽机胜出

18 世纪后半段，技术创新对生产力的提高越来越具有决定性意义。由此，前者也成为标准化发展的动力与根源。新技术的诞生及应用，为修订标准提供了最新的技术经验。而特定领域内标准化程度的高低，也制约着新技术能否迅速得到推广，并最终影响着能否以最快的速度制造出质量最高的产品。尽可能地提高生产效率，保障最优的技术成果在竞争中胜出，便成为经济腾飞的关键。

蒸汽机的发展，就是一个典型的例子。蒸汽机推广以前，水力是工业的主要能源。这就使工厂只能建在有水源且地势起伏大的地方。另外，由于车轮系统的损耗，动力常会不足。于是，人们便想办法制造一些人工瀑布，来直接获得动力。为此，必须先将水抽到蓄水池里，这就是蒸汽机的最初用处[①]。当时采矿业排出地下水的普遍需求也推动着蒸汽机的发明与改良。

早在 17 世纪末，来自德文郡的绅士萨维利（Savery）就发明了一种应用广泛的蒸汽设备。1698 年，他还获得一份期限 14 年的专利"在火力的推动下将水抬高"。他的仪器类似一个泵，可以抽出矿井里的水。由于设计缺陷，该设备在矿井中的试验并不成功，但却大量用于其他方面。1729 年，花园设计者斯蒂芬·斯威策（Stephen Switzer）就提到，这个水泵在喷泉设施当中有很大的用处。当时贵族阶层的花园里，经常可以见到它。尽管没有成功在工业生产中大规模应用，但后来纽卡门发动机的设计在一定程度上继承了萨维利水泵[②]。而前者无疑被视作蒸汽机发展史上的里程碑之作。不过，纽卡门发动机同样存在很大的问题。一则，它耗能高，对燃料的消耗量极大；二则，这一机器的关键性部件往复运动速率不平稳，"根本不能用来给一般工业生产设备充当动力源"[③]。故而，只有进行充分改良，蒸汽机才能真正广

---

① 芒图.十八世纪产业革命：英国近代大工业初期的概况[M].杨人楩,陈希秦,吴绪,译.北京：商务印书馆,1983：249.

② 关于萨维利的发明可参见：奥斯本.钢铁、蒸汽与资本：工业革命的起源[M].曹磊,译.北京：电子工业出版社,2016：61-63.

③ 艾伦.近代英国工业革命揭秘：放眼全球的深度透视[M].毛立坤,译.杭州：浙江大学出版社,2012：249.

泛地应用到工业生产中。这一过程，是一个不断积累技术经验、选择最优"模型"、共同推进技术创新的过程。

当然，那时的协同攻关，没有像今天这样系统、完善的标准化平台作支撑。不过，在改良蒸汽机的实践中，工程师、企业主等群体也构建了不少统一的技术规范或交流平台，借以共同降低动力成本、提升生产效率。

1769 年，约翰·斯米顿（John Smeaton）曾在纽卡斯尔附近观摩了 15 台处于运转状态的标压蒸汽机。令斯米顿惊讶的是，不同蒸汽机的耗煤量差异很大。这从侧面说明，耗煤量这样的技术信息在当时没有被严格保密，旁观者也可以详细调查机器的运行情况。由此可见，"信息公开确实是当地一项历史悠久的传统"[1]。事实上，德萨居利纳（Desaguliers）与贝顿（Beighton）曾经轻易地就获得纽卡门的早期原型和详细的技术数据——他们也可以把这些资料直接出版。这样的研发氛围下，工程师们可以详细比较不同方案，从而取长补短、彼此合作。今天，有专门的标准化组织通过规范技术语言、零件指标、产品参数等统一标准，来搭建企业创新的平台。而当时蒸汽机改良中形成的这套信息公开、互相借鉴的传统，事实上已经具备技术标准化的雏形[2]。

在康沃尔，蒸汽机技术的研发更具组织性。这一地区有几家铜矿和锡矿公司，用蒸汽机抽水的需求比较旺盛。维修、改良蒸汽机的过程中，当地经营者开展了一种"集体性发明活动"。1811 年，该地矿业经营者成立了一个协会，每月专门编印技术资料，包括不同蒸汽机的运转情况及耗煤量等。而收集工作则由独立的第三方审计员进行。大多数经营者加入后，该地开始定期编印《李恩蒸汽机月度报告册》，目的也是让工程师们能够第一时间获知技术信息，从而借鉴性能优良的蒸汽机设计[3]。在我们看来，这项努力的意义是巨大的。因为，蒸汽机创新往往建立在丰富的设计经验上，而充分的信息交换意味着工程师们共享着技术研发的前沿。在共同技术标准的基础上，

---

① 艾伦.近代英国工业革命揭秘:放眼全球的深度透视[M].毛立坤,译.杭州:浙江大学出版社,2012:252.
② 关于蒸汽机的改良工作可参见①252-253.
③ 关于康沃尔地区的"集体性发明活动"可参见①256-257.

人们可以不断改良出性能更优越的蒸汽机，老式的设计则逐渐被淘汰。循环往复中，各项技术标准也得到进一步的提升。

需要补充的是，这种"集体性发明活动"得以在康沃尔地区展开，与当地发达的矿业生产有关。新的技术创新，往往能够被经营者迅速而统一地接受，从而得到广泛应用，这就是平台的巨大力量。

瓦特（Watt）的故事同样值得关注。经常有人谈到，瓦特是蒸汽机的发明者。这实际上是不准确的说法。瓦特对蒸汽机的改良，加速了"蒸汽时代"的到来。但如前所述，在瓦特之前，蒸汽机还有一段很长的发明史。当然，这不能磨灭瓦特长期、艰辛努力的宝贵价值。

1736 年，瓦特出生在格拉斯哥附近的港口小镇格里诺克。他的父亲是一名造船工人，并拥有自己的工厂。在这个三代工匠的家庭，瓦特从小就接触了丰富的制造经验，"从小泡在工作间里，同时受过足够的教育便于增长自己的实践技能"①。1755 年，结束了伦敦的旅行，瓦特想为大学制造精密仪器，就在格拉斯哥大学附近开了一家店铺。在大学中，他获得了与许多教授交流的机会。其中，化学教授约瑟夫·布莱克（Joseph Black）与他的交往尤为密切。1763—1764 年，用于教学的纽卡门蒸汽机模型需要修理，而瓦特承担了这项任务。使其恢复运转后，瓦特也开始反思纽卡门蒸汽机存在的问题，并与布莱克教授进行了讨论②。这正是他改良纽卡门蒸汽机的起点。

1765 年，瓦特想办法使蒸汽在独立的冷凝器中压缩，从而避免了主气缸在每一次循环里都得加热和冷却。到了 18 世纪 80 年代，瓦特又在蒸汽机提供动力的稳定性上有了重大突破。这次的改良主要体现在 4 个方面：重新设计了阀门开合方式，让高温水蒸气从两端交替进入气缸，活塞也可以沿相反的方向在气缸内往复运动，并产生动力，人们把这样的蒸汽机也称为"双向动力机"；建立了一套称为"并联驱动杆"的动力传导系统，使活塞能够拖动平衡悬吊杆下移或上移；设计了一套"行星轮系"（planetary gear train），

---

① 奥斯本.钢铁、蒸汽与资本：工业革命的起源[M].曹磊，译.北京：电子工业出版社，2016：84.
② 沃尔夫.十八世纪科学、技术和哲学史[M].北京：商务印书馆，2017：797.

通过它可以使平衡悬吊杆带着车床动力杆旋转运动，动力杆的转速也将提升1倍；为了让气缸活塞运动速率更平稳，使用离心调速器（centrifugal governor）来控制蒸汽阀门的开闭①。经过革新的瓦特蒸汽机很快抢占了大量市场，并逐渐在英国流行。

我们关注的问题是，为什么经过瓦特改良的蒸汽机技术能够迅速影响整个行业的技术标准，并得到市场的广泛认可？它技术上的先进性当然是重要因素，但又不限于此。如果我们把目光转向封建社会末期的中国，就会发现，蒸汽机技术的传入时间并不算晚。18世纪末马戛尔尼（Macartney）访华时，就试图把一台瓦特蒸汽机的模型带到中国。19世纪上半叶，也有清廷大员对这项技术产生兴趣。不过，蒸汽机终究难以在晚清社会得到落地与推广。为何同一种技术会有如此迥然不同的命运呢？

从更广的视角来看，这与中英两国各自标准化平台搭建的完善程度有很大关系。工业革命后的英国，逐渐建立起一套机器大工业生产体系。尤其是现代工厂的诞生，使重复性、大规模的生产成为可能，而最新的技术改良，也能迅速应用到具体的生产模块里。拿瓦特蒸汽机来说，它的研发和推广，就在很大程度上得益于工厂主马修·博尔顿（Matthew Boulton）的努力。博尔顿是伯明翰地区著名的工厂主，从事工具制造业。他自己工厂的核心部分大概有600名雇员，规模不小②。很早之前，他就关注到瓦特对蒸汽机的改良。而在上一位投资者约翰·罗巴克（John Roebuck）破产后，博尔顿买下了前者在瓦特专利中的股份。一开始，富有雄心的实干家博尔顿就想要把蒸汽机推向整个市场。在邀请瓦特的信中，他信心满满地写道："它（蒸汽机）不仅仅值得为3个郡制造，我非常确定它值得为全世界制造。"③作为一个生意人，他明白，需要找准博尔顿-瓦特公司在整个生产链中的位置。"从图纸到说明书都由博尔顿-瓦特公司提供，此外公司还要提供机器的主要部件。

---

① 艾伦.近代英国工业革命揭秘：放眼全球的深度透视[M].毛立坤，译.杭州：浙江大学出版社，2012：262 - 263.

② 奥斯本.钢铁、蒸汽与资本：工业革命的起源[M].曹磊，译.北京：电子工业出版社，2016：92.

③ 同②93.

公司引进外部的生产条件，但要求阀门的装配必须由博尔顿-瓦特公司来完成，并且除非汽缸由威尔金森的工厂提供，否则不提供生产许可。"① 当然，尽管英国有着较为成熟的工业系统，瓦特蒸汽机被市场接受也并非没有一个过程。不过，由于能够极大提升生产效率，工厂主们渐渐用瓦特蒸汽机替代了纽卡门蒸汽机。

这是一个技术创新与标准化生产相结合的好例子。较成熟的工业系统与生产的紧密协作，是瓦特蒸汽机得到迅速推广和应用的必要条件。在英国，技术创新不仅是实验室里的事，而且是在更广阔的平台上进行的事情。工厂里的生产实践积累了大量技术经验，为新设备的研发提供了借鉴。研发活动往往建立在对实际经验的总结、提炼上，又为工业生产供给了源源不断的新技术成果。这样的循环往复，使得最优的技术方案大概率能够胜出，并广泛推广，成为领域内的"标准"或"模范"，这构成了机器大工业发展的不竭动力。

二、现代工厂的诞生与演变：效率为王

乔舒亚·B·弗里曼曾这样描绘我们所生活的世界：

> 在我从事写作的这个房间里，几乎所有的东西都来自工厂：家具、灯、电脑、书、铅笔、钢笔和玻璃水杯。工厂还生产出了我们吃的食物、服用的药、驾驶的汽车，甚至是我们死后装殓尸体的棺材②。

毋庸置疑，21世纪的物质财富之所以能这样充裕，同工厂这一现代生产方式有着密切联系。那么，它的效率为何会如此之高呢？

这与工厂生产的标准化水平更高有关。如果仔细观察工厂内部，就会发现，它的构成并不是宽大的厂房加上一群工人那样简单。工人们会依据生产需要，被分派到各自的岗位上，并遵循严格的管理标准，由此组成了互相协

---

① 奥斯本.钢铁、蒸汽与资本：工业革命的起源[M].曹磊,译.北京：电子工业出版社,2016:99.
② 弗里曼.巨兽：工厂与现代世界的形成[M].李珂,译.北京：社会科学文献出版社,2020:1.

作的生产模块。产品往往以批量的形式被产出，而工人们按照统一的习惯或规则，在其中投入大量的重复性劳动。流入市场的商品，拥有着相同而规范的形制，以便被千家万户使用。至于工厂里的技术创新，也不像手工作坊里那样零散与随意。而是参考最新的技术标准，将资源投入到最富前景的领域中去，并快速应用到一线。一言以蔽之，工厂是颇具现代特征的标准化生产平台，是这个效率为王时代的标志。接下来，就让我们一起走进工厂的诞生及演变。

艾瑞克·霍布斯鲍姆（Eric Hobsbawm）曾说："在人们的观念里，新的《工厂法》所说的'工厂'在19世纪60年代以前绝对是指纺织厂，主要是指棉纺织厂……在1830年时，现代意义上的'工业'几乎绝对是指英国的棉纺织业。"① 的确，作为技术创新活跃、生产规模庞大的先进工业领域，英国棉纺织业中，首先出现了生产方式的变革。而要追溯现代工厂的诞生，就不能不提理查德·阿克莱特。

1732年12月23日，阿克莱特出生在普雷斯顿的一个并不富裕的家庭。虽然没有受过太多教育，但他心灵手巧。年轻时，阿克莱特曾是一名出色的染发师。后来又投入到水力纺纱机的发明中去，并成功拿到专利证。这种纺纱方式需要充足的水力资源，往往在河流边选址，并集中生产，因此能够进行规模化生产的工厂制度便应运而生。1771年，阿克莱特与富商尼德、斯特拉特合作建立了克罗姆德纺织厂。这个工厂的核心优势是使用了效率远高于人力的水力纺织机。这种机器"比最熟练的纺纱工人用手纺车纺出的纱要结实得多，耐用得多"②。

更为重要的是，为了与机器生产相适应，阿克莱特的工厂形成了新的管理标准，与手工作坊大不相同。

其一，为了提高生产效率。他的工厂作息时间比较严格。"阿克莱特在其工厂中施行日夜两班倒的做工制度，每班工作12小时，中间休息1小时

① 霍布斯鲍姆.革命的年代：1789—1848[M].王章辉,译.南京：江苏人民出版社,1999：47.
② 芒图.十八世纪产业革命：英国近代大工业初期的概况[M].杨人楩,陈希秦,吴绪,译.北京：商务印书馆,1983：176.

以便用餐。这开发了劳动者的生产潜力,保证了工厂机器长期运转"①。

其二,阿克莱特为自己的工厂建立了奖惩制度。"不得旷工、懈怠或不遵守工厂的纪律,如有违反便毫不留情地加以严肃处理。对私自逃跑者,阿克莱特也不予放过。"②

其三,阿克莱特除了作为工厂主与员工保持着工作关系,还扮演着类似家长的角色。他不仅尽力避免招收童工,还致力于创办学校、教堂等机构,让工人接受文化教育③。

值得一提的是,某种意义上,阿克莱特不只建造了一座水力纺纱厂,还营造了一个"乡村工业社区"。

> 在这里,一切都围绕着工厂和工业家运转,工业家既是工厂的主人,也是社区的主宰,他们以封建领主的姿态监护着工人的工作和生活,在作风上也力图仿效贵族和乡绅④。

也就是说,工厂制不仅改变了工人的工作方式,也潜移默化地影响、塑造了所在地区的生活。

新型管理制度的核心是使工人更有纪律性,从而推进标准化机器的生产。工厂制产生以前,人们的工作状态是相对随意的,没有阿克莱特式严格的管理制度。工厂则使工人仿佛成为机器上的零件。他们的一切行动都得遵循管理者设计好的标准,生产效率也因此得到极大提高。当然,此时管理标准化的发展水平还远不能与泰勒制、福特制的时代相比,但相较手工生产的作坊,已经有了质的飞跃。

水力纺纱厂的高效率很快使其他经营者感受到威胁。"小制造商们看到

---

① 孙海鹏.英国工业生产组织的演进——形态学的长期考察[D].南京:南京大学,2016:241.
② 同①241.
③ 同①242.
④ 尹建龙.英国工业化初期的"乡村工业社区"及其治理[J].学海,2011(3):182.

这种可怕的竞争非常不快，并认为已经有办法去阻止它。"① 阿克莱特工厂的织品质量较好，但 1735 年的法令不允许国内生产印花棉布，"如果把这种织品变成当时流行的印花布，就有被当作禁品遭受扣押的危险"②。何况，阿克莱特工厂的产品还被课以重税。对此，阿克莱特等人选择了递交请愿书，向政府上诉。经过一番努力，政府最终同意了他们的大部分请求。

不过，在后来围绕纺纱专利技术的诉讼纠纷中，阿克莱特遭遇了失败。1785 年，他在法庭上败诉，被剥夺了专利权。当然，这没有影响他的显赫地位与庞大财富。"他还是英国最富有的纱厂主：他的工厂是数量最多的、最大的和组织得最好的。"③ 而作为现代工厂制度的开创者，他也因发展出一套以机器制造为核心的标准化生产方式，而长久地为人们学习与铭记。

保尔·芒图（Paul Mantoux）曾这样评价阿克莱特的影响：

> 他的名字同大工业的起源是永远分不开的。18 世纪末和 19 世纪初的兰开夏和德比郡的所有工厂都是按照他的工厂样式建造的。④

现代工厂制度的确立，在一定程度上促进了当时社会的全面变革。一方面，它逐渐取代了手工工厂与手工作坊，建立起新的生产制度，生产力也因此得到极大解放。另一方面，由于工人人数的增多，无产阶级逐渐形成。而社会也日益分化为无产阶级与资产阶级相对立的局面。由于当时工厂主确立的生产及管理标准，本质上是一种出于逐利目的而剥削工人的规则，资本主义工厂制度引发了不少劳动者的不满，工人运动风起云涌。同时，政府也针对新兴的工业领域，进行了标准化治理，想要通过工厂立法等手段，维护社会的稳定。

---

① 芒图.十八世纪产业革命：英国近代大工业初期的概况[M].杨人楩,陈希秦,吴绪,译.北京:商务印书馆,1983:176.
② 同①176.
③ 同①183.
④ 同①184-185.

工厂制度建立后，工人的生活是非常繁忙的。他们一天工作 12～14 小时，每天四五点钟起床，夜间的休息还没有使他疲惫的精神恢复过来，就匆匆地赶到工厂去。到 8 点钟的时候，有 30～40 分钟的时间吃早饭。在多数情况下，用餐时机器继续运转①。在一套标准生产系统里，工人的个性被消弭了。很多人就像机器上的一颗零件，在永无休止的转动中消耗着自己的人生。

当时，工厂的生产环境比较恶劣，工厂的空气质量令人忧心——"这些确实像地狱般的场所不但毫无新鲜空气，而且大部分时间内还有令人厌恶的煤气毒臭，使热气更伤人。除了与蒸汽混合的煤气毒臭以外，还有尘埃，以及叫作棉飞毛或者微毛的东西，可怜的人们不得不吸进去。"② 而工人们的生活环境，也同样糟糕。"在工业城市里，下层阶级居民（不论是在工厂干活或是在工厂劳动兼从事手织机织布）居住的那些地区，房子的结构是最容易损坏又最不完善的。"③ 由于年久失修，以及缺乏完善的排水和厕所系统，这些房屋极大损害着工人家庭的健康。除此以外，童工的悲惨处境，也得到了人们的关注。由于制度的不完善及监管匮乏，身体正处于发育阶段的童工，很难在工厂里得到很好的照护。童工死亡事件也时有发生。"这些童工经常被送到远离家乡一二百英里④甚至三百英里的地方，一辈子离开所有的亲人，在贫困的处境中也得不到亲友的帮助……"⑤

总之，虽然通过工厂制度，人们建立起一套高效的标准化生产系统。但标准化的目的，不仅在于生产更多产品，而让劳动者获得应有的回报、使管理方式符合人性化的需要同样是标准化发展的追求。为了完善工厂制度，英国政府就试图通过立法，在新兴的工业领域中构建行业规范，从而引导工厂实现最佳的生产秩序。

① 郭伟峰.英国家庭作坊和工厂制度下劳工生活状况比较[J].辽宁工程技术大学学报（社会科学版），2005（4）：411.

② 派克.被遗忘的苦难：英国工业革命的人文实录[M].蔡师雄，吴宣豪，庄解忧，译.福州：福建人民出版社，1983：40.

③ 同②29.

④ 1 英里= 1.609 千米。

⑤ 同②55.

1802 年，《学徒健康与道德法案》颁布。这是英国第一部工厂法案。它的主要内容包括："学徒的工作时间为每天 12 小时，夜间工作必须逐渐停止，最终于 1804 年 6 月完全停止；让学徒学习读书、写字和算术，工厂主每年给每个学徒提供一套衣服，工厂一年必须洗刷两次，而且随时保持通风；为男女学徒分别提供住处，最多两个人同睡一张床；学徒每月至少参加一次教堂的礼拜"①。当局意识到，学徒不能仅仅被当作可以重复劳动、产出效益的机器。劳动标准的设计，也应该考虑他们的身心健康。然而，法令颁布后，没有得到社会的足够重视，影响力有限。

但是，依然有社会改革家在为更加完善的工厂法而努力，罗伯特·欧文（Robert Owen）就是其中一位。"他的工厂不雇佣 10 岁以下的儿童，工人每天工作 12 小时，包括 75 分钟的用餐时间。"② 同时，欧文也督促政府让工厂法真正具有效力。1819 年，英国又颁布了一份工厂法案，主要针对的还是童工问题。"这部法案基本脱胎于欧文的草案，但都相应地降低了标准。"③ 不过，1819 年法案还是规范了雇佣童工的年龄限制，以及他们的工作和用餐时间。1825 年和 1831 年，政府继续出台了两部有关工人劳动标准的法案。但内容基本局限在学徒与棉纺厂，其执行效果也并不理想。

英国工厂法规的真正完善是在 19 世纪 30 年代以后。1830 年 10 月，理查德·奥斯特勒（Richard Ostler）发表文章控诉约克郡的工厂状况，工人们"在这一时刻正过着比那些在地狱式制度——殖民地奴隶制度——下过活的受害者更为可怕的一种奴隶生活"④。1833 年，在阿什利（Ashley）勋爵的调查的基础上，新的工厂法被颁布。为了确保法规的实施，1842 年以来，女工的情况越来越得到政府的关注。在 1844 年的法案中，"妇女首次被纳入关于青年工人的规定之中，工厂主不得强迫儿童、青年工人、妇女在机器运转时清洗机器，工厂中的机器和传送装置的每个部分都必须装上安全防护设

① 孙东波.19 世纪英国工厂立法初探[D].上海：华东师范大学，2007：19.
② 同①20.
③ 同①20.
④ 张芝联.一八一五——一八七〇年的英国[M].北京：商务印书馆，1987：57.

施"①。这些法案的出台，有助于保护工人们的切身权益，并使工厂的劳动标准更加人性化。

对于工厂制度的演进来说，1847 年是非常重要的一年。这一年，英国遭遇经济危机，失业率陡增，不少工人被迫缩短工作时间。于是，施行 10 小时工作制的呼声越来越高。不过，随着经济形势的好转，一些工厂主又试图通过轮班制，让机器每天的工作时间超过 10 小时——1849 年，轮班制已经被普遍采用，而且得到合法化②。不过，将劳动时间、强度控制在合理范围内的努力仍在继续。为了协调各方意见，尤其是回应关于劳动时间的争端，1853 年《工厂法》出炉了。这部法案对工作时间的规定更加细致：

> 正常的工作时间为早上 6 点到晚上 6 点，即每天工厂开工 12 小时；童工工作时间每天不超过 6.5 小时；年轻工人与妇女工作时间每天不超过 10.5 小时③。

需要说明的是，虽然没有直接涉及成年工人，但在法案的实际执行过程中，他们的劳动时间也自然地限制在 10.5 小时④。

当然，工厂主仍旧试图寻找一些制度上的漏洞，来延长工作时间。比如早上提前 10 分钟开工，晚上延迟 10 分钟下班，缩短就餐时间，等等⑤。不过，通过一系列工厂法规的颁布与推行，工人的劳动时间在名义上有了基本的保障。需要承认，相对工厂制度建立之初相对野蛮、粗放的管理方式，经过几十年的演变，在法律层面形成了一套更加合理的劳动标准。或者说现代工厂的管理作为一个新近兴起还存在不少漏洞的领域，在政府的努力下，得到初步的规范：工人的劳动时间、强度和安全性都有了一定程

---

① 孙东波.19 世纪英国工厂立法初探[D].上海：华东师范大学,2007:25.

② 同①26.

③ 陈日华.19 世纪英国对工厂制度的规制：实践与立法[J].贵州社会科学,2014(1):96.

④ 同③96.

⑤ 同①27.

度的优化。

当然，我们也不能过高地估计资产阶级政府在这一时期的标准化治理。需要看到，相关行业规范虽然缓和了劳资矛盾，但事实上无法掩盖不少工厂对劳动者的剥削和压榨。马克思就曾一针见血地指出相关法规作用有限："从 1802 年到 1833 年，议会颁布了 5 个劳动法，但是议会非常狡猾，它没有批准一文钱用于强制地实施这些法令，用于维持必要的官员，等等。这些法令只是一纸空文。"① 而在马克思看来，要建立合理的劳动标准，显然还得靠工人阶级自身的努力：

> 英国工人阶级经过 30 年惊人顽强的斗争，利用土地巨头和金融巨头间暂时的分裂，终于争得了 10 小时工作日法案的通过。这一法案对于工厂工人在体力、道德和智力方面引起非常良好的后果……现在已经为大家所公认。欧洲大陆上的大多数政府都不得不在做了或多或少的修改之后采用了英国的工厂法，而英国议会本身也不得不每年扩大这一法律的应用范围。②

我们必须意识到，这一时期工人阶级争取到的一些权益，是他们自觉、顽强地进行阶级斗争的结果。

以上，我们详细梳理了现代工厂的诞生与演变。可以看出，工厂的意义不仅在于遵循一套标准化程序，让工人尽可能高效地开展重复性劳动，从而获取最大的利益；如何发挥劳动者的主观能动性，特别是保障他们的合法权益，同样是设计管理与劳动标准时需要考虑的。蒸汽革命开启了一个效率为王的时代，但标准化绝不只是提高效率的工具，它的最终目标是造福人类。

---

① 马克思,恩格斯.资本论:第一卷[M].北京:人民出版社,1975:308.
② 马克思.国际工人协会成立宣言[M]//马克思,恩格斯.马克思恩格斯选集:第二卷.北京:人民出版社,1995:604.

第四节　奇思妙想："可互换零件"理念的诞生

1801 年 1 月的一天下午，身着蓝色外套的伊莱·惠特尼（Eli Whitney）走进美国财政部长沃尔科特（Wolcott）的房间。他打开一个神秘的箱子，把各种零散的构件摆放在桌上。惠特尼仅用几分钟时间，就把这些零件组装成精良的火枪，并随手把毛瑟枪机固定到其中十支火枪上。这令在场者大为震惊。要知道，按照当时的制作工艺，每支枪需要由一名工匠精心制作和装配。把枪支的生产拆分为不同部分，最后统一组装，还是崭新的想法。在随后的展示里，惠特尼同样打动了时任美国总统托马斯·杰斐逊（Thomas Jefferson）。后者在一封信中不吝对惠特尼的夸赞："康涅狄格州的惠特尼先生是一流的天才机械师"[①]。今天，惠特尼更是因其"可互换零件"的设计，被誉为"标准化之父"。

与此前介绍的具体技术或制度不同，"可互换零件"更是一种影响深远的理念。制造出更为精密的零件，并使它们之间可以互相组装，极大地提高了生产的速度。惠特尼在枪械制造领域的创新，开创了现代标准化制造的先河。

一、"标准化之父"惠特尼的故事

1765 年，惠特尼生于马萨诸塞州的韦斯保罗。从小，这位农场少年就显示出发明创造的才能。12 岁时，他就自己制作了一把非常精妙的小提琴。妹妹伊丽莎白（Elizabeth）曾在惠特尼的传记中写道："我们的父亲有一个车间，有时制造各式各样的车轮。他有一台旋床，还有种类繁多的工具，这使我哥哥在很年轻的时候就有机会学习使用这些工具。而当他一旦学会使用这些工具，他便整天泡在车间里敲敲打打，相反对于在农场里干农活却毫无

---

① 埃文斯,巴克兰,列菲.美国创新史:从蒸汽机到搜索引擎[M].倪波,蒲定东,高华斌,等译.北京:中信出版社,2011:42.

兴趣。"① 通过艰苦的努力，1789 年，已经 23 岁的惠特尼终于获得了进入耶鲁大学学习的机会。由于糟糕的经济状况，他不得不利用假期打工赚钱。耶鲁时期结交的人脉，为惠特尼日后的发展起了很重要的作用。

惠特尼所处的时代，是美国迅速崛起的时代。如前所述，英国工业革命的展开，首先反映在棉纺织业的蓬勃发展上。而渴望发家致富的南方种植园主，捕捉到了这一巨大商机。不过，剥离棉籽的困难，提高了棉花种植的人力成本，制约着生产的规模化。由于气候限制，南方只能种植纤维较短的"高地棉"。这一品种的棉籽与棉绒连接紧密，只能采取人工分离的方式②。能否制造出可以高效剥离棉籽的轧棉机，便成为极大影响美国经济社会发展的重要问题。

1792 年 10 月下旬，与耶鲁的老校友米勒（Miller）一道，惠特尼来到格林（Green）夫人的庄园。一个栽种着橘子、石榴、橄榄、无花果和棉桃的地方。这位 27 岁的年轻人，在这里的身份是家庭教师。尽管抱怨过薪水的低下，但惠特尼可以"尽情享受对于普通人来说很奢侈的安逸、阳光和奇花异果"③。也正是在格林夫人的宴会上，人们请求惠特尼尝试制作一种能够高效脱离棉籽的新机器。仅用 10 天时间，他就制造出了小型样机，并在后来改进为更大的型号。这种新式轧棉机，"可以用水力或者马力来带动，1个人可以相当轻松地完成用老机器 50 个人完成的工作量；它既可以使劳力减少到五十分之一，又可以避免任何阶层的人被驱赶出这一行业"④。

毫无疑问，这一发明的诞生是颇具轰动性的。直观来看，1792 年，美国棉花出口为 138 328 磅⑤，1794 年则是 1 601 000 磅，1795 年更是猛增到6 276 000 磅⑥！然而，命运女神显然跟惠特尼开了个玩笑，这项被后人称颂

---

① 坎农.近代农业名人小传（四）[J].欣冰,译.世界农业,1979(4):66.
② 王寅.伊莱·惠特尼与他的发明[J].历史教学,2005(11):2.
③ 埃文斯,巴克兰,列菲.美国创新史:从蒸汽机到搜索引擎[M].倪波,蒲定东,高华斌,等译.北京:中信出版社,2011:39.
④ 同①68.
⑤ 1 磅= 0.454 千克.
⑥ 同②63.

的伟大发明，却因专利问题给他带来无尽的麻烦。在巨大的利润驱使下，种植园主争相仿制惠特尼的轧棉机，而长期的专利权诉讼将他逼入困境。

好在，这位才华横溢的年轻人迎来了属于他的转机。开头提到的财政部部长沃尔科特就非常欣赏他的创造力。在惠特尼寄给沃尔科特的一封信里，他谈到了当时政府十分关注的枪支生产问题："我相信为此而专门进行了改装的水力枪械制造装置会极大节省劳动力，并极大促进枪械的制造。机器可以用于锻造、轧制、平整、钻孔、磨削、抛光等，从而使机器的优势得以充分发挥。"① 显然，惠特尼的关注点不在于某件具体产品的制造，而是生产过程本身。他已经敏锐地觉察到，通过对生产过程的标准化改造，可以释放出极大的生产力。而财政部部长也看中了这一点。1798 年，政府同惠特尼签订合同，委托他制造一万支步枪。此时，战争的阴霾正笼罩在美国人头顶，与法国开战的风险，使政府迫切需要大量的武器。

我们很难假设，如果战争很快爆发，官员们是否还会有耐心等待惠特尼将他的设想变为现实。毕竟，直到 1801 年 1 月，这位思想超前的发明家还未能向政府提供一支火枪，而此时早已超出了约定的交货期。然而，惠特尼仍然坚信这种新生产方式的广阔前景。在一封辩解信中，他说："我的主要目标之一是制造各种工具，然后让工具来完成定型工作，并给出每个构件正确的比例——这些工具一旦完成，将明显提高工作进度，从而使所有产品更加精确和一致。"② 与此同时，惠特尼决定让沃尔科特亲眼看看这种枪械制造方式的高效与快捷。于是，便有了本节开头的一幕。

这是具有纪念意义的时刻。惠特尼的系列演示获得了政府高层的青睐。起草过《独立宣言》的政治家杰斐逊"凭烙印识骏马"，看出了这项技艺的宝贵价值。他认为惠特尼"发明的不仅是机器，而且是新方法所采用的工序"，这种原理可以在"10 支由于缺少不同部件而无法使用的枪机中安装出

---

① 埃文斯,巴克兰,列菲.美国创新史:从蒸汽机到搜索引擎[M].倪波,蒲定东,高华斌,等译.北京:中信出版社,2011:41.

② 同①41.

9支好枪而无须雇佣工匠"①。成功的演示使惠特尼获得了国会的进一步拨款，而同年9月交付的500支枪，更是得到人们的赞誉。

在惠特尼的推动下，枪械制造成为1812年后领先的工业。而制枪工艺的标准化渐成潮流。1813年，作战部与西米恩·诺斯（Simeon North）签订20 000支火枪的合同时规定，单位成本要低于7美元，且"组件要完全符合要求，任何一支手枪的部件和构件都能与这两万支手枪中的其他任何一支匹配"②。到了1815年，时任美国军火部门负责人的沃兹沃斯（Wadsworth）与国有兵工厂的主管们达成了实现火枪生产标准化的战略。斯普林菲尔德的兵工厂负责制定验收标准，"以便让普通工人也能检测出超出可容许误差范围的制品"③。值得一提的是，该战略的讨论地点就是位于纽黑文的惠特尼总部④。而这位发明天才的后半生，也继续投入到"为州一级的民防组织和联邦政府制造枪支"⑤上去。

1797年的感恩节，因专利纠纷而濒临破产的惠特尼感到生活黯淡。他感伤地写道：

> 在康涅狄格州度过的这一天只是为了感恩，人们侃政治、滑雪橇、跳舞、欢笑、吃南瓜馅饼、捣食盐、亲吻女孩子等。至于我自己，"这一天"已经消磨在那种不安的孤独中，而且一段时间以来，我都被这种不安所烦扰。⑥

对此，有人精辟地评论道：

---

① 坎农.近代农业名人小传（四）[J].欣冰，译.世界农业，1979(4)：64.
② 埃文斯，巴克兰，列菲.美国创新史：从蒸汽机到搜索引擎[M].倪波，蒲定东，高华斌，等译.北京：中信出版社，2011：43.
③ 同②43.
④ 同②43.
⑤ 同①71.
⑥ 同②40.

 这是他伟大心灵的独白，在他充满创造欲的内心深处萌发了一种冲动——他要从孤独中解脱出来，并把精力集中到发明创意上。①

 的确，纵观惠特尼的一生，始终在领先时代的头脑与纷繁复杂的现实间寻找着平衡。当他的创意被逐利的社会力量剽窃，惠特尼并没有怨天尤人，而是投入到又一个施展才能的平台上。依托精湛的机械技术与灵活的社交才能，他懂得如何使自己的设想被政府与工厂接受，并推广开来。他构思的天才的标准化生产理念，也注定在后世产生深远影响。

二、备受质疑的"创新"：惠特尼是第一个吗？

 对于某项发明，人们似乎总是最关注它的"首创性"。那么，在惠特尼之前，有人想出过"可互换零件"的生产理念吗？事实上，确实有人以类似的原理进行过生产。比如，18 世纪 20 年代，瑞典的克里斯托弗·波尔希姆（Christopher Bolshim）曾借助机械和精密量具"以确保所生产的钟表齿轮的替换"②。18 世纪中叶，法国军火商成功地以该原理生产炮架。而在美国罗德岛，也"有工厂用机器切割钉子和卡片齿"③。甚至，就在枪械制造这一领域，也曾有人实践过"可互换零件"理念。昂纳·勒布朗（Honoré LeBlanc）是一位巴黎的枪炮制造商。在他的车间，时任外交官的杰斐逊就发现，那些零件可以互相适配："他向我展示了几十个枪机构件，将其拆卸后放置到好几个隔间。我自己收集了几个零件，想碰碰运气拿起来装配，因为零件规格恰到好处，所以不一会儿就装配好了一个完美的枪机。他用自己发明的工具实现了这一切。"④ 今天，不少人都推测，惠特尼可能从杰斐逊那里了解过勒布朗的工作。

 关于惠特尼的工作，也存有一些疑点。1966 年，在位于纽黑文的枪支博

---

① 埃文斯,巴克兰,列菲.美国创新史:从蒸汽机到搜索引擎[M].倪波,蒲定东,高华斌,等译.北京:中信出版社,2011:40.

② 王寅.伊莱·惠特尼与他的发明[J].历史教学,2005(11):65.

③ 同②65.

④ 同①42.

物馆，有专家鉴定出：一支惠特尼火枪枪机内侧标记有罗马数字Ⅵ。科技学者罗伯特·伍德伯里（Robert Woodbury）则指出，存在不同记号的枪机构件间并不具备可替换性，在有些方面，甚至不具有近似可替换性。不过，也有参观者证明，惠特尼工厂生产出的零件很类似，它们可以从一个枪机拆卸下，装配到另一个枪机。也有人提出，惠特尼时代对零件误差的允许范围比后来大不少。而惠特尼工艺图上各个构件的误差是符合当时标准（三十分之一）的①。

　　针对惠特尼工作的"首创性"，恐怕还会一直争议下去。但有一点是确定的，即惠特尼在"可互换零件"生产的推广上，起到了很大的作用。曾经，勒布朗也从拿破仑的部长那里获得过 10 000 支火枪的订单，但他的制造很快就停止了。由于没有熟练的技术工人，勒布朗生产不出高精度的构件，更谈不上让政府大规模接受这种生产方法了②。反观惠特尼，不仅为"可互换零件"理念的落地提供了有力的技术支撑，还充分发挥自身的人脉，使这种装配线式的生产模式，在制造领域得到更大范围的应用。

　　今天，惠特尼被誉为"美国标准化之父"。他通过零件通用互换的方式，大大加深了现代工业生产的专业化、标准化程度。著名的全球史专家斯塔夫里阿诺斯（Stavrianos）就曾把惠特尼的"可互换零件"生产与亨利·福特（Henry Ford）的"装配线"作业相提并论："大量生产的两种主要方法是在美国发展起来的。一种方法是制造标准的、可互换的零件，然后以最少量的手工劳动把这些零件装配成完整的单位。美国发明家伊莱·惠特尼就是在 19 世纪开始时用这种方法为政府大量制造滑膛枪……第二种方法出现于 20 世纪初，是设计出装配线。"③ 而惠特尼进行技术革命后的几十年间，人们将机器制造得越来越精确，以至可以生产出"不是几乎相同而是完全一样的

① 关于惠特尼生产的构件之间是否具有可替换性可参见：埃文斯，巴克兰，列菲．美国创新史：从蒸汽机到搜索引擎[M]．倪波，蒲定东，高华斌，等译．北京：中信出版社，2011：42.
② 埃文斯，巴克兰，列菲．美国创新史：从蒸汽机到搜索引擎[M]．倪波，蒲定东，高华斌，等译．北京：中信出版社，2011：42.
③ 斯塔夫里阿诺斯．全球通史[M]．吴象婴，梁赤民，译．上海：上海社会科学院出版社，1995：293.

零件"①。

三、全世界可能的第一份产品标准

在惠特尼的后继者中，我们不能不提莫兹利（Maudslay）和惠特沃思（Whitworth）。如果说惠特尼开始尝试以同样的规格生产零件，促使产品制造朝着精密化、统一化的方向发展，那么全世界可能的第一份产品标准的诞生，就在很大程度上归功于莫兹利和惠特沃思的努力。

莫兹利被誉为英国机床工业之父。不过，他在小时候并没有受过正规教育，很早就做了学徒工。18 岁时，莫兹利通过了机械师布拉马（Bramah）严格的考试，成为后者的助手。尽管后来因为薪资问题与布拉马分道扬镳，但在布拉马的手下，莫兹利还是在机械制造方面获得了长足进步。1797 年，他对布拉马发明的手动驱动机床进行了创新性改进，制成第一台螺纹切削机床②。该机床不仅使螺纹加工更加精确，也能车削不同螺距的螺纹。这使得当时的零件制造在精密化上迈出关键一步，为产品标准的制定奠定了技术基础。

惠特沃思是莫兹利的学生，也是一位出色的技师。1803 年，他出生在英国的小城镇斯托克波特，父亲是一名教师。14 岁时，他就进入叔父的棉纺织厂，成为学徒工。此后更是辗转多家机床工厂，掌握了丰富的机床制造技术。后来，他投身莫兹利的工厂，继续在精密加工上努力。30 岁时，他也在曼彻斯特开设了自己的工厂，并于 1835 年发明滚齿机。

惠特沃思最大的贡献是最早提议建立统一的螺纹制造标准，这可能是全世界第一份产品标准。1841 年，在向土木工程师学会宣读的论文里，惠特沃思"敦促在英国采用一种统一的螺纹制式来代替当时使用的种类繁杂的螺距和尺寸"③。这就是著名的惠式螺纹。由于其优越性，这一制式被许多机床生产者接受。1904 年，惠氏螺纹以 BS84 为标准号正式作为英国标准颁

① 斯塔夫里阿诺斯.全球通史［M］.吴象婴，梁赤民，译.上海：上海社会科学院出版社，1995：293.
② 周立军，郑素丽.工业革命进程与标准化发展——回顾与展望［J］.标准科学，2019（1）：48.
③ 顾孟洁.世界标准化发展史新探（1）［J］.世界标准化与质量管理，2001（2）：25.

布——这是世界上第一份螺纹国家标准。后来，经过协商，美国、英国、加拿大又将惠式螺纹与美国螺纹合并成统一的英制螺纹，并广泛地在军用和民用设备中使用[①]。可以说，在工业领域推动采用标准螺纹的努力，有力促进了人类技术标准化的发展。值得一提的是，莫兹利与惠特沃思不仅在技术领域硕果累累，自身也都是著名的工厂主，在企业管理方面也获得了成功。1862 年在伦敦举办的工业博览会上，惠特沃思工厂的成果展示甚至占据了四分之一的机床展出面积。这也显示出，当时技术标准化的发展是与生产经营紧密联系在一起的。

需要说明的是，这一时期的技术标准化范围还比较小，主要局限在规范一些零件或产品的技术指标上，还没有形成系统的技术标准体系。再则，虽然通用零件的诞生很大程度上促进了生产率的提高，产品标准的制定进一步推动了生产的规范化，但还不存在像后来那样激烈的围绕标准制定的竞争。就相关标准的影响范围而言，也主要集中在特定国家或地区。

当然，标准化的演进总有一个过程，不可否认，惠特尼、莫兹利等人的开创性工作，在整个标准化发展史中是具有里程碑意义的。接下来，让我们把目光转向第二次工业革命，来了解电气革命以来人类社会标准化的新进展、新形态。

---

① 顾孟洁.世界标准化发展史新探(1)[J].世界标准化与质量管理,2001(2):25.

第三章

近代标准化的发展
（第二次工业革命时期）

史者，所以明夫治天下之道也。

——曾巩《南齐书目录序》

第一节　发明家的竞赛：直流电与交流电的标准之争

电气革命的迅速展开与全球化浪潮的推进，构成了 19 世纪下半叶至 20世纪上半叶历史演进的主线。这一时期标准化发展的主要特点是标准的制定与推行，其越来越成为一项全球性事业。第二次工业革命的背景下，生产的协作性、系统性进一步加强，资本、商品、人员与文化的沟通联系也更加紧密。由此，一项技术、管理或生活标准在某一国家或地区确立了主导地位后，将迅速地凭借其先进性，并通过全球化网络成为整个世界的标准。同时，在全球范围内确立统一标准的需要也大大增强。

一、点亮世界：电气时代的到来

一个繁忙的工作日夜晚，你泡好咖啡，坐在灯火通明的写字楼，想要尽快写完明天就要交的工作报告。给电量所剩无几的手机连上充电线，你又习惯性地也给电脑插上了充电线，心想这会是一个漫长的晚上。突然，四周一片漆黑，周围建筑物的灯光全部熄灭。你从同事那里获知，因为电力故障，本地区要停电。瞅了眼微信，家人提醒你回家时买几根蜡烛——小孩没法写作业了，但明天老师要检查。看着手机电量低的提醒，你开始担心没法使用电子地铁卡。而因为可能抢不上充电桩，明天没有办法开车上班⋯⋯

这无疑是一个令人懊恼的场景，但也提醒我们，电在今天已经成了多么不可或缺的东西。大到政府治理、航天工程、金融市场，小到美食娱乐、旅游出行，都离不开电力的支撑。如果说现代人的生活是一副躯体，那电力俨然就是骨骼或血液。然而，人类自诞生以来，很长时间都是在没有电力的情况下生存的。直到第二次工业革命的展开，才真正"点亮"了世界。

第二次工业革命的突出特点，是电力技术的广泛应用。因此，这一时期又被称作"电气时代"。19 世纪 60—70 年代，诞生了一大批电气发明：1866 年，德国工程师西门子（Siemens）制成发电机；1870 年，比利时人格拉姆（Gramme）发明电动机，电力从此可以被用来带动机器。"电灯、电话、电焊、电钻、电车、电报等，如雨后春笋般涌现出来"①。1882 年，法国学者马·德普勒（Marcel Deprez）找到远距离输电的方法。爱迪生（Edison）也于同年在纽约建立了美国第一个火力发电站。"以发电、输电、配电为主要内容的电力工业和制造发电机、电动机、变压器、电线电缆等的电气设备工业迅速发展起来。"②

电力技术迅猛发展的过程中，出现了不少锐意创新的发明家。蒸汽革命时期，一些技术上的创新，往往是由工匠在实践经验的基础上总结、摸索出来的，尚未与科学上的新发现紧密结合。电气革命则不然，随着热力学、电磁学、化学等方面的进展，很多发明家致力于将最新的科学理论应用到发明创造中去，并以此直接促进工业生产。谁的技术最先进，谁的发明最能适应市场，不仅影响着发明家个人的成败荣辱，也决定了最新技术标准的制定。在这个意义上，电气革命又是一个争夺标准制定权的时代。而一场场你追我赶、竞争激烈的好戏，将围绕电气技术标准的确立，由发明家、企业主、管理者、投资人乃至社会公众共同上演。

其中，直流制式与交流制式的标准之战，是最具代表性的例子之一。而本章的焦点，就是以这场标准大战为切入点，深入了解这一时期技术标准竞争的特点。毫无疑问，爱迪生和特斯拉这两位发明天才是这台戏的主角。但企业家威斯汀豪斯的作用同样不可小觑。接下来，就让我们一起走进他们之间波诡云谲又精彩纷呈的故事。

---

① 吴于廑,齐世荣.世界史·近代史编(下卷)[M].北京:高等教育出版社,2001:233.
② 同①234.

二、直流制式与交流制式：爱迪生和特斯拉崭露头角

世界上所有物质都带电。不过，大多数物质的正负电荷呈均衡状态。当电荷失衡，电子才会运动。而所谓电流，就是带有负电荷的电子为了回归平衡状态，从一处向另一处运动的现象。大小和方向都不变的电流是直流电，电流方向随时间作周期性变化的则是交流电。与之相对应，就产生了直流与交流两种发电方式。单从科学的角度上说，直流电与交流电只是两种客观的现象，并不天然地存在什么优劣之分。哪怕从实用的角度讲，也是各有利弊，没有绝对意义上的好坏。

然而，在电力技术方兴未艾之际，关于该选择直流制式还是交流制式作为技术标准，却产生了空前激烈的竞争——哪种制式能够胜出，直接决定了相关企业的市场占有率乃至生死存亡。而在最后的胜者产生前，在某种意义上，双方都是在进行一场投入巨大的赌博。斗争的结果，也会深刻影响人们的社会生活。汤姆·麦克尼科尔（Tom McNichol）曾这样评价："19 世纪末，究竟应当通过直流电还是交流电传输电力的这场标准大战，改变了数 10 亿人的生活，塑造了当今这个科技时代，并为随后登场的各项标准之争预设了战场"[①]。我们不妨以两位发明天才的经历为线索，走进这场一波三折的技术标准之争。

发明大王爱迪生，早已为大家耳熟能详。19 世纪下半叶，不少国家的科学家都"竭尽全力地想开发出一种实用的室内用灯"[②]。早在 1877 年，爱迪生就造出一种弧光白炽灯。到了同年秋天，他就向赶到门罗公园的《纽约太阳报》记者宣布，他的电灯已经发明成功。然而，这离真正提供商业性的电力供应，还差得很远。为了筹集所需的巨大资金，爱迪生电灯公司注册，并向企业家募股。1879 年，经过大量试验后，爱迪生在灯丝研究上有了巨大

① 麦克尼科尔.电流大战：爱迪生、威斯汀豪斯与人类首次技术标准之争[M].李立丰,译.北京：北京大学出版社,2018：6.
② 琼斯.光电帝国：爱迪生、特斯拉、威斯汀豪斯三大巨头的世界电力之争[M].吴敏,译.北京：中信出版社,2015：63.

进展。该年 10 月 21—22 日，他们使用碳化棉线作为灯丝，燃烧了很久才熔断。在此基础上，爱迪生终于发现了真正耐用的灯丝材料。这一年的最后一天，实验室向公众开放，很多人冒着风雪来到门罗公园。据《纽约先驱报》记载："实验室被 25 只灯泡照得通明，办公室和会计室里有 8 只，另外 20 余只照亮了街道、仓库和连接的房屋"[①]。

爱迪生的志向绝不仅仅在科技发明上，他还想占领照明市场，让自己的灯泡点亮世界。而第一步，就是先为纽约建立具有商业价值的直流电供电系统。这一时期，"爱迪生的任务已不再是单纯地发明一个电灯泡了，他挑战的是一种新的合作关系——财团资金和科学发展的结合"[②]。1882 年 9 月 4 日，经过几年艰苦的施工，爱迪生建立的第一个供电系统试验成功，并受到很多客户的青睐。此后，他的事业风生水起。由于掌握了技术专利，爱迪生电灯公司不仅能直接提供供电业务，还可以将技术出租，以获取红利。1883 年，该公司的业绩年报自信满满地写道："爱迪生的专利，作为一个法律问题，不仅能够让我们公司在白炽灯领域获得垄断，而且在专利以外，我们公司的起步也远远领先于他人……这就使得我们这个行业本身足以让我们处于垄断地位"[③]。

这时，在欧洲，法国科学家卢森·高拉德（Lucien Gaulard）与英国人约翰·吉布斯（John Gibbs）共同设计了一套交流电配电系统。他们的变压器可以在配电时"增大或减小电压，因此获得了良好的灵活性与适应性"[④]。然而，爱迪生起初却没有对这一技术成果给予足够重视。这种用一根磁极反复颠倒的导线切割磁场来产生电能的方式，在爱迪生眼中，并不比他的直流电供电方式更为优良。尽管直流电系统存在供电距离有限的问题，基于目前不错的业绩和光明的前景，爱迪生似乎也没有必要对这个貌似不值一提的威

---

① 琼斯.光电帝国：爱迪生、特斯拉、威斯汀豪斯三大巨头的世界电力之争[M].吴敏，译.北京：中信出版社，2015：74.

② 同①76.

③ 麦克尼科尔.电流大战：爱迪生、威斯汀豪斯与人类首次技术标准之争[M].李立丰，译.北京：北京大学出版社，2018：94.

④ 同③94.

胁者抱有太大警觉。

但是，历史总是富有戏剧性的。当初不被重视的交流制式，在日后成为直流电系统的致命敌人。而另一位科技天才特斯拉，也让爱迪生的固守己见付出了代价。

与早就名满天下的爱迪生相比，尼古拉·特斯拉（Nikola Tesla）的命运就坎坷得多。日后，他发明的交流电发电机，将成为击垮爱迪生照明帝国的致命武器，而在 1884 年第一次踏进爱迪生办公室时，他只是一位曾经做过工程师，但仍旧籍籍无名的年轻人，能与爱迪生这样的人物见面，正令他激动万分。中学时，特斯拉就对电学产生了浓厚兴趣："对我来说，我无法形容当我看着物理老师展示那些神奇的物理现象时的感觉，每个印象都在我的脑海里引起共鸣"①。

1882 年，在城市公园散步时，灵感击中了特斯拉，他受《浮士德》诗句的启发，创造出一种新的交流发电方式。这种交流感应电机，通过磁极本身的转动来驱动电机——靠的是磁场的力量。这样的设计再也不需要"容易磨损或跳电的电刷""碍手碍脚的外部转向器"②，极大提升了工作效率。特斯拉为自己的新发现如痴如狂，但是，要想真正研发出具有商业价值的感应式交流电机，不仅需要社会的认可，更有赖于大量资金的投入。而这些对于这位性格独特的发明家来说，都并非易事。

特斯拉曾经试图建议爱迪生考虑自己的感应式电机，但结果是遗憾的。与爱迪生的会面后不久，特斯拉就迎来了自己的第一次任务。当时最快的客轮"俄勒冈号"出现严重故障，特斯拉被派去维修。经过一个晚上的努力，他成功排除了故障。据特斯拉说，这使他"赢得了爱迪生的信任"③。"从此以后，我的技术得到了爱迪生的赏识，在工作中，他几乎给了我完全的自主

---

① 琼斯.光电帝国：爱迪生、特斯拉、威斯汀豪斯三大巨头的世界电力之争[M].吴敏，译.北京：中信出版社，2015：102.

② 麦克尼科尔.电流大战：爱迪生、威斯汀豪斯与人类首次技术标准之争[M].李立丰，译.北京：北京大学出版社，2018：107.

③ 特斯拉.特斯拉自传[M].夏宜，倪玲玲，译.北京：北京时代华文书局，2014：62.

权。"① 尽管如此，在最令特斯拉魂牵梦绕的交流电感应式电机研发上，爱迪生似乎无意给予他支持。在爱迪生眼里，高伏特的交流电远比直流电危险，而研发交流电发动机也是没有前途的。

在当时的情况下，直流电发电机显然是更有市场的研究方向。从爱迪生那里辞职后，一些投资商找到特斯拉，而他们只想要直流电的弧光灯系统。据特斯拉说，那些人告诉他："不行，我们只想要弧光灯，并不关心你所谓的交流电设备。"② 后来，特斯拉制作的弧光灯取得了成功。然而，他自己的境遇却非常糟糕："但是，我却被排挤出公司之外了，除了一张印刷精美但毫无实际价值的股票权证以外，我一点财产都没有得到。"③ 与此相反，爱迪生的直流电系统却大有征服世界的希望。1884 年时，"已经建起了 18 座参考爱迪生设计的发电站，为包括芝加哥、波士顿、费城及新奥尔良在内的各大城市供电"④。

然而，哪种技术标准能够占据上风，虽然受当下各种情况的影响，但归根结底，还是看技术在适应市场需求上的优劣。相较直流电系统的大出风头，在当时，依靠交流电照明还是一种较为新鲜的想法，被很多人抵触或怀疑——包括长期从事技术发明的爱迪生。不过，交流电在远距离传输上的巨大优势，还是被一些具有前瞻性的人预见到。其中，乔治·威斯汀豪斯（George Westinghouse）无疑是举足轻重的一位。

三、开战：爱迪生和威斯汀豪斯的标准之争

直流制式与交流制式的标准之争，充分呈现了第二次工业革命以来技术标准竞争中出现的新特点。除了胜负，结果直接意味着企业的扩张或出局，在竞争手段上，双方也各显神通。为了争夺市场，专利、法律、媒体、资本

① 特斯拉.特斯拉自传[M].夏宜，倪玲玲，译.北京：北京时代华文书局，2014：63.
② 同①63.
③ 同①63.
④ 麦克尼科尔.电流大战：爱迪生、威斯汀豪斯与人类首次技术标准之争[M].李立丰，译.北京：北京大学出版社，2018：96.

乃至公众，都是他们借以击倒对方的武器。而直流制式与交流制式的孰优孰劣，也成为争论的核心。

威斯汀豪斯显然是一位有雄心和能力挑战爱迪生电灯公司垄断地位的人。他自己也是个发明家——曾经最重要的发明是能够降低列车事故率的制动装置。威斯汀豪斯为人雷厉风行，对于侵犯自己产品专利的人毫不手软。关于那项列车制动技术，一位铁路经理曾说："他警告我们，一旦我们打真空（空气制动）的主意，即使是实验性的，他就将起诉。"[①] 这种强硬的作风，在后来电力领域的竞争中表现得尤为突出。同样作为一名成功的企业家，威斯汀豪斯在铁路领域发展得风生水起，还购买了不少专利。

19 世纪 80 年代初，"威斯汀豪斯开始将注意力转至电力"[②]。爱迪生电灯公司的成功似乎预示着电力领域将是一片广阔的蓝海。1885 年，威斯汀豪斯与人合资成立了日后大名鼎鼎的西屋公司。一开始，他所购买的大部分专利，"都只适用于直流电照明及动力系统"[③]。不过，威斯汀豪斯敏锐地察觉到，交流电系统具有宝贵的潜力。相较传输距离超过一英里就会产生明显损耗的直流电，可以借助变压器调节电压、实现远距离传输的交流电拥有着更好的灵活性。不过，当时的交流电技术产生的时间不长，前景并没有那样明朗。但是，经过前期调研，威斯汀豪斯还是押宝交流电，到欧洲买下了当时最先进的交流电专利——高拉德-吉布斯电力系统。1886 年，西屋公司在马萨诸塞州的一个小镇建立了"美国首个投入使用的交流电变压设施""向若干商店及办公室提供交流电"[④]。而在与特斯拉合作，买下他的交流电感应电机专利后，威斯汀豪斯补上了自己供电帝国的最后一环——西屋公司已经成为爱迪生的主要对手。

爱迪生意识到了问题的严重性，并逐步开始反击。1886 年，爱迪生公司

---

① 琼斯.光电帝国:爱迪生、特斯拉、威斯汀豪斯三大巨头的世界电力之争[M].吴敏,译.北京:中信出版社,2015:134.

② 麦克尼尔尔.电流大战:爱迪生、威斯汀豪斯与人类首次技术标准之争[M].李立丰,译.北京:北京大学出版社,2018:114.

③ 同②114.

④ 同②118.

出版了一本抨击交流电的小册子。这本小册子指出，使用交流电，人们的"生命财产将面临十分严重的威胁"①。它还用一些新闻图稿，向读者形象地展示了一些交流电造成的事故。比如，在维护西屋公司的输电线路时，一名线路工因电击而惨死。相反，直流电由于电压较低，安全系数较高。这本小册子自信地预言，交流电设计"根本上就是历史的过客，即便没有自生自灭，也会在寿终正寝之前遭到立法的彻底禁绝"②。

除了口头上的警告，爱迪生公司还试图以公开实验的手段，揭示交流电系统的危险性。其中，哈罗德·布朗（Harold Brown）起着关键作用。布朗原先在电气公司任职，后来以"电气专家"的身份活动。1888年6月，布朗在《纽约邮报》上大肆抨击交流电："足以致人死亡的交流电，唯一可以用来免责的理由，便是可以为那些使用这种制式的公司省下大笔金钱，使其无须为安全生产使用大口径铜线。"③ 这份措辞激烈的文章，很快获得爱迪生的青睐。直流电系统的用铜量大于交流电，而铜价的上升又使直流制式的成本水涨船高。看着威斯汀豪斯规模日渐扩大的事业，爱迪生忧心忡忡。在爱迪生实验室的支持下，布朗组织了多次实验，交替用不同电压的直流电与交流电攻击猫狗，想借此证明交流电系统更高的危险性。然而，这些实验过于残忍，引发不少非议。另外，尽管布朗坚称自己"不代表任何公司，更非出于任何经济或商业利益"④，观众却并不全然相信。

一场技术标准之争，很快蔓延到较为广阔的社会层面。人们开始争论，能否使用交流电执行死刑。倘若付诸实施，这对西屋公司名誉的破坏是不言而喻的——交流制式原来是一种野蛮的电刑工具！尽管交流电的支持者们坚决反对，经过一番波折，电刑依然被推广开来，并在美国的一些州延续至今。除了宣传交流制式的危险性，爱迪生集团还试图在法律层面打压西屋公

---

① 麦克尼科尔.电流大战：爱迪生、威斯汀豪斯与人类首次技术标准之争[M].李立丰,译.北京：北京大学出版社,2018：122.
② 同①122.
③ 同①126 - 127.
④ 同①149.

司，他们提出"将电压限制在 800 伏之内"①，想借以限制交流电的使用。

　　然而，很多情况下，技术标准之争却不仅取决于双方目前的势力，更受技术本身优劣的限制。由于成本与灵活性上的显著优势，交流电系统迅猛地发展起来。而在 1892 年 4 月 15 日，爱迪生通用电气公司和汤姆森-休斯顿电气公司合并为"通用电气公司"——爱迪生的名字被剔除，其在公司的话语权也进一步减弱。事实上，在其他高层的压力下，爱迪生的公司也已经渐渐地使用起交流电系统。同年，芝加哥博览会主办方向电力界招标，寻找能够为场外照明提供 92 000 盏灯的公司。最终，威斯汀豪斯在竞价中击败通用电气公司。尽管在灯泡专利问题上处于不利地位，西屋公司还是利用自己掌握的"锯木人"灯泡设计专利，通过技术改良和加班加点，"在不到 1 年的时间里，赶工出 25 万只灯泡"②。1893 年，世界博览会正式开幕，而西屋公司的电力供应获得巨大成功。"白色之城的夜间照明是一个光芒四射的景象，谁见过它都不会忘记，这是世界展会中看过的最绚丽多姿的景观"③。

　　两种制式所处的境地在悄然变化。早在 1891 年，据《电力世界》统计："爱迪生的中心电站，当然都是直流电的，只有 202 座；而由威斯汀豪斯和汤姆森-休斯顿建立的交流电中心电站几乎达到 1 000 座"④。同样在 19 世纪 90 年代初，西屋公司在尼亚加拉瀑布项目上大放异彩。这项工程中，西屋公司承担了"为尼亚加拉水电站提供交流发电机、接电装置以及其他附属设备"⑤ 的核心工作，并于 1895 年向水牛城及更远的地方提供电能。这一电力领域发展的里程碑事件，更加标志着交流电系统的胜利。

　　爱迪生不愿认输，但已无济于事。1903 年，他又参与了康尼岛的一项动物实验——用交流电处死大象。摄像机记录下了恶象托普西被电击的过程，

---

① 崔旭.爱迪生传[M].合肥：安徽文艺出版社，2012：110.

② 麦克尼科尔.电流大战：爱迪生、威斯汀豪斯与人类首次技术标准之争[M].李立丰，译.北京：北京大学出版社，2018：136.

③ 琼斯.光电帝国：爱迪生、特斯拉、威斯汀豪斯三大巨头的世界电力之争[M].吴敏，译.北京：中信出版社，2015：301.

④ 同③327.

⑤ 同②202.

然而这无法扭转直流制式在标准之战中不可挽回的失利。《纽约时报》就在头版将托普西事件称作"一个不值得高歌的事件"①。

不过，爱迪生仍然在电力领域继续做着探索。他又在使用直流电的蓄电池上动了脑筋。当时，汽车行业蓬勃发展，而利用蓄电池为机动车提供动力似乎是一个富有前景的方向②。经过反复尝试，他在 1904 年推出了一种被称为 E 电池的产品。但是，这种电池问题不断，"容易漏电、接口故障、放电过快（特别是在冬季）等故障层出不穷"③。召回 E 电池，给爱迪生的公司造成巨大损失。但是，他依然没有放弃。1906 年，"爱迪生几乎将自己所有的时间都投入到了对蓄电池的改良研究上"④。终于，他又重新推出了一款全新的 A 型蓄电池。这款蓄电池，不仅重量更轻，还使电动车充电后的行驶距离可以超过一百英里。1910 年以来，这类电动车的销售业绩持续攀升。然而，电气革命以来，技术演变的速度越来越快，旧的技术标准很容易被新成果颠覆。1912 年，自动点火装置发明，这使得汽油发动的汽车更为便捷。尽管在其他领域还有用场，但蓄电池在电动车领域很快遭遇寒冬。

当然，直流电系统也并非永无出头之日。交流电网固然极大地发挥了互联互通的优势，但也存在脆弱的一面。随着人们对电力的依赖逐步加深，断电事故造成的危害也越来越大，在这样的背景下，直流供电系统可以成为交流电网的有益补充。同时，要在不同区域的交流电网间输电，"必须确保与既有的电流波峰完全吻合"⑤，而直流输电可以解决这一难题。到了信息时代，移动设备的充电续航问题，更成为各大公司瞩目的核心。而直流制式在这一领域上，显然有着极其广阔的发展空间。

从技术发展的角度看，直流制式与交流制式的标准之争，没有永远的胜者。选择什么样的技术标准，往往与当时的科技水平、经济形势和市场需要

---

① 麦克尼科尔.电流大战：爱迪生、威斯汀豪斯与人类首次技术标准之争［M］.李立丰，译.北京：北京大学出版社，2018：222.
② 琼斯.发明世界的巫师：托马斯·爱迪生传［M］.佘卓桓，译.哈尔滨：黑龙江教育出版社，2016：209.
③ 同①228.
④ 同②209.
⑤ 同①256.

密切相关。而随着这些客观条件的变化，技术标准也需要与时俱进。但站在企业发展的角度，选择哪种技术标准，并将大量资源投入其中，常常关乎企业未来的发展状况乃至生死存亡。这就需要决策者像威斯汀豪斯一样，对新兴的技术热点高度敏感，在科学判断的前提下，有魄力将金钱和精力，投入到暂时不够成熟的技术领域中去。当然，这是存在不小风险的。

以发明创新著称的爱迪生，在这场标准大战中，却扮演了"顽固保守"的角色。到了1908年，爱迪生遇见了小斯坦利——设计出美国首个交流输电系统并担任过威斯汀豪斯公司总工程师的威廉·斯坦利（Willam Stanley）的儿子。爱迪生对小斯坦利说："告诉你父亲，我当年是错了。"[1] 这位极具盛名的电气大师，也不得不在更具优势的技术标准面前低头，哪怕交流制式曾经是他努力排斥的对象。电气革命以来层出不穷的标准之争，或许告诉我们这样一个道理：任何一项技术标准，都不能确保永恒的主导地位。

正如汤姆·麦克尼科尔所说："技术的进步、市场的改变、生活方式的改变，更为重要的是人类价值观的变迁，都可能将最根深蒂固的技术标准彻底推翻。"[2]

第二节　摩登时代：现代流水线生产的诞生与演进

1936年，一部名叫《摩登时代》的喜剧电影上映。由卓别林饰演的工人查理，整日在生产流水线上劳作。他唯一的任务，就是扭紧六角螺帽。结果，他满脑子只剩下了螺帽，以至于看见身边任何六角形的东西，都想去拧一拧，甚至包括大街上女人衣服上的六角形纽扣。工厂老板为了提升工作效率，还发明了一种吃饭机器，能够以固定程式，在最短时间内喂饱工人。查理不幸成为体验者，谁知机器出了故障，拼命把食物往他嘴里塞……

① 麦克尼科尔.电流大战：爱迪生、威斯汀豪斯与人类首次技术标准之争[M].李立丰,译.北京：北京大学出版社,2018：248.
② 同①260.

《摩登时代》无疑在讽刺工业革命以来工厂管理中出现的一些新现象：为了尽可能地提高生产效率，企业主试图把工人的一切活动标准化，让他们像机器一样参与到产品制造中来。这种标准化显然是片面的，在很多方面与人类福祉是背道而驰的。在《摩登时代》里，尽管已经工作得如痴如狂，查理还是免不了失业的命运。影片的结尾，查理虽然自己都填不饱肚子，还是出于善良的本心，搭救了另一位流浪女子，并赢得了爱情，这反映出人们在艰难世事中对于幸福生活的期盼。

这启发我们思考，到底什么样的管理标准化，才是真正有利于我们生活的标准化？它只意味着形式的统一和效率的提高吗？有没有更加丰富的内涵？而要探讨这些问题，就不能不重新回顾现代管理标准化的发展过程。

一、现代管理标准的里程碑：《科学管理原理》

第二次工业革命以来，生产技术和产品结构日益复杂，企业的规模也越来越大。如何设计合理的生产模式、建立科学的管理标准，进而使生产资料得到高效的分配，成为很多人都在考虑的问题。其中，美国人弗雷得里克·温斯洛·泰勒（Frederick Winslow Taylor），就是提倡科学管理的代表人。而他的《科学管理原理》堪称是现代管理标准化的一座里程碑。

1856 年，泰勒出生在美国宾夕法尼亚州费城的一个律师家庭。由于在企业管理领域的突出贡献，他被誉为"科学管理之父"。因为视力不好，泰勒不得不放弃前往哈佛大学攻读法律的计划。1878 年，泰勒成为米德维尔钢铁公司的工人。"他在 1890 年离开该公司时，已是总工程师了"①。此后，他又在其他公司担任总经理或咨询顾问的职务，并长期从事科学管理的推广。1911 年 10 月，世界上第一次科学管理会议在新罕布什尔州的达特茅斯学院举行。会上，泰勒宣读了自己撰写的《科学管理原理》。这部闻名遐迩的管理学著作此后广为传播，并对现代企业管理产生深远影响。

泰勒想要将工人的活动都纳入高效、严格的生产程序中："要按科学规

---

① 陈今森.弗雷德里克·温斯洛·泰勒——纪念《科学管理原理》发表 80 周年[J].经济与管理研究,1991(3):33.

律工作，管理人员必须收回并完成目前听任工人们自便的大量工作；工人们的几乎每项动作，都应由管理人员准备的一个或更多个动作要领来作先导，这样才能使每个工人比其以另外的方式工作而更好和更快地工作"[1]。当然，这与将工人作为纯粹的工具，不能简单地画等号。在他眼中，科学管理不仅为了管理者的利益，也应该"使每个雇员实现最大的富裕"[2]。泰勒认为，工人与管理者之间，理应是合作而非对抗关系。"管理人员和工人之间亲密无间的个人合作，是现代科学或任务管理的精髓"[3]。而在广义上，所谓"最大的富裕"，除了企业的效益，"还意味着各行各业的经营达到了最佳的状态"[4]——科学管理的原理可以普遍地适用于整个经济领域乃至人类活动。

《科学管理原理》中蕴含了丰富的管理标准化思想。泰勒试图将纷繁复杂的工厂活动，纳入统一标准之中，并借此构建最佳的生产秩序。难能可贵的是，他详细讨论了如何建立科学的企业管理标准。

首先，是工作标准的确立。泰勒主张找一些最好来自不同部门或企业的人，通过分析他们工作时的基本动作，计算每一步需要的时间，并力图剔除不必要的动作。而将高效的动作与工具编成序列，就形成了工作标准。其次，是工具的标准化。以铲运为例，可以找几个铲运工，改变铲运负重并观察他们的铲运量。在此基础上设计铁铲。使用大铁铲运送重型物料，小铁铲则运送小型物料，从而保障铲运的效率。再次，要实现工艺的标准化。比如，为了找到最佳的钢铁切削工艺，用实验工具反复切割钢铁，确认影响生产效率的变量，在此基础上构建了12个数学公式，并设计相应的计算尺。这样，工人们就可以快速找到最佳的加工工艺。最后是确定标准工时。所谓标准工时，就是完成一项工作所需的最短时间。通过工时研究记录单，可以计算出一项工作所需的标准工时。[5]

---

[1] 泰勒.管理科学第一书：科学管理原理[M].肖刚，译.北京：中国经济出版社，2013：20.

[2] 同[1]1.

[3] 同[1]20.

[4] 同[1]1.

[5] 高涛，刘新业，王纯良.泰勒科学管理中标准化思想的研究[J].中国标准化，2022（14）：67-69.

为了推动这套标准生产秩序的运行，泰勒还精心设计了激励机制。《科学管理原理》提出了两种主要模式——"差别计件工资制和任务带奖金制"①。所谓差别计件工资制，就是先确定工作的定额，如果完成了定额，就发给工人更多的工资，反之减少。这样可以避免生产效率较低的问题，保障工作按时保量完成。任务带奖金制也很好理解：倘若工人在规定时间内完成定额，除了本应拿到工资，还可以得到额外奖金。需要说明的是，如果工长属下有更多工人完成了定额，工长的奖金比例也越高。这一安排使管理者与工人的利益挂钩，促进他们在生产过程中相互帮助与协作②。

应该说，泰勒的管理标准化思想还试图发挥劳动者的主动性，并相对注意协调劳资关系。这与后来许多资本主义工厂借所谓"科学管理"压榨工人，不能简单画等号。列宁（Lenin）指出，泰勒制"同资本主义其他一切进步的东西一样，既是资产阶级剥削的最巧妙的残酷手段，又包含一系列最丰富的科学成就，它分析劳动中的机械动作，省去多余的笨拙动作，制定最适当的工作方法，实行最完善的计算和监督方法，等等"③。我们认为，虽然泰勒的《科学管理原理》仍然无法做到严格意义上的"科学"，其实际应用又存在一些走向极端的弊病。但不能否认，泰勒是现代管理标准化发展的先导者，而他的科学管理思想在今天也具有宝贵的借鉴价值。

二、管理标准化的新突破：福特汽车公司的流水线生产

如果说《科学管理原理》在思想上引导了现代企业管理的进步，那么由亨利·福特开始的流水线生产，就是管理标准化在实践领域的新突破。而回顾1913年以来流水线生产的发展，人们的心情常常是五味杂陈的。大卫·E. 奈（David E. Nye）就曾这样形容流水线生产的复杂影响："采用流水线既可以让你的企业赚到盆满钵满，也可以让你的企业赔到血本无归。100多年以来，对于工人来说是一大福音的流水线赢得了广泛的赞誉，然而，它又

① 高涛,刘新业,王纯良.泰勒科学管理中标准化思想的研究[J].中国标准化,2022(14):69.
② 同①70.
③ 列宁.列宁选集：第3卷[M].北京：人民出版社,1995:491-492.

因为被看作残酷的剥削手段而备受指责。"① 接下来，就让我们走进这段波澜曲折的流水线演变史。

流水线在美国诞生，并不仅仅是偶然。这种统一、高效的标准化生产模式，之所以能率先在美国落地生根，与美国人的生活节奏、社会文化有很大关系。在美国人眼里，"快速"是"一条不变的定律"②，而"工人和消费者都会认为提高生活节奏是顺理成章的事儿"③。1851 年，第一届国际工艺博览会在伦敦海德公园举行。会上，美国人展示的机器获得好评。一位参加博览会的英国评论家曾经说："世界上最快的人非美国人莫属，因为他们的生活和繁衍后代的速度无人能及"④。今天，全球的生活节奏都越来越快。我们吃饭、上班、出行乃至放松娱乐，都在追求更加便利、迅速的方式，这在某种意义上受到了美国文化的影响。而这样的文化氛围，显然更有利于流水线这种高效工作方式的推广。

事实上，美国社会形成这样的快捷文化，也经历了一个过程。大卫·E. 奈指出，从 18 世纪末开始，美国逐渐成为一个高速发展的社会，而这经历了几个步骤：首先是空间的标准化。为了消除农田在分布与规模方面的差异，美国政府将土地划分为网格状向外出售。这种标准的划分方式，有助于土地的互换及后续开发。其次，为了将这些网格状土地连接起来，美国人持续投资公路、运河与铁路，借以提升运输工作的速度。再次，通过电报、电话、电影和无线电广播等途径，加快信息的流通速度。最后是施行标准化的时间管理。在美国，铁路部门会自己制作统一的列车时间，而这有助于提高运输速度⑤。可以看出，早在流水线产生之前，美国人早已开始用标准化、高效化的方式提高生产生活效率。而流水线的诞生，只是将这种精神和思路应用到汽车领域，并加以系统化的结果。

---

① 奈.百年流水线：一部工业技术进步史[M].史雷，译.北京：机械工业出版社，2017：2.
② 同①4.
③ 同①4.
④ 同①5.
⑤ 同①5－6.

　　世界上第一条流水线的出现，与亨利·福特有着直接关系。他出生在密歇根州斯普林菲尔德镇的一个农场。父亲威廉·福特（William Ford）本想让他做一名农夫，但儿子"只想远离农场，把谷物、干草、牛、羊、木料以及农场中的所有工作抛在脑后"①。出于对机械的兴趣，他很早就前往底特律闯荡，曾在一家机械工厂做学徒。结婚后，福特又回到底特律，在爱迪生照明公司任职，后来成为首席机械师。福特痴迷于汽车制造，经过长期努力，于 1896 年 6 月 4 日完成了自己的第一辆汽车。1899 年，为了将全部精力投入生产汽车，他离开照明公司，参与成立了底特律汽车公司，结果公司只过了一年半就不幸倒闭。福特本人显然也对底特律汽车公司的运作非常不满："除了机械制造方面之外，我没有别的权力。很快我就发现这家公司不是实现我的理想的场所，而只是一种挣钱的工具，而且也没有挣到多少钱。"②。

　　1903 年 6 月，福特汽车公司诞生，这被视作美国商业史上的里程碑事件。同年夏末，福特的 A 型车已近乎供不应求。随后，B 型与 C 型车也推动着该公司不断壮大。到了 1908 年 10 月，福特汽车公司又推出了大名鼎鼎的 T 型车，极大地推动了汽车在平民社会的普及。"在 T 型车现象于 20 世纪 20 年代早期达到顶峰的时候，全美的汽车中有三分之二是这种车，这使得'福特'这两个字实际上成了'汽车'的同义词。"③

　　为了更好地满足大众对产品的需求，福特较早就思考了标准化与汽车生产的关系。在他眼中，所谓"标准化"，常常"意味着僵化的样式、方法和通常性的工作，因此生产厂家可以选择最容易制造，同时又能卖到最高价格的产品进行生产"。"大多数标准化的背后是为了能够获取最大的利润④。但是，福特认为，最关键的还是保障产品的质量，从而能够充分满足用户的需求。而如果立足于服务客户的基础，"我们便会拥有真正的工商业，其利

① 布林克利.福特传［M］.乔江涛，译.北京：中信出版社，2005：8.
② 福特.亨利·福特自传：我的生活和事业［M］.汝敏，译.北京：中国城市出版社，2005：39.
③ 同①82.
④ 同②51.

润可以满足任何的需要"①，同样可以达到营利的目的。显然，在福特这里，标准化的核心，不在于尽快生产更多的畅销商品，而是围绕如何满足客户需要来改进生产方式。福特指出：标准化"应该是长期的计划——也许有的要计划好几年"②。

在这种思想的指导下，福特非常注重以科学的方式组织生产。某种意义上，福特所做的并不仅仅是生产汽车。"它是一种被称作'福特主义'的现象，而它的诞生地就是亨利·福特在高地公园的新工厂。正是在这里，大规模生产模式变成了现实"③。工厂建筑的设计就遵循着高效的原则："原材料会被运到顶层，在零部件被铸造、加工完毕之后，工人们会通过由滑槽、传送机和管道构成的上千条通道把它们送往下面的楼层"④。自工厂建成以来，就不断有同行或游客前来参观，一探福特汽车王国的奥秘。道奇公司董事会主席弗雷德里克·J·海恩斯（Frederick J. Haynes）曾在参观后表示："其他任何一家美国汽车工厂都没有比这里更好的生产组织。"⑤ 难能可贵的是，对于自身先进的生产方法，福特公司并没有保密，而是欢迎其他人来参观，这更使"福特主义"很快成为企业经营的标杆。

1913 年的第一条流水线，正是在这样的氛围下诞生的。关于它的诞生细节，目前了解得可能没有那么清楚。因为，流水线的产生及改进是在工作过程中同时进行的。参与者很多，而他们也并未有意识地将之记录下来。但大体可以确定的是，流水线生产不是福特个人的想法造就的，"这一切都是在汲取了管理者的智慧和工人的操作经验的基础之上发展起来的"⑥。早在1908 年 7 月，福特汽车工厂的负责人查尔斯·索伦森（Charles Sorensen）"就在皮奎特街的厂房里进行了粗略的装配线试验"⑦。1913 年 4 月，飞轮式

---

① 福特.亨利·福特自传:我的生活和事业[M].汝敏,译.北京:中国城市出版社,2005:52.

② 同①51.

③ 布林克利.福特传[M].乔江涛,译.北京:中信出版社,2005:85.

④ 同③86.

⑤ 同③86.

⑥ 奈.百年流水线:一部工业技术进步史[M].史雷,译.北京:机械工业出版社,2017:18.

⑦ 巴克.福特帝国[M].李阳,译.北京:机械工业出版社,2007:66.

永磁发电机在工厂实现局部装配——这种技术此后又在其他零部件上被推广。到了秋天，"一直处于萌芽状态的整车装配流水线正式在高地公园工厂诞生了"①。而在次年四月，多条流水线已经全部投入使用，"所有的汽车都被放置在凸起的轨道之上"②（见图 3-1）。

图 3-1　1914 年高地公园工厂的 T 型汽车生产流水线③

流水线不仅是一条传送轨道，更是一整套分工明确的标准化生产系统。福特在自传里详细记载了流水线生产的原则。

其一，为了在生产过程中使零部件走最短的距离，要按操作程序安排工人和工具。

其二，运用传送带或者其他传送工具。这样可以使工人在完成操作后，把零件放在同样的地方——也是他放起来最方便的地方。如果可以，就利用重力再将零件运送到下一位工人工作的地方，以方便他操作。

其三，使用滑动的装配线，将需要装配的零件放在最容易取得的地方。借助流水线，可以使每个工人都在最短的时间内完成自己的工作。由于工人

———————————

①　奈.百年流水线：一部工业技术进步史[M].史雷，译.北京：机械工业出版社，2017：19.

②　同①20.

③　同①20.

几乎只用一个动作即可，且对自己的工作比较熟悉，因而完成质量较高。①

　　这样一来，在现代大工业生产中，福特汽车公司借助流水线，将复杂的制造工作拆分为一套方便快捷的生产流程。通过合作，工人们很快就能装配完成一件产品，极大提升了生产效率。1909 年，组装一台 T 型车至少需要 12 小时，不过，到了 1914 年，"流水线的诞生让这一时间缩短到了 93 分钟"②。

三、标准化与多样性：流水线走向世界

　　全球化背景下，流水线一经产生，就很快走向世界。与其他一些生产方式革新一样，这种推广首先发生在工业发达国家，之后再向世界各地传播。而由于各个国家在接受环境方面的区别，流水线在不同地方的命运也颇具差异。这呈现出标准化与多样化的辩证关系——流水线这种先进的标准生产方式，在普及过程中，也需要"因地制宜"，通过自我调整和互相适应，找到在特定环境下的最佳生产秩序。如果生搬硬套，本应起到积极作用的标准化，就会因为形式的僵化而阻碍生产力的发展。

　　流水线诞生以来，向福特汽车公司学习也渐渐成为世界性的潮流——陆续有外国公司专门来高地工厂参观。其中，法国人对美国的标准化生产尤为感兴趣。第一次世界大战（简称一战）期间，法国雪铁龙公司就派人到福特的工厂学习，"他们不仅记录了福特的产品情况，而且对工厂的铸造车间和研发部门做了重点论述"③。1925—1928 年，雷诺汽车又至少派出 9 个研究小组去福特公司实地考察。可以说，这一时期的法国制造商都把前往美国取经视作与时俱进的表现，哪怕是在全球市场持续恶化的 20 世纪 30 年代④。不过，将流水线生产移植到法国，并非一帆风顺。以雷诺公司为例，直到 20 世纪 20 年代中期，该公司才真正实现了流水线作业。不过，在工序之间，

---

① 福特.亨利•福特自传:我的生活和事业[M].汝敏,译.北京:中国城市出版社,2005:85.
② 奈.百年流水线:一部工业技术进步史[M].史雷,译.北京:机械工业出版社,2017:26.
③ 同②62.
④ 同②63.

仍旧需要人力连接，每道工序的完成时间甚至超过了 40 分钟①。

为什么看似简单的流水线，竟然需要这么久的时间来适应呢？事实上，标准化生产并不仅仅是动作的拆解与任务的分工，它还需要优秀的技术人员、较高的管理水平，以及让产品制造与市场需求对接的能力。在某种意义上，战争的爆发推进了流水线在欧洲的推广。一战期间，各国政府都需要大量的武器装备，故而"为那些具备大规模生产能力的企业提供了利润丰厚的生产合同"②。在这样的背景下，很多汽车公司也积极地将标准化生产引入军工制造中来，从而逐渐熟悉了发源于福特公司的流水线生产。

而亨利·福特本人，也充分意识到了全球市场的价值。可以说，福特汽车公司一开始的发展战略，就是着眼于全球扩张的。当时，该公司在国内的主导地位非常明显："在美国售出的汽车近一半是福特生产的，福特的流水线生产方式使得福特 T 型车具有绝对的竞争优势。"③ 因此，在海外建立更多新工厂，并由美国总部"通过所有权、技术转移、提供资本来控制分散在世界各地的子公司"④，就成为发展的必由之路。

在福特汽车走向全球的过程中，不同地区标准化生产的形式与内容又是五花八门的。在日本，福特公司的分厂"在通常情况下几乎很少生产零部件，仅有一条生产最终产品的流水线"⑤。因此，尽管也使用流水线，这里的生产程序却是比较简单的。与其说是复制了福特的生产方法，不如说只是将福特汽车公司在美国生产的零件，运输到日本来组装。

在欧洲工厂，福特公司标准化生产的嵌入程度要高一些。除了将零部件运送过来，"欧洲的每家工厂都雇用当地的工程师、管理人员和工人，从而让他们彻底感受到了大规模生产的魅力"⑥。这种深度参与，显然更有利于流水线作业在当地的推广。事实上，除了福特公司，美国其他大公司也纷纷

---

① 奈.百年流水线：一部工业技术进步史[M].史雷，译.北京：机械工业出版社，2017：64.
② 同①64.
③ 林季红.简析美国汽车业跨国公司的经营战略——以福特汽车公司为例[J].中国经济问题，2007(4)：68.
④ 同③68.
⑤ 同①66.
⑥ 同①67.

致力于把标准化生产移植到欧洲。特别是两次世界大战时期，美国给欧洲人留下的印象非常深刻，他们往往给美国贴上"高效、先进技术、工业动力学、机器崇拜、流水线、流线型设计、标准化产品、商业精神、大规模消费、大众社会"[①] 这样的标签。

因为政治文化和经济条件的差异，苏联的情况又有所不同。列宁对于泰勒思想的肯定，也有助于流水线生产在苏联落地。"截至 1925 年，《汽车大王亨利·福特》（1922）一书已经重印了 5 次，据称，人们是抱着学习列宁著作的热情来读这本书的"[②]。的确，要开垦苏联这片广阔的市场，经济政策的风向至关重要。经过慎重考虑，1929 年，亨利·福特还是同意了由苏联政府提出的"建立两家可以制造 A 型汽车和 AA 型卡车工厂的计划"[③]。而双方的技术交流，也使苏联对流水线这种标准化生产方式有了一定的了解。

魏玛共和国时期，德国试图引进流水线生产，但规模不算太大。20 世纪 20 年代，"只有少数几家德国私人制造商准备全面接受大规模生产计划"[④]。而自 1914 年进入德国市场以来，"福特汽车的销量简直可以用惨淡来形容"[⑤]。德国人在汽车制造上有着强烈的国家意识。20 年代，福特公司又在柏林建造流水线工厂，并投入生产，但由于一些小型汽车制造商的倒闭，德国国内购买本国产品的呼声很高[⑥]。后来，有一位福特公司的高管也总结了福特汽车不如通用公司那样得到德国人认同的原因："通用汽车之所以能够在德国取得成功，是因为它首先通过收购一家德国本土的汽车制造商并因此站稳了脚跟，随后才将美国的制造方法引入德国。"[⑦] 福特公司的标准化生产以高效闻名，但是否符合德国人的国家认同，显然也是打入德国市场的关键之处。而在这一方面，生产方法上的先进并没有使福特公司相较其他竞争者拥有压倒性的优势。

---

① 奈.百年流水线：一部工业技术进步史[M].史雷,译.北京：机械工业出版社,2017:68.
② 同①71.
③ 同①72.
④ 同①74.
⑤ 同①74.
⑥ 同①75.
⑦ 同①76.

　　这种状况不仅在德国存在。福特公司试图在英国占据市场份额的过程中，也不得不为了让当地民众接受而花费心思。让公众参股就是他们想到的办法之一，布里格斯曾回忆："当时，英格兰的国家主义运动声势很大。'买英国货'的标语随处可见。我想，公司所有权分散得越广就越有好处，因为这会让当地人觉得是他们在控制和管理公司。"① 当然，在英国福特公司发行的股票中，他们自己仍持有 60%，从而保持了控制权②。

　　总的来看，虽然 20 世纪上半叶的全球化有了进一步的进展，但由于种种原因，特别是民族国家利益的影响，跨国公司在将自身的技术或管理标准移植到其他地方时，却并不是一帆风顺的。而流水线走向世界，就是我们观察标准的全球化与国家化之间互动关系的好例子。一方面，福特公司首创的标准化生产方法，因其高效性受到不少国家的青睐。另一方面，不同国外工厂接触流水线生产的深入程度，以及福特汽车在不同市场中的命运却各具差异。这也启示我们，标准化不能脱离不同国家或地区的实际情况——哪怕在技术、管理手段上处于领先地位，跨国公司也应该结合所进入市场的特点，制定恰当的全球战略。

　　最后，我们再来讨论人们对于流水线这种标准化生产方式的评价与反思。尽管大幅度提高了生产效率，但从诞生开始，人们对于流水线的负面作用就心存疑虑。要求工人在机器丛林中像查理一样日复一日地劳动，难道不会麻木他们的灵魂，使人类成为制造产品的工具吗？关于这一点，福特倒是有自己的观点。在他看来，有创造性头脑的人自然没有理由长期做单调的事，但是，"对大部分事情和大多数人来说，有必要建立一套固定的常规模式，以便大多数动作成为重复性动作"③。流水线这样看似枯燥的工作方式，反而能够帮助人们有效完成工作。然而，福特汽车公司的工人们，用实际行动表达着自己对流水线的厌恶。1912 年和 1913 年，"高地公园工厂的每日旷

---

① 布林克利.福特传[M].乔江涛,译.北京:中信出版社,2005:221.

② 同①221.

③ 福特.亨利·福特自传:我的生活和事业[M].汝敏,译.北京:中国城市出版社,2005:110-111.

工率为 10%，每年的员工周转率更是达到了 380% 之高"①。为了应对这种留不住工人的局面，福特汽车公司推出了旨在提升员工忠诚度的激励措施，比如给待在公司超过 3 年的人提高 10% 的奖金。结果可想而知，有谁愿意在强度不低的流水线旁待 3 年呢？

为此，福特汽车公司大幅提高工人工资。1914 年，公司宣布了一项薪酬制度上的重大改革："工人的劳动时间从 9 小时缩短为 8 小时，而且，每位工人都将获得公司利润的分成。年满 22 岁的工人最低日工资为 5 美元。"② 这个工资比其他汽车工厂开出的要高得多。《纽约时报》评论说："福特汽车公司的管理模式完全是乌托邦式的，前面是死路一条。"③ 的确，以这样的幅度提高工资，在其他生产商眼里是愚蠢的行为，更别说可能造成的业界混乱了。然而，这一招在福特的工厂里却起到了积极效果，这使得无数求职者涌向高地公园工厂。当然，一下子大幅提高工资，与生产效率的极大提升是紧密相关的。可以说，"日薪 5 美元最大的意义却在于它说明了现代装配线的潜力如何才能完全发挥出来"④。

但是，待遇的提升不能掩盖流水线生产对工人的负面影响。福特本人也指出："重复劳作——即对一件事情一做再做，并且总是采用同样的方法——对有些人来说是一件可怕的事。对我来说，这也同样是可怕的。"⑤ 当然，他口中的可怕，只是针对头脑具有创造力的人来说的。但是，在我们看来，福特这种带有精英主义色彩的看法，过于轻描淡写地抹去了重复性劳动对于很多工人的潜在危害。应该说，以标准化的方式组织大规模生产，很大程度上增加了人类的物质财富——这也是提高工人待遇的前提。但是，就流水线这种特定的标准化形式而言，也因其强制性、重复性，压抑了工人的活力。在今天的工厂里，虽然流水线依然是重要的生产组织形式之

① 布林克利.福特传[M].乔江涛,译.北京:中信出版社,2005:98.

② 巴克.福特帝国[M].李阳,译.北京:机械工业出版社,2007:62.

③ 同②64.

④ 同①102.

⑤ 福特.亨利·福特自传:我的生活和事业[M].汝敏,译.北京:中国城市出版社,2005:110.

一，但无论是生产的技术水平，还是管理的复杂程度，都有了很大的提高。而如何在推行标准化生产的过程中，保障、维护工人的身心健康，让劳动具有重复性的一面不至于压抑人的创造性，无疑是我们需要认真思考和长期努力的。

流水线可能造成的第二项担忧是生态环境的恶化。高效的标准化生产，当然可以提高产品的数量和质量，但保护环境和发展经济却不是同一笔账。大卫·E. 奈就指出："站在环境的角度来说，由于流水线生产出来的大量商品很有可能会耗尽地球的资源，因此流水线似乎预示着世界末日的到来。由此看来，流水线的成功可以被视为一段环境恶化的历史。"[①] 的确，采用流水线生产，所考虑的只是尽可能满足市场需求，却忽视了资源的浪费和生态的破坏。

当然，福特家族自身也在努力实现"绿色"转型。2000 年，威廉·克雷·福特（William Clay Ford）——亨利·福特的曾外孙，决定花费 20 亿美元重建胭脂河工厂，使之"同时具有环保和精益生产的能力"[②]。这就是建立对环境更友好的标准化生产系统的不错尝试。亨利·福特曾经指出："大量的事情正处在变化之中。我们应该学会去作自然的主人，而不是作自然的仆人。"[③] 现在，人类更需要作的，恐怕是自然的朋友。我们认为，流水线要想在 21 世纪依旧焕发生机，能否顺应绿色经济的潮流，显然是关键所在。

四、"公差制"的诞生

流水线的发展，极大地提高了工厂的生产效率。而随着第二次工业革命的展开，生产的精密程度也越来越高。人们更加自觉地追求零件制造的规范化。因此，公差制便应运而生。

"公差制"是"公差与配合制"的简称。广义上，"公差制"还包括检验制。公差制是对零件加工后得到的实际尺寸允许的变动范围所做的统一规

① 奈.百年流水线：一部工业技术进步史[M].史雷,译.北京：机械工业出版社,2017：246.

② 同①246.

③ 福特.亨利·福特自传：我的生活和事业[M].汝敏,译.北京：中国城市出版社,2005：283.

范。而配合制的规范对象则是两个互相结合的零件的配合关系。至于检验制，旨在统一规定判断加工完成后的零件实际尺寸的原则、测量与检验方法。简单来说，它们都是在为零件的制造与产品的组装建立统一的标准体系。

前文中，我们讲述了构想出可互换零件理念的惠特尼的故事。事实上，公差制正是要保障零件间的互换性。众所周知，零件具有互换性的前提是其几何参数的准确性。当然，在加工制造过程中，一定的误差是在所难免的。但我们可以通过规范误差范围，来使零件满足装配或更换需要。公差制的规范对象包括尺寸误差、形状误差、位置误差等。从标准化的角度考虑，只有构建起完善的公差制，"严格按标准协调各个生产环节，才能使分散、局部的生产部门与生产环节保持技术统一，使之成为一个有机的生产系统，以实现互换性生产"[1]。

现代公差制的诞生，与机器大工业的发展有紧密联系。19世纪下半叶以来的工业生产，不仅生产规模更大、技术要求更高，产品制造中的协作也更广泛。因此，对零件精确性的要求也更高。通过公差制来优化零件的制造、装配流程，可缩短生产周期，确保产品质量，并方便维修使用，这无疑是第二次工业革命发展的现实需要。

公差制的确立，经历了一个由局部走向国际的过程。由于工业上的领先地位，英国在公差制的诞生中扮演了重要角色。1900年，一家名叫纽瓦尔的公司在伦敦建立。这家公司专门生产剪羊毛的机器，"由于其用户分布较广，随着备件供应量的扩大，迫切要求制订统一的公差与配合标准"[2]。1902年，纽瓦尔标准出版，"这是目前看到的最早的公差与配合标准"[3]。

20世纪初，美国与德国也做过建立公差制的尝试。其中，德国公差制由于其先进性，在很大程度上影响了此后各国公差制的发展。这一公差制主要存在以下特点：明确提出了公差单位的概念；将精度等级与配合代号区别

---

① 何兆凤.公差与配合[M].北京：机械工业出版社，2006：2.

② 兰利洁.公差与配合标准发展综述[J].沈阳建筑工程学院学报，1997：65.

③ 同②65.

开来；规定了基孔制与基轴制，但优先采用基孔制；规定了标准参考温度为 20℃①。

伴随着国际生产协作的需要，在一些国家发展本国公差制的基础上，人们开始致力于构建国际公差制。1929 年，国际标准化协会（ISA）在布拉格成立。其中的第三技术委员会"负责制订'公差与配合'标准，秘书国为德国"②。该委员会在总结各国公差制的基础上，于 1940 年在"ISA25 号公报"上正式发布国际公差与配合体制，并于"1942 年用英文、法文、德文、意大利文四种文字出版发行"③。此后很长时间内，ISA 制在公差制的发展过程中占据主导地位。而随着国际标准化组织（ISO）的成立，新的国际公差制也在 1962 年正式颁布。ISO 制是对 ISA 制的完善与发展，并在世界范围内产生深远影响。这一标准颁布后，"各国都很重视，美国、英国、西德、法国、日本、东德、匈牙利、捷克、波兰以及中国等国家都先后修订了本国标准，采用了国际公差制"④。

总的来看，公差制的诞生及演变，既伴随着其他经济领域的标准化进程，又促进了生产标准化水平的提高。它记录着人类在产品制造过程中追求效率与精确的不懈努力。

第三节　天涯共此时：全球时间的标准化

第二次工业革命的展开，有力促进了世界被联结为一个整体。如果说地理大发现第一次打破了各地区间的封闭状态，那么"到 1900 年左右，世界终于形成一个牵一发则动全身的有机整体。世界史到此时才真正具有世界

---

① 兰利洁.公差与配合标准发展综述[J].沈阳建筑工程学院学报,1997:66.

② 同①67.

③ 同①67.

④ 同①67.

性"①。而全球化程度的提高，也意味着很多全球标准的确立。无论是计量单位、货币类型，还是语言文字乃至社会制度，都具有了更强的通用性——人类越来越在统一的标准体系下生活。

在诸多的全球标准中，标准时间的确立显然具备尤为深远的意义。俞金尧和洪庆明曾指出：

> 人类的一切活动都以相应的时间体系为参考，没有一个可以在全球范围内共享的时间体系，就会给人类在世界范围内的活动造成种种不便或阻碍，导致全球交往难以顺利展开②。

想象一下，如果不存在标准的公历和世界时，我们大到组织政治磋商、进行商贸合作、开展科学交流，小到出国游玩、学习、办公，都会遇到极大的麻烦。可以说，全球标准时间体系的建立，使一套共同的生活秩序成为可能。

而全人类在生活方面的需要，也是构建标准时间体系的根本推动力。需要说明的是，早在全球标准时间确立前，各个国家或民族，往往有着自己的传统计时方式。而18世纪以来，这些传统计时方式，或者被继续沿用，乃至成为更大范围内的时间标准，或者被因两次工业革命而兴起的新计时方式所取代。随着机器大生产的发展，人们越来越追求时间的精确和统一，不少与工业化密切相关的时间体系也随之建立。

一、区域性标准时间体系的建立

拿美国来说，铁路网的逐步形成，与标准时间的产生有着紧密联系。相较英国，美国铁路建设的起步较晚，但发展得很迅速。1830年5月4日，美国才修成了自己的第一条铁路。不过，"19世纪50年代，美国筑路

---

① 吴于廑,齐世荣.世界史·近代史编(下卷)[M].北京:高等教育出版社,2001:389.
② 俞金尧,洪庆明.全球化进程中的时间标准化[J].中国社会科学,2016(7):165.

规模进一步扩大，到 80 年代达到高潮，并于 19 世纪末基本形成全国铁路运输网"①。国内确立标准时间之前，"据不完全统计，在 19 世纪 70 年代，全美国大约有 8 000 种各不相同的地方时在被使用"②。这样一来，旅客在乘坐火车时，不得不先研究铁路公司的时间。对铁路公司而言，繁杂的时间体系也增加了管理的难度。当时，不同的铁路公司都拥有自己的时间标准，"因此，在进行列车交会时，经常会出现混乱的局面"③。可以想见，将北美大陆的铁路时间标准化，已经成了当务之急。

为了建立统一的时间体系，美国铁路界的高层进行了多次磋商：1872 年，第一次"时间表会议"召开；自 1874 年起，铁路公司的高层们定期组织"共同时间会议"；1881 年，"共同时间会议"又收到了几份想要建立时区系统的报告④。然而，仍有个别铁路公司的经理不愿放弃旧的计时方式，"认为不同的地区性时间建立在传统习俗之上，人们对此已经习以为常，所以根本不需要任何改变"⑤。在美国铁路协会秘书亚伦的不懈努力下，1883 年 4 月 8 日，一套被铁路公司共同承认的标准时间体系终于确立——美国铁路使用的标准时间从 50 个减到 4 个⑥。这不仅方便了交通运输，更推动了美国人在共有的时间系统下生活，极大促进了国内的互联互通。

在中国，社会生活的变迁同样催生着计时标准的改革。随着新式交通的发展，各种交通时刻表纷纷产生。1876 年，吴淞道路有限公司发布了中国最早的火车时刻表，"此后这一做法渐成风气"⑦。翻看 1935 年上海发行的《生活快览》，充斥着长途汽车、市内公共汽车、火车、轮船等交通工具的时刻表：分"全国之部""上海之部"介绍各类时刻表，前者容纳了 15 条铁路线

---

① 韩卿.北美铁路时间标准化的考察[J].上海交通大学学报(哲学社会科学版),2011(1):34.

② 同①35.

③ 同①35.

④ 同①36－37.

⑤ 同①37.

⑥ 同①37.

⑦ 湛晓白.时间的社会文化史:近代中国时间制度与观念变迁研究[M].北京:社会科学文献出版社,2013:172.

的时刻表，而后者又被细致划分为轮船、长途客运、市内公交等几十个时刻表①。通过时刻表，乘客能够清楚地知道每趟列车的发车、到站时间，从而更精确地规划自己的出行。这套新式交通的标准计时体系，潜移默化地改变了人们的生活。在步行、骑马和划船占据主导的时代，较长的路途非常耗费时间，旅客对时间流逝的感知也很模糊。但通过便捷的新式交通，遥远的地方成了一个个明确的时间点——人们过上了日程更密、节奏更快的生活。

把目光聚焦在近代城市人的日程表上，标准时间与社会生活的关系将呈现得更加清晰。民国时期的流行报刊《良友》，曾经描绘过当时城市人的标准生活。《良友》第 102 期上，以"如何分配每日之二十四小时"为主题，拍摄了一对年轻夫妇是如何度过一天的。而《良友》第 101 期则以"小家庭学第一课"为题，拍摄了一位都市女性一天的家庭生活②。这些记录有一个共性，就是以一天 24 小时为时间参照，描绘主人公是如何借助钟表，精确地安排每日生活的。《良友》这样描述丈夫工作后的活动："下班后，回家静坐休息半小时，或至公园散步，以驱赶疲惫，恢复精力；回家享受妻子准备的晚餐；餐后阅书至少一小时，以期增进知识，保持进步；之后再安然就寝。"③ 显然，标准时的引入，同样意味着新的生活样式的建立。而更加城市化的生活，也需要时钟的全天指引。

通过以上两个例子，可以看出，一套标准时间体系的建立，不仅仅是规范计时方式那样简单，它往往与社会生活的演变是一体并进的。以上，我们讨论的都是特定国家内部的情况，而要真正理解第二次工业革命以来时间标准化的特点，还得把目光放在全球标准时间体系的构建上。其中，标准历法和世界时的确立最为重要。

---

① 湛晓白.时间的社会文化史:近代中国时间制度与观念变迁研究[M].北京:社会科学文献出版社,2013:172.

② 同①257.

③ 同①259.

二、格里历的全球推广

今天通行的公历，实际上有着久远的历史，且与罗马人和基督教有着密切关系。公元前46年，罗马共和国独裁官盖厄斯·儒略·凯撒（Gaius Iulius Caesar）进行历法改革，形成了著名的儒略历。不过，这种历法存在一定的误差，"凯撒的改革假设一个太阳年长为365日又6小时，它比回归年长11分钟有奇"①，这意味着一百多年后，就会产生一天的误差。而随着时间变久，这种误差越来越大，影响到复活节日期的确定。因此，到了1582年，教皇格里高利（Gregory）对历法进行了改革。而新的历法，就被称作"格里历"。这种历法比较精准，"一年长度只有几秒的误差，历法上出现一天误差的情况需要经过三四千年才会出现，而且很容易调整"②。日后，格里历成了世界通用的公历。

将格里历确立为全球的标准历法，存在一个相对漫长的过程。大体来说，格里历走向世界可以被划分为两个阶段。在传播的早期，它的推广"与宗教的关系比较明显，无论是接受它的还是抵制它的，皆因宗教、政治立场的差别而对历法表现出不同的态度"③。不过，随着全球化的发展，"人们更注重于时间的精确性和时间标准趋同在全球交往中的便利性和实用性"④，比较准确的格里历就逐渐成为全球通用的标准历法。

最初，格里历的施行范围，主要局限在信奉天主教的区域内。1582年以来，信奉罗马天主教的区域，如西班牙、葡萄牙、法国、荷兰、意大利的大部分地区，都采用了格里历。1610年，普鲁士也接受了它，"至此，格里历成为一部绝对的天主教历法"⑤。相较天主教，在新教国家推行格里历就困难一些。16世纪末，历法的冲突再次尖锐起来：1700年在格里历中不是闰年，在不少新教国家仍旧奉行的儒略历里却是，这样一来，两份历法在时间

---

① 斯特雷文斯.时间的历史[M].萧耐园,译.北京:外语教学与研究出版社,2007:179.

② 俞金尧,洪庆明.全球化进程中的时间标准化[J].中国社会科学,2016(7):171.

③ 同②173.

④ 同②173.

⑤ 同②172.

上的差距由 10 天扩大到 11 天。于是，"挪威、丹麦、所有德意志地区和荷兰的新教国家，以及巴塞尔、苏黎世、日内瓦等瑞士的新教州"① 终于放弃了儒略历，改为遵循格里历。英国的历法改革则较晚，不过出于实用的考虑，1752 年，英国也将格里历确认为标准历法。因为英国的殖民地非常广阔，格里历的全球影响力有了不小的提升。

经过几百年的发展，格里历在基督教世界已经有了无可比拟的统治地位。然而，19 世纪中叶以来——大体在第二次工业革命时期，它才真正成为世界性的标准历法。格里历的全球推广，与西方势力的扩张有着紧密联系。很多国家都是在应对、学习西方的过程中，也接纳了外来的公历。1873 年和 1875 年，"亚洲的日本和非洲的埃及成为最早接受格里历的非基督教国家"②。1925 年，施行改革的凯末尔政府也废除了希克拉历，转而推行格里历。东正教国家对格里历的抵触心理要更强一些，"20 世纪以前，没有一个东正教国家接受格里历"③。但随着全球化程度的加深，特别是西潮的冲击，不少东正教国家对旧有的儒略历进行了修订，使之与格里历更加协调。总的来看，到了 20 世纪上半叶，格里历已经成为当之无愧的全球标准历法。

为了更好地理解公历的全球推广，不妨再把目光转向近代中国，借以观察外来的标准历法与传统文明的相遇及融合。事实上，自古以来，中华民族就拥有着丰富多彩的历法文化。社会层面，历法塑造着一系列民间习俗和生活习惯。而在国家层面，"传统纪年与专制皇权体系紧密配合，它既是时间制度也是政治文化符号"④。要让长期浸润在传统历法里的中国人接受较为通行的标准化时间，并没有那样容易。

晚清以来，一些中国知识分子就通过书籍获取了有关西方历法的知识。1852 年，《中西通书》在上海出版。该书"不但附有中西日历对照，而且还

---

① 俞金尧,洪庆明.全球化进程中的时间标准化[J].中国社会科学,2016(7):172.

② 同①173.

③ 同①172-173.

④ 湛晓白.时间的社会文化史:近代中国时间制度与观念变迁研究[M].北京:社会科学文献出版社,2013:1.

图 3-2 1912 年 1 月 2 日出版的
《申报》①

收录世界各地 24 种时间对照表以及中国阴历节气表"②。而在著名的《海国图志》中，魏源还专门制作了《中国西洋纪年通表》。该表是国内最早的中西纪年对照表，时间上自公元元年，下迄 1841 年，将中国的王位纪年、年号纪年和西洋的公元纪年相对照③。这类书籍，不仅使读者对中外历史变迁的认识更为直观，也让西方历法开始为中国人所了解。值得一提的是，新式报刊的创办也推动了公元纪年的传播。以《申报》为例（见图 3-2），该报自 1872 年创刊以来，就在报头同时使用中西日历。在其创刊号上，"报头栏里中历'大清同治壬申三月二十二日'位右，西历'英四月三十日'位左"④。随着报纸的普及，参照公元纪年读报，也渐渐成为人们的习惯。

清朝灭亡前夕，在清廷内不少官员的推动下，政府已经决定采用公历。不过，还没来得及普遍推行，辛亥革命就爆发了。1912 年 1 月 1 日晚，孙中山在民国临时大总统就职仪式上，就发布了《改用阳历令》。该令规定："中华民国改用阳历，以黄帝纪元四千六百零九年十一月十三日为中华民国元年元旦，经由各省代表团决议，由本总统颁行，订于阳历正月十五日补祝新年，请布告。"⑤ 这标志着公历正式进入国家历法体系。而到了同年 5 月，为配合新历法的推行，清王朝遗留下的钦天监被裁撤，新的编历机构"中央观

---

① 湛晓白.时间的社会文化史:近代中国时间制度与观念变迁研究[M].北京:社会科学文献出版社,2013:42.

② 同①3.

③ 同①3.

④ 同①9.

⑤ 张志明.中国近代的历法之争[J].近代史研究,1991:107.

象台"成立①。

不过，要确立新的历法标准，还得面对传统势力的阻碍。1915 年，袁世凯谋求恢复帝制。而在同年 12 月，他又恢复了旧历。此后张勋复辟，同样如法炮制。但随着二人的相继失败，公历又重新占据主导。相较政策层面的历法改革，民间社会对新历的接受经过了更长的过程。清朝钦天监制定的旧历，仍受很多民间人士的推崇。为了帮助百姓接受新历法，中央观象台发布公告，无偿为人们换算公历生日。而"少数衷心拥护历法改革的人，无不函请中央观象台换算阳历生日。那时候观象台只为这一件事就非常忙碌"②。不过，新历的推行还是很艰难。"民国建元后，大张旗鼓地推行阳历十余载，坚持使用阳历的，除蔡元培、高鲁、钱玄同等极少数人外，响应者寥寥"③。其根本原因，就在于旧历早已与老百姓的风俗习惯、日常生活融为一体，短时间内无法改变。

南京国民政府时期，国家继续大力推进历法改革。1927 年，在国际改历运动的背景下，国民政府为了真正融入全球标准历法体系，通令各省政府"嗣后无论公私事项，一律遵用阳历"④。1928 年，国历运动进入强制执行阶段——内政部草拟、行政院批准的"普用国历办法"开始被推广。到了 1930年 5 月，国民党中央党部、宣传部又召集内政、教育、农矿、工商各部和国立天文研究所，"开会讨论彻底禁绝旧历、推行新历的具体办法"⑤。在官方的强力推行下，公历在中国社会的接受程度越来越高。

值得一提的是，在推广西方历法的过程中，新历法有过"西历""阳历""公历""国历"多个名称。而每一个名称都蕴含着中西文化交汇背景下的丰富含意。因为格里历从西方传来，"西历"自然就是中国人对该历法的最初认识。不过，随着认识的加深，"晚清时人开始从历法使用'普遍性'的角

---

① 张志明.中国近代的历法之争[J].近代史研究,1991:107 - 108.

② 同①110.

③ 同①112.

④ 同①114.

⑤ 湛晓白.时间的社会文化史:近代中国时间制度与观念变迁研究[M].北京:社会科学文献出版社,2013:
43.

度来述论使用西洋历法的积极意义，也促使带有西方背景的'西洋历'逐渐向更具有普遍意义的'太阳历'转变"[1]。所谓"阳历"，就是从格里历的制定方法来谈的，相较"西历"的说法少了些中西之别。

使用"公历"的说法，也意在消弭格里历的宗教性、地域性，而强调它在全球化背景下的通用性。1919 年，钱玄同在《新青年》上发表《论中国当用世界公历纪年》。他大力强调采用公历纪年的必要性，认为基督纪年法已成为世界通用的历法，而这一历法的普及与基督教信仰无关，中国采用基督纪年法，实际上是用国际通用的公历纪年，这对考古和现代应用都极为方便[2]。至于"国历"名称的流行，则"主要得益于南京国民政府推动的国历运动"[3]。所谓"国历"，将世界标准历法的引入与国家建设联系起来，带有浓厚的政治色彩。与"阳历""公历"类似的是，"国历"的提出，也是为了使来自西方的标准历法更适用于中国国情，从而减轻推广的阻力。

作为一种时间标准，历法与技术标准、管理标准不同，与百姓生活有着更为直接的联系。因此，要在全球范围内确定标准历法，就需要更长的时间。而且，各国接受公历的程度，是与全球化的发展程度成正比的。在 19世纪中叶以前，很难构建统一的标准时间体系。还需要强调的是，由于社会文化的复杂性，我们在接纳标准历法的同时，也有必要继承、弘扬本民族的历法文化。采用公历，有助于中华民族更加深入地走向世界，而汲取旧历文化中的精华，也可以使我们的生活更具烟火气、更有中国味。

三、独特的格林尼治：零度经线与世界时

时间标准的确立，往往基于对自然的认识更加深入。如果说公历的产生与人类对太阳运行规律的观察有关，那么确定标准的世界时，就以本初子午线的选择为前提。只有确立了零度经线，才能构建标准时间的计量体系。

起初，人类并不能精准地测量经度。而在探索的过程中，法国与英国长

---

① 朱文哲.西历·国历·公历：近代中国的历法"正名"[J].史林，2019(6)：129.

② 同①130.

③ 同①130.

期在标准制定领域处于相互竞争、你追我赶的状态。大航海时代以来，由于不能准确定位经度，造成了不少海难的发生。因此，各国科学家始终在寻找精确测量经度的方式。1666 年，在国王路易十四的支持下，法国成立皇家科学院，并在不久后建立巴黎天文台。当时的法国聚集了一批顶尖科学家，他们的"重点课题之一就是测量经度，如果成功，路易十四准备把巴黎天文台所在地定为世界本初子午线"①。而就在 1675 年，英国的查理二世（Charles Ⅱ）也在伦敦郊外的格林尼治村建立天文台，目的同样是找到测量经度的方式。

现在看来，英国在探索标准经度与时间体系上更占优势。到了 18 世纪，英国人约翰·哈里森（John Harrison）发明出一种精确的航海钟。而通过钟表获知准确时间后，也可以推算出相应的经度。在航海历的竞争上，英国取得了绝对性胜利。它们的航海历更加简便，而"由于航海员需要在航海图上标注自己的位置，地图和海图出版商也开始提供以格林尼治经线为基础的经度刻度图"②。比如，1784 年，最早的系统海图"大西洋海图"首次出版。该图就系统地把格林尼治经线作为本初子午线使用，而"在以后的半个世纪里，该系列海图成为大多数美国航海图的主要资料"③。

不过，格林尼治时间最终成为世界标准时间，还是在 19 世纪下半叶。1884 年，国际子午线会议在华盛顿召开。会议以 22 票赞成、1 票反对和 2 票弃权将英国格林尼治天文台的经线确认为零度经线，并以此为基准计算世界各地的时间。需要说明的是，投票结束后，法国人依旧不同意使用"格林尼治"这个称呼。不过，他们于 1898 年和 1911 年分别提出的"巴黎标准时""法国和阿尔及利亚的法定时间"实质上还是依据格林尼治时间制定的④。

英国主导了标准世界时的建立，其实并不意外。毕竟，华盛顿国际子午线会议召开时，"世界上已有约 65% 的船只使用格林尼治子午线"⑤，而这是

---

① 卢敬叄.我们的生活能离开格林尼治时间吗[J].中国标准导报,2012(5):9.

② 俞金尧,洪庆明.全球化进程中的时间标准化[J].中国社会科学,2016(7):184.

③ 同②184.

④ 同②185.

⑤ 王信强.格林尼治标准时间是怎样产生的?[J].世界知识,1984(19):31.

由英国强大的国家实力与国际影响力决定的。当时，英国是当之无愧的"世界工厂"。它不仅在世界上拥有极其广阔的殖民地，还拥有超强的工业生产能力，在全球商贸往来中占据核心地位。从某种意义上看，基于格林尼治天文台的时间构建全球标准时间体系，就是19世纪后半叶英国国际地位的体现。值得一提的是，作为不可小觑的新兴工业国家，东道国美国在这次子午线会议上大力支持英国。"这个曾经的英国殖民地尽管早已独立，但它在文化和利益上与英国有着割不断的联系"①。如前所述，也是在19世纪80年代，美国铁路系统实现了时间标准化——就是以格林尼治时间作为基准的。

不过，正如其他标准一样，哪怕是时间标准，也会随着人类社会的发展而演变。由于地球自转速度不均匀，格林尼治时间也只是相对准确。随着科技的进步，"原子时"作为一种更精准的计时方式被引入，它是"一种以分布于全世界的大量运转中的原子钟数据为基础而计算得到的时间尺度"②。应该说，这两套时间体系各有特点："'世界时'与人感知白天黑夜相一致，而'原子时'是完全以科学技术为基础，与人的感知并不完全一致"③。前者更符合人们的生活感受，但后者因其精确性，在航空航天、信息通信等领域也具有很高的实用价值。在协调"世界时"与"原子时"的基础上，1972年，协调世界时诞生，并逐渐取代了格林尼治时间，成为国际标准时间。时至今日，人类的全球标准时间体系仍处于构建之中。

以上，我们详细讨论了标准历法与世界时的形成及演变。作为与人类生活息息相关的事物，全球时间标准化的根本动力还是世界各地人民联系的加强。同时，也正因为不同国家、地区的社会文化有所不同，标准时间体系走向世界，经历了一个与当地文化碰撞、交融的漫长过程，反过来又促进了全球化的深入展开。

当然，标准化不意味着简单的同一化。"全球时间的标准化不一定以牺

---

① 俞金尧,洪庆明.全球化进程中的时间标准化[J].中国社会科学,2016(7):186.
② 格林尼治时间存废之争[J].中国计量,2012(3):53-54.
③ 卢敬参.我们的生活能离开格林尼治时间吗[J].中国标准导报,2012(5):8.

牺地方时间，以及改变各个文明或文化共同体传统的时间体系为代价"①。今天，在融入全球标准时间体系的同时，我们依然需要尊重各个国家和民族独有的时间文化。毕竟，在这个多姿多彩的世界，时间也不只按照一种旋律流淌。

第四节　标准化组织登上历史舞台

人类社会各领域标准化程度的提高，自然而然地促进了标准化组织的诞生。而制定统一标准的专业机构的出现，也标志着标准化事业进一步走向成熟。纵观 19 世纪下半叶以来标准化组织的发展，经历了一个规模逐渐扩大、组织愈发严密化的过程。在不同国家内部标准化组织纷纷建立的背景下，旨在建立全球标准的国际标准化组织也迅速发展起来。人类通过标准改造世界的能力大为增强。

一、世界上第一个国家标准化组织

生产的发展不仅要求企业内部的协调统一，而且要求企业之间的协调统一，这种协调统一首先表现在标准化上，例如，机械产品各种零部件的通用互换。19 世纪中期及后期，各种专业性学会和行业性协会应运而生，协调统一标准是它们的主要任务之一。一大批专业标准（行业标准）便随之诞生。

如果要寻找第一个国家标准化机构，还得将目光转向英国。1901 年，英国土木工程师学会（ICE）、英国机械工程师学会（IME）等民间组织共同成立了英国工程标准委员会——英国标准协会（BSI）的前身。该组织的成立，是人类标准化发展史中的一大突破。

国家性的标准化组织最早出现在英国，并非是一种偶然。这与英国此前

---

① 俞金尧,洪庆明.全球化进程中的时间标准化[J].中国社会科学,2016(7):188.

长期积累的标准化发展成果息息相关。除了上文提到的标准螺纹，1880 年，惠特沃思也"指出了生产标准尺寸蜡烛的必要性，便于将其插上也应规定尺寸的烛台"①。另外，发达的工业体系，同样使得英国有必要构建统一的生产标准体系，以提高效率、减少成本。而英国工程标准委员会成立的直接原因，就是钢铁行业内部规范钢梁型制的现实需要。

1895 年，钢铁商 H．J．斯凯尔顿在《泰晤士报》上发表了一封呼吁规范产品型制的信，"信中反映英国的一些桥梁设计师设计的钢梁和型材尺寸过于繁多，使钢铁厂无法用先进技术生产而不得不频繁更换轧制设备，提高了成本"②。到了 1900 年，斯凯尔顿又将"一份主张实行标准化的报告交给英国钢铁业联合会"③。这些努力督促了业界建立有关钢铁产品型制的统一标准，并直接推动英国工程标准委员会的诞生。事实上，工程标准委员会成立伊始，"就把机车与工业材料试验方法标准化加入钢铁结构标准化这一首要目的的行列"④。

此后，该委员会在英国标准化事业的推进中产生了重要影响。一方面，它逐渐将工作范围扩展到钢铁行业之外，以期促进更广泛经济领域内的标准化。比如，1902 年，委员会吸纳了电气工程师组织的代表，也将精力投入电气设备的标准化之中。到 1906 年 8 月，该组织"已经制定了大量产品——从波特兰水泥到铸铁管、从机车到电缆的英国标准"⑤。另一方面，由于其卓有成效的工作，委员会得到英国政府大力的支持。当时，不少官方机构都主动接受委员会制定的标准。"海军部决定采用英国钢生产的技术条件标准，贸易部决定采用铸钢与锻钢标准"⑥，等等。

1918 年，委员会更名为英国工程标准协会，并于 1931 年改为英国标准学会。值得一提的是，国家的宏观规划在很大程度上指引了该协会的后续发

---

① 伍德瓦尔德.英国标准化发展史［M］.李虹，译.技术标准出版社，1981：6.

② 顾孟洁.世界标准化发展史新探(1)［J］.世界标准化与质量管理，2001(2)：26.

③ 同②26.

④ 同①7.

⑤ 同①7.

⑥ 同①7.

展。1929 年 4 月 22 日，协会接到了英国国王关于标准化工作的谕旨。该谕旨描述了协会的主要职责："协调供需双方对改进技术、工业材料标准化和简单化的努力，便于其生产与推销，避免生产多余品种和相同产品因规格不同而浪费时间和材料；制定质量与规格标准，督促普遍执行技术条件与计划，根据需要定期重审和修订这些技术条件与计划……"① 20 世纪上半叶，这一组织在制定军工标准、编写各行业标准规范、拓宽标准化领域，以及引领其他各国标准化事业发展上发挥了突出作用。

继英国之后，很多工业国家都成立了自己的标准化组织。据统计，"到1932 年，已有 25 个国家成立了国家标准化机构"②。而这"标志着开展国家级标准化的必要性和紧迫性已成为诸多工业国家的政府和企业界的共识"③。其中，美国的例子比较典型。1852 年，美国土木工程师协会（ASCE）成立；1880 年，美国机械工程师学会（ASME）成立；1884 年，美国电机工程师学会（AIEE）和美国官方分析化学师协会（AOAC）成立；1898 年，美国试验与材料协会（ASTM）成立；1908 年，美国钢铁学会（AISI）成立……这些协会以制定行业标准的形式，极大促进了美国标准化事业的发展。相关标准中，如 ASTM、ASME、API（美国石油学会）标准等都具有世界影响力。

新中国成立后我国的标准化建设同样值得关注。新中国成立伊始，国家就成立了管理全国标准化工作的机构。1949 年 10 月，政务院财政经济委员会建立中央技术管理局，下设标准规格处。而在 1951 年讨论通过的《政务院关于 1951 年国营工业生产建设的决定》中，也对标准化工作提出明确要求。在开展工业化建设的背景下，构建统一的国家标准体系，无疑是一项刻不容缓的事业。

首先需要确定的就是我国的国家标准代号。当时，政府考虑过 3 种方案：一是完全采用中文为代号的表示法，将我国的国家标准简称为"国标"或中标；二是在"国标"或"中标"后，增添用汉语拉丁化拼音字的第一个

---

① 伍德瓦尔德.英国标准化发展史[M].李虹，译.技术标准出版社，1981：9.
② 顾孟洁.世界标准化发展史新探（1）[J].世界标准化与质量管理，2001（2）：26.
③ 同②26.

字母组成的"国标（GB）"或"中标（ZB）"方式；三是完全采用汉语拉丁化拼音字母第一个字母合并来表示，即ZGB（中国国家标准）、GB（国家标准）或ZB（中国标准）。当时的初步意见拟以"GB"作为我国国家标准的代号——既简洁明了，又易于国内外引用。需要说明的是，1958—1963年，我国一度采用"国标（GB）"为国家标准代号。而在1963年9月12日，国家科学技术委员会发布通知，对国家标准代号进行了修订——将原有的"国标（GB）"简化为"GB"。自此，国家标准代号被正式确定为"GB"，并且沿用至今。[①]

新中国第1号国家标准诞生于1958年。当时，为了规范纸张幅面，国家技术委员会标准局起草了《标准格式与幅面尺寸（草案）》（GB 1—58）。该标准规定了出版和再版国家标准时必须遵守的格式和幅面尺寸要求。当时制定我国国家标准格式和幅面尺寸的指导原则包括以下几点："第一，在标准文本的格式里要反映出标准名称和特性，且在标准文本首页需体现标准名称、特性、类别、编码等要素；第二，标准文本的尺寸要充分考虑我国纸张生产和供应情况；第三，注重吸取社会主义阵营和其他国家的优点，尽可能与国外保持一致，便于国际标准资料的交换与保管。"[②]这些原则展现了当时中国在标准化工作中追求实用性、注重与国际标准接轨，以及与社会主义国家阵营合作的发展战略。此后，我国标准化工作者与时俱进，不断构建、完善国家标准体系，"GB"也在社会主义现代化建设中发挥着越来越大的作用。

考察各国标准化组织的发展历程，可以看出：国家标准的产生无疑是标准化工作的又一次升华。它协调统一了各个专业（行业）之间的矛盾，例如协调了机械工业与运输、建筑、冶金、化工等行业之间的矛盾，使各行各业得到共同提高与普遍发展。

二、国际性标准化组织的迅速发展

第二次工业革命以来，在电气领域产生了不少国际性标准化组织。较早

---

① 中国标准化研究院."GB"的前世今生及标准编号的演变[J].中国标准化,2021(9):25.
② 同①24.

的例子是国际电报联盟（ITU）。1865 年 5 月 17 日，法、德、俄等 27 个国家在巴黎签订《国际电报公约》，由此建立了 ITU。该联盟成立时间较长，且于 1932 年更名为"国际电信联盟"。随着时间的推移，国际电信联盟逐渐发展为联合国下属的一个专门机构，专注于信息通信技术领域。ITU 与 193 个成员国携手合作，同时还包括 900 多家公司、大学，以及国际和区域性组织。这些合作伙伴共同致力于推动信息通信技术领域的创新与发展。他们的主要目标是通过技术创新，加强全球通信网络之间的连接和互通，以实现更广泛和更高效的信息交流。

1906 年 6 月，英、法、美、日等 13 个国家在伦敦成立国际电工委员会（IEC），"其宗旨是促进电工、电子和相关技术领域有关电工标准化等所有问题上（如标准的合格评定）的国际合作"[①]。它是全球最早成立的非政府国际标准化机构，在制定和发布全球电气、电子及其他相关技术的国际标准方面处于领先地位。截至 2020 年 12 月，IEC 已经拥有 173 个成员国，包括 89 个正式成员国和 84 个联系成员国。此外，IEC 设有 109 个技术委员会、101 个分技术委员会，总计达 210 个。工作层面，还拥有 705 个工作组、194 个项目组和 641 个维护团队。

材料的使用与试验也促进了国际标准化活动的展开。1886 年 9 月 24 日至 26 日，由慕尼黑理工学院的约翰·鲍生格教授发起，首届国际标准化会议在德国德累斯顿举行。来自北美和欧洲的 10 个国家的代表出席了这次会议，共同探讨了制定统一材料测试标准的必要性。

到了 1929 年，国际标准化协会（ISA）成立。这是著名的国际标准化组织（ISO）的前身。该组织"主要是协调和促进各国标准统一，研究标准化的有关原则"[②]，制定了有关滚珠轴承、螺纹、螺栓、螺帽等的国际标准。

这一时期国际标准化组织的大量涌现，与第二次工业革命带来的许多实际需要有关。各类电器的普及，使产品质量和使用安全亟须保障。而这有待系统的生产标准的确立。1904 年，国际电气大会在美国圣路易斯召开。会

① 刘梦婷.谈谈标准化发展史[J].大众标准化,2017(8):53.
② 顾孟洁.世界标准化发展史新探(2)[J].世界标准化与质量管理,2001(3):25.

上，英国的 R. E. B. 克隆普顿上校指出："应当采取步骤指派一个代表性的委员会以考虑电器、电机的术语及功率的标准化问题，从而取得全世界技术学会的合作。"① 这项提议是具有远见卓识的。

20 世纪上半叶，为了压缩成本与提高效率，许多工业国家普遍追求构建更加完善的工业体制——标准化正是这些国家的关键着力点。标准化带来的成本节省是显而易见的。据《经济月刊》的说法，"仅仅是英国和美国螺纹标准的不同就造成战争成本增加了 2 500 万英镑"②。在"产业合理化运动"的进程中，美国的标准化工作成效斐然。以电灯制造为例，电压、灯头座的标准化使电灯式样由 55 000 种简化到 342 种，而蒸汽锅炉从 130 种简化为 13 种③。德国的"产业合理化运动"也受到高度评价。美国商务部就这样评论："德国所称广义的合理化运动，包括工业标准化、产品简单化、减少物资消耗、实施科学管理、倡行省工设备……合并各种产业组织、统筹支配全国的工业产品。此项计划，大抵与美国现行制度相同……"④ 这些举措，都有助于生产效率的提高和德国经济的恢复。

最初，专业工程师群体是建立国际性标准化组织的主角。比如，英国电气工程师迈斯特就为一些标准化组织的成立做出了突出贡献。他不仅被 IEC 委以重任，也是英国电气专业协会（BSI 的前身）的负责人。由于在早期国际标准化中发挥的重要作用，迈斯特被誉为"国际标准化之父"。随着这些国际组织的发展，工程师以外的普通生产商、技术官员乃至消费者，也更多参与到标准化组织的运行中来。在标准化组织的这一"民主化"过程中，ISO 起到关键作用。ISO 旨在践行"协商民主"的共同理想，而这一做法的好处是显而易见的——"吸纳所有利益相关方的代表并且用协商一致的方法进行决策的思想确保了标准的合理性，进而保证标准能够被广泛采用。"⑤

关于这个直到今天也影响极大的国际标准化组织，以下，我们有必要简

① 顾孟洁.世界标准化发展史新探（2）[J].世界标准化与质量管理,2001(3):25.
② 王平.ISO 的起源及其三个发展阶段：墨菲和耶茨对 ISO 历史的考察[J].中国标准化,2015(7):63.
③ 同①25.
④ 同①25.
⑤ 同②63.

要介绍下它的诞生与发展。

三、肩负重大使命的标准化组织：ISO 的诞生

第二次世界大战（简称二战）期间，中国、澳大利亚、巴西、比利时、加拿大、智利、捷克、丹麦、法国、墨西哥、荷兰、新西兰、挪威、波兰、南非、英国、美国、苏联 18 个国家为加强反法西斯战争的战斗力，于 1944 年发起组织联合国标准协调委员会（United Nations Standards Coordinating Committee，简称 UNSCC）。该委员会系临时性组织，为期预定两年。UNSCC 的任务是继续 ISA 工作，处理战时和战后过渡时期各国标准的统一和协调工作。

UNSCC 实际上是一个战时和战后的临时过渡机构。1945 年 9 月 5 日在伦敦召开第一次会议，与会者有澳大利亚、加拿大、英国、美国等国的标准化机构代表。苏联和新西兰亦有代表列席会议。会议责成伦敦办事处与英国、苏联、澳大利亚、南非、新西兰等国标准化机构联系；纽约办事处则负责与中国、美国、加拿大、巴西、墨西哥等国标准化机构联系，并决定在一年之内召开全体会员大会。申请入会者必须是联合国成员国的国家标准化机构[①]。

而在 UNSCC 成立后，ISO 的建立也很快被提上了日程。

1945 年 10 月 8 日，联合国标准协调委员会在纽约召开全体会员大会。经一系列会议讨论后，决定成立一个新的永久性国际标准组织，并选举组成一个起草委员会负责草拟新的国际标准化机构的组织章程草案送交各国标准化机构审查。参加这次会议的计有 14 个国家的代表，他们是中国、澳大利亚、比利时、巴西、加拿大、丹麦、法国、英国、墨西哥、苏联、新西兰、挪威、南非联邦和美国。上述 14 国均为联合国成员国。

与会代表一致认为，二战后的标准化国际合作较之一战后的工作更为重要。所以，拟议中的新机构应当比以前任何类似机构的工作范围更为广泛、

---

① 程传辉.国际标准化［M］.北京:中国标准出版社,1991:17-32.

权限更大，并且应当有更充足的财力和人力。据估计，它第一年度的预算约为 40 000 美元，第二年度酌情增至 60 000 美元。会议决定如下。

（1）由 UNSCC 处理对于成立新机构可能面临的各项问题，如新机构的组织形式、行政制度、预算和向各国标准化机构收纳会费的办法，以及为结束旧的国际标准化协会（ISA）必须采取的步骤等。

（2）拟就的组织章程草案将于 1946 年 5 月 27 日在伦敦举行的正式会议上讨论通过。

（3）在筹划新机构组织形式时，采纳了《联合国组织》的办法，即在拟议中的理事会容许中国、苏联、法国、英国、美国 5 国在头 5 年连任理事，其他 6 名非连任理事则每年改选三分之一，以使理事会成立初期能逐渐加强其能力。

（4）邀请 IEC 担任新组织内有关电气方面的工作，不过 IEC 仍作为独立机构继续使用其名称和制度，并邀请如国际照明委员会等其他国际组织在双方满意的基础上共同合作。

（5）继续进行 ISA 战前业已开始的各项工作。其时 UNSCC 已经着手进行的工作包括羊毛、人造丝、锰矿石、黄樟素油、食品盛器、钢的热处理、塑料工业词汇、无线电干扰、飞机场照明、煤气罐、虫胶、超高电压、汽缸压力及比率等方面的标准制定。

（6）决定 UNSCC 于 1946 年 7 月 1 日结束工作并将全部工作及资料移交给即将成立的新机构。

1946 年 7 月 11 日在巴黎召开 ISA 与 UNSCC 联席会议。会议的主要目的是，为合并两机构并成立一个战后新机构做进一步准备。合并的初步工作已经由 UNSCC 在 1945 年 10 月的纽约会议着手进行。当时拟就的组织章程草案已送交各国际标准化机构审查。这一纽约草案招来很多责难，因而又有三个修正草案提了出来——一个是斯堪的纳维亚半岛各国和瑞士联合提出的，另外两个分别由法国和苏联提出。联席会议上没有时间逐条讨论或重拟另一个章程和办事细则，因此会议临时授权丹麦、法国、荷兰、苏联和美国 5 国重拟新草案，以尽可能采纳各方面的意见和建议，准备提交 10 月间拟在伦敦召开的会议讨论通过。

此次巴黎会议作出如下决议：

名称方面，决定不采用纽约草案所拟的"国际标准协调协会"（ISCA）的名称，而采用"国际标准化协会"（ISA）；

行政架构方面，经过长时间辩论，会议采纳了苏联意见，即理事会设 11 人，中国、苏联、美国、英国、法国 5 国在头 5 年连任，其他 6 名理事由选举产生；

行政委员则由主席 1 人、副主席 1 人和理事会中 1 成员共 3 人组成，以监督秘书处和其他紧急性工作；

官方语言方面，以使用英语和法语为原则，任何国家的文件可以以其本国语言连同英语或法语同时提出，并须向协会表明，在两种语言中如有差异当以何者为准，俄语被认为与英语和法语有相等地位，但必须由苏联的标准化机构负责翻译，文件数量也应由苏联无限制供应。

然而 1961 年 ISO 在芬兰赫尔辛基举行第五届全体成员大会期间，其执行委员会向理事会提出，ISO 的 3 种工作语言，有时并不是某些技术委员会秘书国的本国语言，为便于工作起见，建议在秘书国保证能将会议文件译成工作语言并征得其他成员同意的情况下，技术委员会召开工作会议时可以使用其他语言。执行委员会的上述建议，得到了理事会批准。

与 IEC 的联系方面，1946 年 7 月在巴黎举行的 IEC 大会一致通过了与新的国际标准组织发生联系的提案，承担电气方面的工作，但仍保持 IEC 本身的名称及工作程序[①]。

在 ISO 成立的过程中，有一个有趣的细节是 ISO 的名称来源。ISO 并非是缩写的词语，而是源自希腊文单词"isos"，意为"相等"或"相同"。这表达了 ISO 的目标，即通过制定标准来促进不同国家和组织之间的相互理解和协作。的确，在成立初期，ISO 就有力促进了全球化背景下国际标准化水平的提高。"这个机构最终建立了全球认可的计量和专有名词的通用术语，

---

① 中国科学技术情报研究所.国际标准化组织（ISO）[M].北京:科学技术文献出版社,1974:1-5.

以及测试不同基本材料的通用方法,包括钢材、水泥、塑料等。"[1] 而随着时代变迁,ISO 也始终努力调适着自身的角色,在全球标准化事业的建设中发光发热。

需要补充的是,随着国际影响力的增强,中国在国际标准化组织中的贡献和角色日益凸显。1987 年,我国主持了航空航天委员会电气要求分技术委员会的工作。1991 年,我国提出组建的第一个国际标准化技术微束分析技术委员会批准成立。而在 2013 年 9 月,张晓刚当选国际标准化组织主席,任期 3 年(2015—2017 年)。这是对中国在国际标准化工作中贡献的认可。事实上,近年来,中国人在不少国际性标准化组织中扮演着重要角色。2014 年10 月,中国推荐的 ITU 副秘书长赵厚麟作为唯一候选人,高票当选新一任秘书长——成为国际电信联盟 150 年历史上首位中国籍秘书长。2018 年 10月,中国国家电网董事长舒印彪当选 IEC 第 36 届主席,这也是 IEC 里首次由中国专家担任最高领导职务。

目前,在第四次科技革命浪潮的冲击下,尽管"ISO 在信息通信技术(ICT)标准化领域处于弱势,但是它依然处在全球庞大国际标准化网络的中心,为社会提供'技术基础构架',帮助建立'物理技术设施',向社会领域的标准化扩展,并将在全球国际治理中扮演一定的角色"[2]。截至 2020 年 12月 21 日,ISO 拥有 165 个成员国,其中正式成员国为 122 个,通讯成员国为39 个,注册成员国为 4 个。ISO 已经制定并发布了 23 573 项国际标准,同时设有 793 个技术委员会和分技术委员会,以促进全球标准化工作的开展。

而以 ISO 制定的一系列标准为代表,国际标准在全球范围内成为支持全球化制造和贸易(包括采购和营销)的重要工具,并且一直保持着自愿性特征。随着国际市场的不断发展,对国际标准的需求也持续增加。在战后发展时期,国际标准化组织通过成功的体系运作取得了显著成就,在国际贸易中

---

① 王平.ISO 的起源及其三个发展阶段:墨菲和耶茨对 ISO 历史的考察[J].中国标准化,2015(7):63.
② 王平,侯俊军.从传统标准化到标准联盟的崛起——全球标准化治理体系的变革[J].标准科学,2020(12):61－62.

扮演了重要角色，并受到了国际社会的广泛尊重①。可以预见，在未来，秉持着自愿原则的国际标准化组织，仍将为全球各国互联互通、共同繁荣发挥建设性作用。

---

① 王平.从历史发展看标准和标准化组织的性质和地位[J].中国标准化.2005(06)：23－25.

第四章

标准化发展的黄金时期
（第三次工业革命时期）

历史是彷徨者的向导。

——阿克顿（英）

第一节　皇冠上的"标准化"明珠

标准化，作为工业革命的基石，它不仅确保了产品的质量，促进了技术的交流与传播，还为全球经济的一体化奠定了坚实的基础。

汽车工业，作为第三次工业革命的标志性成就之一，其标准化实践不仅推动了汽车制造业的飞速发展，还极大地促进了全球经济的繁荣。从安全标准的制定到燃油效率的规范，从零部件的互换性到整车性能的统一评价，标准化在汽车工业中的应用无处不在，它确保了汽车产品的质量和性能，为全球汽车市场的健康发展提供了坚实的基础。而我们将深入其燃油供给技术与排放标准之间的互动关系，探索汽车领域的燃油与动力。船舶工业，作为连接世界各地的重要纽带，其标准化进程同样不容忽视。从船舶设计到建造，从航行安全到环境保护，标准化在船舶工业的每一个环节都发挥着关键作用。通过国际海事组织（IMO）等机构的不懈努力，船舶工业已经建立了一套完善的国际标准体系，为全球航运业的安全、高效和可持续发展提供了有力保障。液化天然气船（LNG 船）作为其中最闪耀的工业明珠之一，其背后的尖端材料标准往往被忽视。航空航天领域，作为人类探索宇宙的重要手段，其标准化成就同样令人瞩目。从飞机的设计制造到卫星的发射运行，从空中交通管理到空间碎片的监测，标准化在航空航天领域的应用同样广泛且深入。通过国际标准化组织（ISO）和国际航空运输协会（IATA）等机构的推动，航空航天领域已经形成了一套完整的国际标准体系，为人类的航空航天活动提供了坚实的技术支持。我们将从涡轮叶片材料到导弹武器体系，从局部到整体，感受标准与标准化在航空航天领域的非凡影响。

　　"皇冠上的'标准化'明珠"不仅仅是对那些在标准化领域取得非凡成就的工业成果的赞誉，更是对那些在标准化道路上不懈探索和努力的人们的致敬。

一、精确控制：废气排放标准与电控燃油喷射技术

　　在汽车工业的浩瀚星空中，宝马（BMW）3.0 CSL[①]（见图4-1）的诞生犹如一颗璀璨的星辰，以其独特的光芒照亮了电子燃油喷射技术（EFI）的发展之路。放眼当下，宝马3.0 CSL的输出能力与极速或许仅能归类为一般水平，其3.0升引擎所提供的200马力[②]功率与217千米/小时的极速在当今看来并不突出。然而，把时间倒回至1971年，拥有如此性能表现的宝马3.0 CSL无疑是赛车界的佼佼者。这一成就在很大程度上归功于它率先应用的电子燃油喷射技术，该技术显著提升了发动机的工作效率。宝马3.0 CSL以其无B柱的双门轿跑车身设计、简洁流畅的线条和均衡稳重的外形，成了

图4-1　宝马3.0 CSL[③]

----

① CSL：coupé sport leichtbau，即"双门轿跑车运动轻量级"。
② 1马力＝0.7457千瓦。
③ 陈新亚.车迷辞典［M］.北京：兵器工业出版社，2000：463.

时代的印记。直至 1975 年该车型停产，总计产量为 1208 台。1973—1979 年，宝马 3.0 CSL 共 6 次夺得欧洲房车锦标赛冠军，并称霸国际房车赛事 10 年之久，不负其名。[①]

电子燃油喷射技术的发展，可以追溯到 20 世纪初。早期的化油器，作为一种燃油供给装置，虽然实现了将燃油与空气混合，但其控制精度有限，难以满足日益增长的汽车性能需求。随着时间的推移，工程师们开始探索更为精确的燃油喷射方式。到了 20 世纪 50 年代，电子燃油喷射系统的雏形开始出现，它利用电子控制单元（ECU）对燃油的喷射进行精确控制，从而大幅提高了燃油效率和发动机性能。1967 年，德国博世公司推出了 D 型模拟式电子燃油喷射系统[②]，这一创新标志着电子燃油喷射技术正式进入实用阶段。随后，博世公司又推出了 L 型电子燃油喷射系统[③]，它采用测量空气流量的方法控制喷油量，进一步提高了控制精度。到了 1979 年，集点火与喷油于一体的 M 型数字式发动机综合电子控制系统[④]问世，将电子燃油喷射技术推向了一个新的高峰。

在美国，汽车排放标准的制定与电子燃油喷射技术的发展紧密相连。20 世纪 60 年代末，美国开始制定汽车排放标准，以减少汽车尾气对环境的污染。这一政策的实施，对汽车制造商提出了新的挑战，也为他们带来了技术创新的机遇。为了满足严格的排放要求，汽车工程师们开始寻求更为高效的燃油喷射技术。电子燃油喷射系统以其精确的控制能力，成了应对这一挑战的理想选择。[⑤]

---

① 陈新亚.车迷辞典[M].北京:兵器工业出版社,2000:463.
② D 型电子燃油喷射系统:"D"代表的是 Dynamic,即动态的意思。其也称为动态燃油喷射系统或压力感应式燃油喷射系统,它通过检测进气歧管内的动态压力变化来推算发动机的进气量,进而控制燃油的喷射量。
③ L 型电子燃油喷射系统:是一种通过直接测量发动机进气量来控制燃油喷射量的系统。"L"代表的是 Lambda,指的是一个理想化的空燃比,即汽油与空气的混合比为 14.7∶1,这个比例下燃烧效率最高,排放的污染物最少。
④ M 型电子燃油喷射系统:指博世公司(Bosch)在 1979 年推出的 Motronic 燃油喷射系统。Motronic 系统是一种多点燃油喷射技术,它代表了电子燃油喷射技术的一个重要进步。这种系统能够根据发动机的实时需求,通过多个喷油器分别对每个气缸进行精确的燃油喷射,从而优化发动机的性能和燃油效率。
⑤ 龚瑞庚.汽车汽油机电子控制装置故障诊断与维修[M].北京:人民交通出版社,1999:3.

在中国，电子燃油喷射技术的研发同样经历了一段不平凡的历程。20世纪 80 年代，清华大学汽车研究所"电喷组"的成立，标志着中国在这一领域的自主研发正式起步。在袁大宏教授的带领下，科研团队克服了种种困难，成功研发出具有自主知识产权的电子燃油喷射系统。这一成就不仅打破了国外技术垄断，更为中国汽车工业的技术进步和环保标准的提升做出了重要贡献。在这一过程中，中国汽车工业总公司召开的全国性研讨会发挥了关键作用。会上，清华大学代表提出的直接上电控燃油喷射的主张得到了肯定，为中国汽车工业的技术路线指明了方向。随后，北京汽车电子化领导小组的成立，以及北京切诺基吉普车成功装上电子燃油控制系统的行动，都标志着中国在电子燃油喷射技术领域迈出了坚实的步伐。[①]

电子燃油喷射技术的发展与汽车排放标准的提升之间存在一种相辅相成的微妙关系。一方面，电子燃油喷射技术的应用，使汽车的燃油效率和性能得到了显著提升，同时也大幅降低了尾气排放，满足了日益严格的排放标准。另一方面，排放标准的不断提高，也促使汽车工程师们不断探索更为高效的燃油喷射技术，推动了电子燃油喷射技术的不断创新和完善。

在这一过程中，宝马 3.0 CSL 的诞生，不仅是电子燃油喷射技术应用的一个缩影，更是汽车工业技术进步的一个标志。它以其卓越的性能和优雅的设计，成了汽车历史上的一个传奇。而电子燃油喷射技术作为这一传奇的幕后英雄，以其精确的控制能力和卓越的燃油效率，为汽车工业的发展做出了不可磨灭的贡献。如今，当我们回顾电子燃油喷射技术的发展历程时，不难发现，它不仅是汽车技术进步的一个缩影，更是人类对环境保护不懈追求的一个见证。从早期的化油器到现代的电子燃油喷射系统，每一次技术的革新，都凝聚了无数工程师的智慧和汗水。而汽车排放标准的不断提升，更是体现了人类对环境保护的深刻认识和坚定决心。

汽车工业的标准体系是一个全面而细致的规范体系，它确保了汽车从设

---

① 《攀登与奉献》编委会.攀登与奉献:清华大学科技五十年(上)[M].北京:清华大学出版社,2001:308.

计到生产的每一个环节都符合特定的质量、安全和环保要求。这个体系包括了国际标准如 ISO 和 SAE（美国汽车工程师协会）标准，以及各个国家的国家标准，如中国的 GB 和欧洲的 ECE（欧洲经济委员会）标准等。

电控燃油喷射技术作为汽车工业中的一个关键技术，其在标准体系中的地位体现在多个方面。它不仅涉及发动机性能与排放标准的符合性，如欧洲的 Euro 标准和中国的国六排放标准规定了汽车尾气排放的具体限值。电控燃油喷射技术还与燃油效率和节能标准紧密相关，例如，各国的燃油消耗标准规定了汽车在特定条件下的燃油消耗量，电控燃油喷射系统通过优化燃油供给，提高燃烧效率，从而降低燃油消耗，帮助汽车达到节能标准。此外，电控燃油喷射技术还与汽车的安全性能标准相关，例如，ISO 26262 标准规定了汽车电子电气系统的功能性安全要求，电控燃油喷射系统作为汽车中的关键电子系统，其设计和实施必须符合这些安全标准，以确保在各种驾驶条件下的安全性。

因此，电控燃油喷射技术在汽车工业标准体系中扮演着至关重要的角色，它不仅关系到汽车的性能和环保，还涉及安全、节能及智能化等多个方面的标准要求。随着技术的进步和标准的更新，电控燃油喷射技术将继续在汽车工业中发挥其核心作用。

二、明珠背后：LNG 船和它的"命门"因瓦合金

液化气是液化石油气（liquefied petroleum gas，LPG）和液化天然气（liquefied natural gas，LNG）的统称，石油气和天然气一般都需将其液化后进行运输，所以液化气船是将 LPG 和 LNG 从产地运输到消费地区或中转站的专用运输船舶，运输 LPG 的船舶称为 LPG 船，运输 LNG 的船舶称为 LNG 船。

液化气船是船舶行业中的新船型，问世至今尚不足 100 年的历史，特别是 LNG 船，自第一艘"甲烷先锋"号建成到现在仅有 60 年左右的历史，但它却以技术含量高、建造难度高和社会经济附加值高荣获"造船工业皇冠上的明珠"之美誉。LPG 和 LNG 的用途广泛，可作为燃料，在日常生活和工

业生产中都有广泛的使用，也可作为石油化工的原料，制造出高质量、高性能的民用产品和军用产品，既为人们的生活添精加彩，也能增强国防力量①。

刺激发展天然气海上运输的因素是多方面的。首先是油田白白烧掉附带天然气所引起的反应，早在 20 世纪 40 年代末 50 年代初，人们便开始寻求有效利用这些被浪费掉的气体的方法，但均没有成功，主要是因为当时在技术上并不具备条件，然而如将燃烧气体搜集起来后再运往消费地区，以有竞争力的价格出售，会取得相当可观的收入，这一事实在商业上具有很大的诱惑力。

当时美国是唯一真正地在主要油/气生产地和消费者之间设有输配管线的国家，那里建成了液态天然气储存设施，并以不断增加的价格向消费者出售。在欧洲，尤其是英国，因为英国本国没有石油资源，所以国有化气体工业的生产能力已不能满足工业发展和居民生活所用气体的需要。

世界上第一条 LNG 船"甲烷先锋"号的诞生是工业发展史上的一次重要飞跃。这一过程不仅标志着人类在能源运输技术上的突破，也预示着全球能源贸易模式的重大变革。

在 20 世纪初期，随着天然气在能源领域的重要性日益增加，美国于 1910 年开启了天然气液化技术的工业规模研究。1917 年，美国工程师高德夫瑞·艾路·凯波特（Godfrey L Cabot）成功申请了首个天然气液化专利，并建立了世界上第一家甲烷液化工厂，这为后续 LNG 的海上运输奠定了基础。到了 20 世纪 50 年代，随着天然气需求的增长，尤其是远距离运输的需求，美国康斯托克国际甲烷公司（Constock Liquiai Methane）开始着手研究液化天然气的跨海运输方案。1957 年，英国气体公司与康斯托克公司签订了引进 LNG 的合同，并在英国坎威尔岛上建立了世界上第一个 LNG 接收基地。1959 年，康斯托克公司建造了"甲烷先锋"号，1960 年 1 月 28 日至 2 月 20 日，它装载着 2 200 吨 LNG，从美国路易斯安那州的查理斯湖出发，成功地航行至英国坎威尔岛接收基地。

---

① 李银涛,张富明,贺慧琼.中国液化气船研发史[M].上海:上海交通大学出版社,2022:1-2.

"甲烷先锋"号作为世界上第一艘 LNG 船，其成功首航不仅开启了海上 LNG 运输的新时代，也引领了后续船舶设计和建造技术的不断进步。随着 LNG 船的不断发展，其工业含金量日益提升，成了衡量一个国家造船工业水平的重要标准。在 LNG 船的高技术要求下，因瓦合金（invar）的应用成了这一领域的关键。

因瓦合金也称殷瓦合金、殷瓦钢或殷钢，是一种特殊的镍铁合金，其成分主要是镍 36%、铁 63.8%、碳 0.2%。这种合金最显著的特性是其极低的热膨胀系数，它能够在很宽的温度范围内保持固定长度，即在一定的温度变化范围内，它的体积几乎不会发生变化。这一特性使得因瓦合金在许多精密应用领域中非常宝贵，这对于确保 LNG 船在运输过程中的安全性至关重要。随着 LNG 船向更大容量、更长距离运输的发展，因瓦合金的高性能标准成了支撑这一进步的核心。

因瓦合金对焊接技术要求非常严格，需要专业的焊工通过特定的认证。国际上，法国 GTT（Gaztransport & Technigaz）公司是拥有薄膜型 LNG 船液货舱的专利技术的公司，所有应用于薄膜型 LNG 船的材料均需得到 GTT 公司的认证和许可。因瓦合金的焊接工艺包括手工焊和自动焊两部分，对于焊接材料和焊接设备也有特别的要求。焊接工人需要经过严格的筛选和培训，并通过 GTT 公司的考核，才能获得相应的资格证书。[1]

2013 年，沪东中华造船（集团）有限公司主导的国家工信部项目《液化天然气（LNG）船用殷瓦合金及绝缘箱胶合板关键技术应用研究》正式开展。宝钢特钢在此项目中担负起因瓦合金的研发重任。在宝钢集团中央研究院特钢技术中心、焊接与腐蚀研究所、宝钢特钢炼钢厂、宝钢股份热轧厂、宝钢特钢冷轧厂等多个部门的通力协作下，该项目成功突破了国际技术封锁，完成了因瓦合金的产业化试制。该合金在超低温（−196℃）环境下展现出了优异的物理性能和理想的强度与韧性。在合金的基本性能满足标准后，宝钢特钢主动与掌握薄膜型造船技术专利的法国 GTT 公司进行认证合

---

① 范思奇.液化气体船[M].大连:大连海运学院出版社,1993:4-16.

作。经过 2015 年和 2017 年的两轮严苛认证过程，宝钢特钢不仅完成了工厂认证，也顺利通过了 LNG 实船模拟的验证。通过这些努力，宝钢特钢不仅实现了 LNG 船用因瓦合金的国产化，也成了全球除专利持有者外，第二家能够供应薄膜型 LNG 船用因瓦合金的合格供应商。[①]

在 LNG 船这一造船业高端市场的"皇冠上的明珠"的制造中，因瓦合金材料的采用不仅凸显了材料技术标准的重要性，也象征着中国在全球 LNG 船产业链中影响力的增强。这一成就不仅打破了国际垄断，更突显了关键材料技术在高端制造业中的核心地位，反映了国家工业的实力。LNG 船的制造不仅考验了国家的造船技术，更全面审视了其材料科学、技术创新和产业链整合的能力。因此，掌握关键材料技术标准的国家实质上掌握了这一高端制造业领域的核心竞争力。随着全球能源结构的转型和对清洁能源需求的日益增长，LNG 船及其关键材料技术标准的战略重要性将持续上升。

船舶工业的标准体系是一个全面且细致的规范网络，它确保了船舶从设计到生产的每一个环节都符合特定的安全、环保和效率要求。这一体系涉及多个国际组织和各国的国家标准，如国际海事组织制定的国际公约和规则，国际标准化组织和美国船级社等制定的相关标准。在这一体系中，LNG 船因其特殊性和重要性，必须满足一系列严格的标准。这些标准包括但不限于国际海事组织的《国际散装运输液化气体船舶构造和设备规则》（IGC 规则），为 LNG 船的设计、建造和设备提供基本的安全要求；ISO 15916 标准，规定了 LNG 燃料加注系统的设计和操作要求；美国船级社（ABS）指南，提供了关于 LNG 船的设计、建造和操作的具体指导；《使用气体或其他低闪点燃料船舶国际安全规则》（IGF 规则），为使用 LNG 作为燃料的船舶提供安全标准；低温管道标准，确保 LNG 船上低温管道的安全运行；围护系统标准，涉及 LNG 船的围护系统设计；蒸汽控制标准，规定了蒸汽的收集、处理和排放要求；防火标准，涉及船舶的防火设计；救生设备标准，确保配备足够的救生设备；环保标准，是对 LNG 船的排放和污染控制要求。这些

---

① 宝钢特钢成为全球第二家 LNG 船用殷瓦钢供应商［EB/OL］.（2017－09－18）［2024－04－30］. http://www.cansi.org.cn/cms/document/7160.html.

标准不仅关系到 LNG 船的安全性和环保性，还关系到全球能源供应链的稳定和高效。随着全球对清洁能源需求的增加，LNG 船作为运输液化天然气的重要工具，其标准和规范也在不断更新和完善，以适应新的技术和市场需求。

三、升空机密：航空发动机中的高温合金

航空发动机是无可置疑的"工业明珠"，是飞机的心脏。无论军机还是民机，其性能在很大程度上都取决于发动机的水平。而在航空发动机中，涡轮叶片由于处于温度最高、应力最复杂、环境最恶劣的部位而被列为第一关键件，可谓明珠中的明珠。涡轮叶片的性能水平，特别是承温能力，成为一种型号发动机先进程度的重要标志，在一定意义上，也是一个国家航空工业水平的显著标志。而包括涡轮叶片在内，航空发动机及其他航空器部件承温能力的来源，就是高温合金。可以说，掌握了高温合金技术及相关标准，就掌握了升空机密。高温结构材料是发动机的核心，航空发动机材料技术的发展水平直接决定航空发动机的性能水平。

以涡轮风扇发动机为例，气体通过吸气口被引入，随后在压缩机中被压缩，然后送入燃烧室与燃料混合并点燃。产生的高温高压气体将推动涡轮机，从而带动压缩机持续运转，最终气体通过尾部喷管排出，形成推力。从吸气口至压缩机这一区域的作业温度相对较低，因此定义为引擎的低温段。相对地，燃烧室、涡轮机及排气口的区域由于温度较高，称作高温段。特别是高温段的组件在长时间内要面对超过 800℃ 的工作温度。此外，一些高温组件还需承受高温高压气体的冲击、高速旋转产生的离心力及与腐蚀性气体的接触，这些因素都会带来较大的负荷。因此，对这些部件在高温抗氧化性、耐腐蚀性、热稳定性、热强度和耐久性等方面提出了更高的标准[1]。

航空航天领域的发展促进了高温合金技术的进步，其历程大致可分为 3 个时期。

---

[1] 曾超，罗少敏，薛九天.航空工程材料与成型技术基础[M].北京：北京航空航天大学出版社，2021：120 - 121.

第一时期——初期发展（20 世纪 30—40 年代）：在 20 世纪 30 年代末期，包括英国、德国和美国在内的国家开始探索高温合金。随着二战的爆发，航空发动机对材料性能的需求日益增长，推动了高温合金研究的快速进展。1939 年，英国的国际镍公司在镍铬合金基础上加入了微量的铝和钛，开发出了一种低碳含钛的镍基高温合金，即 Nimonic 75。到了 20 世纪 40 年代，Nimonic 80① 问世，并被成功应用于涡轮发动机的叶片。在这一时期，美国也开始利用维塔立（Vitallium）合金②来制造叶片，以满足涡轮增压器在活塞发动机中的应用需求。1942 年，美国首次将哈氏合金（Hastelloy）B③ 应用于通用电气公司的喷气发动机。尽管钴基合金由于原材料短缺而开发受限，但到了 1944 年，钴基合金被开发用于涡轮发动机叶片。

第二时期——铸造技术时期（20 世纪 50 年代）：真空熔炼技术的进步带来了一系列高性能铸造合金的诞生，例如 Mar‐M200、In‐100 和 B‐1900。苏联在 20 世纪 50 年代初期开始生产包括镍基、变形和铸造在内的高温合金系列，这些成就标志着高温合金材料技术的重要突破。

第三时期——技术多元化时期（20 世纪 60 年代及以后）：进入 20 世纪 60 年代，随着新技术的涌现和应用，高温合金的制备方法得到了显著扩展。60 年代，定向凝固技术在航空发动机涡轮叶片制造中的应用极大提升了发动机的性能。到了 70 年代，美国利用创新的生产工艺，制造出了定向结晶叶片和粉末冶金涡轮盘，并开发了单晶叶片等高温合金组件。自 80 年代起，全球研究人员开始运用数值模拟技术，对高温合金材料的微观结构和冶金缺陷进行预测性研究④。

---

① Nimonic 80：一种镍基高温合金，具有优异的耐高温性和良好的机械性能，广泛应用于航空航天、发电站和交通运输等领域的高温热锻部件。

② 维塔立（Vitallium）合金："Vitallium"一词是商标名，它代表了一种特定的钴基合金。由于其优异的耐腐蚀性、机械性能和生物相容性，被广泛应用于牙科修复和人工关节制造等领域。

③ 哈氏合金（Hastelloy）：是一系列镍基合金的商标名称，这些合金以其出色的耐腐蚀性、耐高温性和良好的机械性能而著称。哈氏合金家族包括多种不同的合金，例如 Hastelloy B、C、X 等，每种合金都有其特定的化学成分和应用领域。

④ 西姆斯，斯特劳夫，黑格尔.高温合金：宇航和工业动力用的高温材料[M].赵杰，朱世杰，李晓刚，等译.大连：大连理工大学出版社，1992：1‐8.

也正是在这种国外百花齐放的背景下，中国高温合金产业标准也迎头赶了上来。

自 20 世纪 50 年代起，中国开始了高温合金的自主研发与生产。起初，中国依赖于苏联的技术标准，但很快发现由于设备和工艺的差异，需要制定符合国情的技术标准。1961 年，抚顺钢厂在冶金部的指导下，起草了中国自己的高温合金标准草案，并在 1963 年经过深入讨论和修订，形成了一套更具体、更完善的标准体系。这些标准不仅明确了合金的化学成分和尺寸要求，还增加了对材料微观结构的规范，如晶粒大小和带状组织等。到了 1967 年，中国已经颁布了 23 个高温合金的冶金部标准，覆盖了当时国内生产的各类高温合金品种，这些标准的实施对提升冶金工艺和保证产品质量起到了关键作用。

进入 20 世纪 70 年代后期，随着高温合金在民用领域的应用日益广泛，中国开始将高温合金部颁标准提升为国家标准，统一了材料的命名规则和技术规范，使标准更加明确和具体。到了 80 年代，中国航空工业开始制定专门的航空用高温合金行业标准（HB），并建立了高温合金试验方法的行业标准，从而引入了全面质量管理，进一步提升了材料的质量和应用的可靠性。

到了 20 世纪 90 年代，中国不仅继续完善航空行业的高温合金标准，还开始建立国家军用标准，这些标准的建立，标志着中国高温合金技术已经从仿制走向了自主创新。到了 90 年代末，中国已经形成了一套完整的高温合金国家标准体系，涵盖了铸造和变形高温合金各类品种，以及相应的热工艺和测试方法标准。

进入 21 世纪，随着高温合金生产应用水平的提高，中国对已有高温合金标准进行了全面的修订，增加了新材料如定向凝固柱晶高温合金、单晶高温合金、弥散强化高温合金等，形成了目前的高温合金国家标准体系。2005 年版的标准中，共纳入了 177 个高温合金和金属间化合物高温材料牌号，其中 8 个为中国自主研制的牌号，这标志着中国高温合金的研制已进入自主创新阶段。此外，中国还制定了铸造高温合金国家军用标准，进一步完善了高温合金的国家军用标准体系[①]。

航空工业的标准体系是一个高度专业化和规范化的系统，它确保飞机和航空器的设计、制造、维护和操作都达到最高的安全和性能标准。这个体系由国际航空标准化组织（如 ISO）、国际民航组织（ICAO）、美国联邦航空管理局（FAA）及欧洲航空安全局（EASA）等机构制定和维护。高温合金在这一体系中占据着举足轻重的地位，因为它们是制造航空发动机和其他高温部件的关键材料。高温合金能够在极端的温度和应力条件下保持其机械性能和耐腐蚀性，对于确保航空器的可靠性和安全性至关重要。

高温合金的标准要求包括对化学成分的精确规定，以确保合金具有所需的性能；机械性能的标准，包括抗拉强度、屈服强度、延伸率和硬度等，以保证材料在高温和负荷下的稳定性；热处理过程的规定，如固溶处理和时效处理，以优化其微观结构和性能；耐腐蚀性能的标准，以抵抗高温氧化和硫化等环境因素的侵蚀；疲劳性能和断裂韧性的要求，以防止疲劳失效和灾难性的结构失效；焊接性能的考量，以确保焊接接头的质量和性能；非破坏性检测的要求，如超声波检测、射线检测等，以确保没有内部缺陷；环境适应性的标准，以确保高温合金能够在不同的环境条件下保持性能；寿命管理的规定，以确保长期的可靠性。这些标准要求确保了高温合金在航空工业中的广泛应用，从发动机的涡轮叶片、燃烧室到飞机的结构部件，高温合金都是不可或缺的。随着航空技术的发展和新材料的不断涌现，高温合金的标准也在不断更新，以满足更高的性能要求和更严格的安全标准。

中国高温合金的发展历程是一个从模仿到创新、从部颁标准到国家标准再到行业和军用标准的全面建立和完善的过程。这一过程不仅体现了中国在高温合金领域的技术进步，也为中国航空发动机等关键技术的发展提供了坚实的材料基础。升空机密在中国材料人与标准人的不懈努力下最后成为自主独立的成果，航空高温合金材料这一标准中的明珠终被摘下。

---

① 钱刚.中国特殊钢[M].北京:冶金工业出版社,2021:459－468.

四、最强之矛：导弹工业中的标准力量

导弹的发展历程是 20 世纪战争技术革新的重要标志，它不仅改变了战争的面貌，也重新定义了国家的战略能力。导弹的诞生可以追溯到 20 世纪 40 年代，当时正值二战后期，德国率先将 V－1 和 V－2 导弹投入实战，用于跨越欧洲西岸轰炸英国。V－1 作为一种亚声速的无人驾驶武器，尽管射程可达 300 多千米，但其飞行速度和性能限制了其实战效果，容易受到歼击机和其他防空措施的拦截。而 V－2 导弹作为世界上第一种弹道导弹，尽管其最大射程约 320 千米，但由于可靠性差和命中精度低，其攻击效果有限，但 V－2 的成功发射为后续导弹技术的发展奠定了基础。

战后，意识到导弹在未来战争中的潜力，美国、苏联、瑞士、瑞典等国家迅速恢复并加速了导弹的理论研究与试验活动。英国和法国也分别于 1948 年和 1949 年重启了导弹研究。20 世纪 50 年代，随着中程和远程液体导弹的问世，导弹技术取得了显著进步。这些导弹采用大推力发动机和多级火箭技术，显著提升了射程和核战斗部的威力，使其成为一种具有威慑力的武器。然而，由于氧化剂仍使用液氧，制导系统精度有限，且发射准备时间长，这些导弹更多地解决了"有无"问题，而未成为真正有效的作战武器。

进入 20 世纪 60 年代，导弹技术迎来了新的发展阶段。可储存的自燃液体推进剂或固体推进剂的使用，以及较高精度的惯性器件的引入，使得导弹的发射方式更加灵活，反应时间缩短，生存能力提高，导弹真正成了可用于实战的武器。特别是多弹头技术的发展，一个导弹可以携带数个甚至数十个子弹头，每个子弹头能够瞄准各自的目标，这不仅提高了导弹突破反导体系的概率，也大大增加了遭受首次打击后的生存率，为打击更多目标提供了可能。美国在 1970 年的"民兵Ⅲ"导弹上首次实现了带 3 个子弹头的技术，此后美苏两国在新研制的远程导弹上广泛采用了这项技术。

20 世纪 70 年代中期以后，导弹技术进入了全面发展和更新的阶段。为了提升战略导弹的生存能力，各国开始研究小型单弹头陆基机动战略导弹和大型多弹头铁路机动战略导弹，同时增大潜射对地导弹的射程，并加强了战

略巡航导弹的研制。"高级惯性参考球"等高精度制导系统的开发，进一步提升了导弹的命中精度，而机动式多弹头导弹的研制，也为导弹技术的发展注入了新的活力。

图4-2 东风-41洲际战略核导弹①

在这一全球导弹技术迅猛发展的背景下，中国自20世纪50年代末起也开始了导弹的研制工作。经过20多年的不懈努力，中国在1980年5月18日成功发射了洲际弹道导弹，1982年10月成功发射了潜地导弹，如今已经研制并装备了多种类型的中远程、洲际战略弹道导弹及其他多种战术导弹，显著提升了国家的国防实力和战略威慑能力②（见图4-2）。中国的导弹研制历程充分体现了国家自力更生、自主创新的坚定决心，也为维护国家的独立与领土完整提供了坚实的保障。

导弹工业作为国防科技的前沿领域，其技术标准和标准化工作对于整个行业的发展具有至关重要的作用。标准化不仅确保了导弹系统的高性能、高可靠性和安全性，而且促进了技术创新和行业协作，是实现导弹工业现代化、提升国家战略能力的重要保障。

在导弹设计阶段，标准化工作就发挥着基础性作用。通过制定统一的设计标准和规范，可以确保导弹系统的各个组件和子系统能够无缝集成，满足整体性能要求。例如，美国标准6（SM-6）导弹，其研发过程充分体现了美军"基本型系列化通用化"的导弹研发策略。这种策略的核心就是通过标准化来实现不同导弹系统之间的通用性和互操作性，从而降低研发和生产成本，同时满足作战需求，提升战斗力。

在导弹生产过程中，标准化同样不可或缺。通过实施严格的生产工艺标准和质量控制标准，可以确保导弹产品的一致性和可靠性。例如，中国的

---

① 谢露莹."东风"41战略核导弹[J].兵器知识,2019(11):1-2.

② 杨军.现代导弹制导控制[M].西安:西北工业大学出版社,2016:9-12.

"东风"系列导弹，其生产过程中就严格执行了一系列国家标准和军用标准，确保了导弹的质量和性能。这些标准涵盖了材料选择、制造工艺、装配精度、测试验证等多个方面，从而保证了导弹的战术技术指标和使用可靠性。

此外，标准化在导弹测试和评估中也发挥着关键作用。通过制定统一的测试标准和评估标准，可以对导弹系统进行全面、客观的性能评估，为导弹的改进和优化提供科学依据。例如，导弹头罩作为导弹的关键结构件，其设计和制造涉及多个学科技术，相关的防热标准和材料标准在这里起到了至关重要的作用。洲际弹道导弹弹头再入大气层时，飞行最大马赫数可在 20 以上，端头驻点区的空气温度可升高到 8 000～10 000 开，这要求导弹头罩必须能够承受极端的热环境，而相关的防热标准和材料标准在这里起到了至关重要的作用。

随着导弹工业的数字化转型，标准化在数字化设计、制造、测试和综合保障等方面的应用也越来越广泛。通过建立和完善数字化导弹工业标准体系，可以促进导弹工业的信息化、智能化发展，提高导弹武器系统的性能和效率。数字化导弹工业标准体系的建立，需要发挥标准的协调、牵引与支撑作用，按照体系化、专业化的发展思想，建立数字化导弹工业标准体系，规划与制定/修订数字化导弹工业建设急需的重点领域标准，为全面推进数字化导弹工业建设提供标准化支撑。

导弹工业的标准化工作是一项系统性、长期性工作，需要政府、军队、科研机构、生产企业等各方的共同努力。政府要加强对标准化工作的领导和支持，制定相应的政策和措施，为标准化工作提供良好的环境和条件。军队要积极参与标准化工作，提出军事需求，参与标准的制定和实施。科研机构要加强标准化技术研究，为标准化工作提供技术支撑。生产企业要严格执行标准，提高产品的质量和可靠性。

自二战期间导弹技术的首次亮相以来，它迅速成了全球军事科技竞争的焦点，并在随后的几十年里取得了迅猛的发展。导弹技术的进步不仅增强了战争的不可预测性和破坏力，而且扩展了战争的规模和范围，加快了战争的进程，彻底改变了传统的战争时空观念，对现代战争的战略和战术产生了深远的影响。作为现代科学技术的集大成者，导弹技术的发展不仅依赖于科学与工业技术的进步，而且反哺科学技术的进一步发展，导弹技术水平已成为衡量一个国家军事实力的重要标准。

导弹技术与航天技术的关联尤为密切，它为航天技术的发展奠定了坚实的基础。自从 1957 年苏联成功发射世界上第一颗人造地球卫星以来，全球已经研制并发射了 150 余种运载火箭，执行了 4 000 多次航天发射任务。火箭的近地轨道运载能力从最初的 83.6 千克增长到 1 000 千克以上，飞行轨道也从近地轨道延伸至太阳系深空轨道。航天技术，以运载火箭为核心，已经成为一种新兴的高技术产业，它不仅代表着人类对太空环境和资源的深入探索和利用，而且对现代文明的信息、材料和能源三大支柱产生了革命性的贡献，为全球带来了显著的政治、社会与经济效益。航天技术领域已成为各技术先进国家竞争的重要舞台。

1988 年以来，中国在航天器和导弹武器系统的可靠性标准制定方面迈出了重要步伐。1988 年，中国首次发布了 QJ 1408－1988《航天器和导弹武器系统可靠性大纲》，这份大纲为航天器、导弹武器系统及相关设备的可靠性管理提供了明确的要求和流程。它要求产品的研制单位根据合同或任务书，结合这一标准来制定并执行可靠性管理计划。到了 1994 年，该标准经过修订，形成了新版本 QJ 1408－1994，这一次它更加具体地规定了航天器（包括卫星和飞船）、运载火箭及战略导弹武器系统的可靠性管理要求，适用于这些系统的研制和生产阶段。值得一提的是，新版本不再强制要求编制单独的可靠性大纲。

随后，在 1998 年，QJ 1408 再次经过修订，形成了 QJ 1408A－1998《航天产品可靠性保证要求》，这份标准涵盖了航天产品从可行性论证到方案设计、工程研制、使用等各个阶段的可靠性保证通用要求、工作项目与实施要求。

在维修性方面，1988 年中国还发布了 QJ 1557－1988《战术导弹武器系统维修性大纲》，为战术导弹武器系统的维修性提供了规范。进入 2000 年，随着 QJ 3124－2000《航天产品维修性保证要求》的发布，QJ 1557 被废止，新标准涵盖了更广泛的航天产品，包括各类航天器、运载火箭，以及战略和战术导弹武器系统，为这些产品的研制、改型与改进项目提供了维修性保证的一般要求和实施指南。

在环境工程领域，2001 年出台了 QJ 3135－2001《导弹武器系统、运载火箭和航天器环境工程大纲》，该标准规定了环境工程管理的通用要求和实施细节，适用于从方案设计到生产使用等各个阶段的环境工程大纲编制与实施。到了 2014 年，中国航天科技集团公司进一步制定了 Q/QJA 182《运载火箭力学环境工程要求》，专注于运载火箭的力学环境工程，明确了原则要求、管理要求和技术工作要求①。

纵观全球，航天技术的发展与液体弹道导弹技术的进展紧密相连。苏联发射第一颗人造卫星的火箭是由 SS－6 液体洲际弹道导弹演变来的，此后又发展了"东方""联盟"和"能源"等一系列运载火箭，取得了辉煌的航天成就。美国发射其第一颗人造地球卫星的"红石"火箭，也是基于液体弹道导弹技术，随后发展了"雷神""宇宙神""大力神"和"德尔塔"等系列运载火箭。欧洲早期的"欧洲"号火箭同样基于英国的"蓝光"液体弹道导弹技术，而中国的"长征"系列运载火箭也是在液体弹道导弹技术的基础上发展起来的。这些历史事实表明，导弹技术不仅在军事领域内具有重要作用，同时也是推动航天技术发展的关键因素。随着技术的不断进步，导弹和航天技术之间的联系将变得更加紧密，共同为人类的和平与繁荣做出更大贡献。

我们也要看到，军工标准体系与航空标准体系紧密相关，它们在确保武器装备和航空器的质量、性能、安全性和可靠性方面发挥着关键作用。军工标准体系覆盖了设计、生产、测试和维护等各个环节，而航空标准体系则专注于航空领域，包括民用和军用航空器的相关标准。在技术与管理要求上，两者存在统一性，尤其在军民融合的背景下，一些技术和产品可能同时用于军事和民用领域，这就需要统一的标准来指导研发和生产。为了提高效率和

---

① 中国航天科技集团公司.通用质量特性［M］.北京:中国宇航出版社,2017:6－7.

降低成本，军工和航空标准之间需要进行协调，甚至在某些情况下实现标准的互认，以便于技术和产品的顺利转换和应用。此外，军工和航空领域都是技术密集型行业，它们在推动技术创新和进步方面有着共同的目标，通过共享研究资源、合作开发新技术和标准，可以加速技术成果的转化和应用。随着军民融合战略的深入实施，军工标准体系和航空标准体系之间的界限逐渐模糊，两者在资源共享、技术交流和人才培养等方面有更多的合作机会。同时，在国际舞台上，中国的军工和航空企业都积极参与国际标准的制定，推动中国标准走向世界，这不仅提升了中国在全球航空和军工领域的影响力，也有助于中国企业更好地融入国际市场。

第二节　信息时代的风起云涌

20 世纪 80 年代末以来随着全球化和信息化的迅速发展，世界竞争格局正发生着深刻的变化，特别是经济和技术的竞争日益激烈，贫富差距进一步拉大，数字鸿沟不断加深。从 1997 年 IEEE（电气电子工程师学会）发布第一个无线局域网（WLAN）标准 802.11 以来，无线局域网获得了高速发展，在办公室、家庭、宾馆、机场等众多场合得到了广泛的应用。WLAN 相关标准的发展和制定为其迅猛发展提供了技术和兼容性方面的保证。IEEE 作为WLAN 标准的权威制定组织，从 1991 年开始对 WLAN 技术进行研究，迄今为止，已经制定了一系列标准，称为 802.11 系列标准。信息技术标准化是指为使信息化获得最佳秩序，对信息化过程中出现的或潜在的问题制定共同和重复使用的规则的一系列活动。

信息技术标准的兴起，为全球信息产业的发展奠定了坚实基础，为提高产品质量和竞争力、保障信息安全和隐私保护等方面都起到了重要的作用。在这个时期，许多重要的信息技术标准开始制定和实施。例如，TCP/IP 协议成了互联网的标准协议，使得各种设备和系统能够实现互联互通。HTML 和HTTP 成了万维网的标准协议，推动了互联网的发展和普及。此外，许多其他标准如通用串行总线（USB）、IEEE 802.11（Wi-Fi）等也相继出台，推动了信息技术的发展和应用。

这些标准的制定和实施对于信息技术的发展起到了关键作用。通过制定标准，各个企业和组织之间的交流和合作得以加强，降低了技术门槛和成本。同时，标准的实施也推动了产品和服务的规范化和创新，提高了市场竞争力。此外，标准的制定和实施还为政府和企业提供了更加可靠和安全的信息技术解决方案，保障了信息安全，保护了隐私。

在信息技术标准的制定过程中，许多国际组织和企业发挥了重要作用。例如，国际标准化组织/国际电工委员会第一联合技术委员会（ISO/IEC JTC1）是制定信息技术标准的权威机构之一，其成员包括了众多国家和企业。此外，IEEE、ETSI（欧洲电信标准化协会）等也在标准化工作中发挥了重要作用。这些组织通过制定和推广标准，促进了信息技术的发展和应用。

一、标准的集合体：计算机组成元件的"进化"

计算工具的演化经历了由简单到复杂、从低级到高级的不同阶段，例如从"结绳记事"中的绳结到算筹、算盘、计算尺、古希腊人的安提凯希拉装置的机械计算机等。它们在不同的历史时期发挥了各自的历史作用，也孕育了现代电子计算机的雏形和设计思路。

1904 年，世界上第一只电子管在英国物理学家弗莱明的手下诞生了。弗莱明为此获得了这项发明的专利权。人类第一只电子管的诞生，标志着世界从此进入了电子时代。爱迪生这位举世闻名的大发明家，在研究白炽灯的寿命时，在灯泡的碳丝附近焊上一小块金属片。结果，他发现了一个奇怪的现象：金属片虽然没有与灯丝接触，但如果在它们之间加上电压，灯丝就会产生一股电流，趋向附近的金属片。这股神秘的电流是从哪里来的？爱迪生也无法解释，但他不失时机地将这一发明注册了专利，并称之为"爱迪生效应"。后来，有人证明电流的产生是因为炽热的金属能向周围发射电子造成

图 4-3　约翰·弗莱明①

的。但最先预见到这一效应具有实用价值的，则是英国物理学家和电气工程师弗莱明（见图 4-3）。

弗莱明的二极管是一项崭新的发明，它在实验室中工作得非常好，可是，不知为什么，它在实际用于检波器上却很不成功，还不如同时发明的矿石检波器可靠。因此，对当时无线电的发展没有产生什么冲击。

此后不久，贫困潦倒的美国发明家德福雷斯特，在二极管的灯丝和板极之间巧妙地加了一个栅板，从而发明了第一只真空三极管，它不仅反应更为灵敏、能够发出音乐或声音的振动，而且，集检波、放大和振荡 3 种功能于一体。

电子管的问世，推动了无线电电子学的蓬勃发展。到 1960 年前后，西方国家的无线电工业年产 10 亿只无线电电子管，电子管除应用于电话放大器、海上和空中通信外，也广泛渗透到家庭娱乐领域，将新闻、教育节目、文艺和音乐播送到千家万户，就连飞机、雷达、火箭的发明和进一步发展，也有电子管的一臂之力②。

在电子管时代，一些标准的制定主要涉及电子管的尺寸、电气参数、接口等方面。例如，无线电接收机、电视机等设备使用的电子管需要符合一定的规格和性能标准，以确保设备的正常运行和互操作性。标准还涉及电子管的插座、引脚排列等方面，以方便不同厂商生产的电子管可以互换使用。

三条腿的魔术师电子管在电子学研究中曾是得心应手的工具，电子管器件历时 40 余年一直在电子技术领域里占据统治地位。但是，不可否认，电

---

① 约翰·安布罗斯·弗莱明（John Ambrose Fleming，1849 年 11 月 29 日至 1945 年 4 月 18 日），英国电气工程师和物理学家。他曾发明真空管（二极管）以及物理电磁学中使用的右手法则。

② 常春燕，荣喜丰.计算机应用技术及其创新发展研究［M］.吉林:吉林科学技术出版社.2021:1-10.

子管十分笨重，能耗大、寿命短、噪声大，制造工艺也十分复杂。因此，电子管问世不久，人们就在努力寻找新的电子器件。

第一台电子管计算机（ENIAC）占地 170 米²，重 30 吨，有 1.8 万个电子管，用十进制计算。它的特点是操作指令是为特定任务而编制的，每种机器有各自不同的机器语言，功能受到限制，速度也慢。另一个明显特征是使用真空电子管和磁鼓储存数据，每秒运算 5 000 次。由于电子管有体积大、功耗大、发热多、寿命短、电源利用效率低、结构脆弱、需要高压电源等缺点，存储器采用水银延迟线，在这个时期，没有系统软件，用机器语言和汇编语言编程，故计算机只能在少数尖端领域中得到运用，一般用于科学、军事和财务等方面的计算。它的绝大部分用途已经基本被固体器件晶体管所取代。但是电子管负载能力强，线性性能优于晶体管，在高频大功率领域的工作特性比晶体管更好，所以仍然在一些地方（如大功率无线电发射设备）继续发挥着不可替代的作用。作为第一代计算机，它是承上启下的一类计算机，推动着计算机的发展。

在 18 世纪早期，人们发现自然界存在一些材料，其允许电流通过的能力介于导体和绝缘体之间，这类材料称为半导体。举例来说，锗和硅的氧化物就是半导体。当半导体受到光照或掺入微量杂质后，其允许电流通过的能力会显著提高成百上千倍。在 1947 年，贝尔电话实验室成功研制出第一个半导体三极管，即晶体管。

晶体管不需要玻璃管壳和真空，具有体积小巧、生产成本低、寿命长等优点。相比之下，它的寿命远超电子管。因此，晶体管一经问世，便取代了电子管在市场上的地位，并迅速得到广泛发展。晶体管的问世引领了计算机领域的晶体管革命。由于其尺寸小、重量轻、寿命长、效率高、发热少、功耗低等优点，晶体管改变了电子管元器件在运行时产生过多热量、可靠性较差、运算速度较慢、价格昂贵、体积庞大等缺陷，使计算机技术跨入了第二个时代。

1955 年，贝尔实验室研制出世界上第一台全晶体管计算机 TRADIC，该计算机搭载了 800 个晶体管，功率仅为 100 瓦，占地仅有 3 英尺³①。同年，美国在阿塔拉斯洲际导弹上装备了一台以晶体管为主要元件的小型计算机。到 1958 年，IBM 公司制造了第一台完全采用晶体管的计算机 RCA501 型。由于采用了晶体管逻辑元件和快速磁芯存储器，计算机速度大大提高，从每秒几千次瞬间提高到几十万次，主存储器的存储容量也从几千字节一下提高到10 万字节以上。1959 年，IBM 公司进一步生产了一台全晶体管化的电子计算机 IBM7090，成功替代了仅问世一年的 1BM709 电子管计算机。IBM7090从 1960 年到 1964 年一直统治着科学计算的领域，并作为第二代电子计算机的典型代表，永载计算机发展史册②。

随着半导体技术的不断进步，制造商和工程师逐渐认识到需要制定标准以确保晶体管的互操作性、可靠性和性能一致性。当 1954 年 IEEE 成立后，该组织在晶体管和半导体技术的发展中发挥了重要作用。IEEE 成为推动电子器件标准制定的领导力量。

1965 年，第三代计算机出现了。它既不是采用电子管，也不是采用晶体管，而是使用集成电路。简单地讲，就是把电子元器件都做在一块小小的晶片上，数量有几千个。相比第二代晶体管计算机，它的速度更快，可达到每秒数百万到数千万次计算，体积更小，能耗更低，价格也更便宜。

1964 年 4 月 7 日，IBM 公司研制成功世界上第一个采用集成电路的通用计算机 IBM360 系统，它兼顾了科学计算和事务处理两方面的应用。IBM 360系列计算机是最早使用集成电路的通用计算机系列，它开创了民用计算机使用集成电路的先例，计算机从此进入集成电路时代。

集成电路的发展为微型计算机的出现和发展奠定了基础。1971 年，Intel公司研制成功世界上第一款微处理器 4004，基于微处理器的微型计算机时代从此开始。1975 年 1 月，美国 MITS 公司推出了首台通用型 Altair 8800 计算机，它采用了 Intel 8080 微处理器，是世界上第一台微型计算机。

进入 20 世纪 80 年代，集成电路设计及加工技术的飞跃发展使微型计算

---

① 1 英尺= 0. 304 8 米。

② 常春燕,荣喜丰.计算机应用技术及其创新发展研究[M].吉林:吉林科学技术出版社.2021:1-10.

机跃上新的台阶。1981 年 8 月 12 日，IBM 正式推出 IBM 5150，采用 Intel 的 8088 CPU（中央处理器），主频为 4.77MHz，存储容量为 16KB，操作系统为微软的 DOS1.0。IBM 将其称为 Personal Computer（PC，个人计算机）。不久，PC 成为所有个人计算机及微型计算机的代名词。此后，随着集成电路技术的发展，计算机的体积继续缩小，各方面的性能飞速提高，而价格却不断下跌，计算机走进人们生产生活的各个领域。1993 年 Intel 公司推出了第五代微处理器 Pentium（中文名"奔腾"），它的集成度已经达到 310 万个晶体管，主频已达 66 MHz，计算机从此进入"奔腾"时代。目前，计算机中 CPU 的主频已经达数 GHz，内存也已达数 Gb。可以毫不夸张地说，没有集成电路就没有现在的微型计算机[①]。

而集成电路的标准化也随着其广泛应用而不断深入：在集成电路发展的早期，制造商和研究机构逐渐开始形成一些初步的标准。这主要涉及集成电路的基本电气特性、材料和封装等方面。这一时期的标准大多是由个别公司或行业组织制定，用于内部使用。20 世纪 60 年代时，美国军方标准（MIL-STD）在集成电路的标准化中发挥了关键作用。军方对高可靠性和稳定性的要求推行了一系列与集成电路相关的 MIL 标准的制定，这对集成电路在军事和航空航天领域的广泛应用起到了推动作用。联合电子设备工程委员会（JEDEC）在 70 年代成为制定集成电路标准的主要组织之一。JEDEC 制定了一系列集成电路标准，涉及封装、引脚定义、电气特性等方面。这些标准帮助不同厂商生产的集成电路在设计和使用时具有一定的一致性。随着数字集成电路的广泛应用，国际标准化组织和国际电工委员会逐渐在数字集成电路的标准化中发挥重要作用。ISO/IEC 11404 标准针对数字集成设计和描述提供了一些基础规范。

二、ASCII：看似平平无奇，实则大有来头

在梳理了计算机的"进化族谱"之后，我们还要对计算机做更深层次的

[①] 常春燕,荣喜丰.计算机应用技术及其创新发展研究[M].吉林:吉林科学技术出版社.2021:1 - 10.

"拆解"——不然怎么体现"计算机是'标准的结晶'"呢？从计算机的字符编码表示，到计算机浮点数的计算，再到文件目录的存储结构，无不发挥着标准的力量。从看得懂，到算得明白，再到存得清楚，日常生活中的简单应用，底层都是标准铺就的逻辑。

ASCII（American Standard Code for Information Interchange，美国信息交换标准代码，又称 ASCII 代码）是一种将字符映射到数字的字符编码标准。它的诞生可以追溯到 20 世纪 60 年代，当时计算机技术不断发展，不同厂商使用的字符编码各不相同，这导致了在不同系统之间的信息交换困难。为了解决这一问题，美国标准协会（American Standards Association，后来成为美国国家标准协会，American National Standards Institute，简称 ANSI）在 1963 年提出了 ASCII 代码。ASCII 代码使用 7 位二进制数字（后来扩展为 8 位），通过将字符与特定的二进制代码相对应，统一了字符的表示方式，包括英文字母、数字、标点符号和一些控制字符。

ASCII 代码最初采用 7 位编码，包含 128 个字符，涵盖了基本的英文字母、数字、标点符号和一些控制字符。这一标准的制定使不同计算机系统之间的信息交换更为便利。随着计算机应用的不断发展，ASCII 代码逐渐扩展到 8 位，允许表示 256 个字符，其中包括了更多的特殊字符、非拉丁字母和图形符号。这使得 ASCII 代码适用于更多的语言和应用场景。

ASCII 代码的制定使得不同计算机系统之间能够更容易地进行信息交换，促进了计算机技术的发展和应用。ASCII 代码奠定了字符编码的基础，后续的字符编码标准（如 Unicode）在其基础上进行了扩展，以适应更多字符的表示需求。在其成为国际标准后，各国在计算机技术领域的合作更加顺畅，促进了国际信息交流和合作。

IEEE 754 则是一种用于浮点数运算的二进制标准，最初由 IEEE 制定。该标准定义了浮点数的表示、舍入规则、算术操作等，以确保在不同计算机体系结构和软件实现中浮点数的一致性。

在早期计算机系统中，不同硬件和软件之间的浮点数表示和运算方法差异巨大，产生了跨平台的可移植性问题。为了解决这一问题，于 1977 年开始制定 IEEE 754 标准，并于 1985 年首次发布，后经过多次修订和更新。

IEEE 754 标准定义了单精度（32 位）和双精度（64 位）两种浮点数格式，包括符号位、指数位和尾数位。标准还明确了浮点数运算中的舍入规则，以确保在不同系统下的计算结果尽可能一致。同时，IEEE 754 定义了特殊的浮点数值，如正无穷大、负无穷大、NaN（非数值）等，以处理除零、溢出等特殊情况。

对于计算机的标准化来说：IEEE 754 标准确保了在不同计算机体系结构和操作系统中浮点数的一致性，使得开发人员能够更容易地编写可移植的代码。由于浮点数广泛应用于科学计算、工程模拟和其他需要高精度数值计算的领域，IEEE 754 标准提供了一种统一的、可靠的方式来表示和处理这些浮点数。

随后，是一种能够跨越不同计算机系统和操作系统的文件系统的出现。

在 20 世纪 80 年代初期，光盘技术逐渐崭露头角，取代了磁盘等传统存储介质，提供了更大的存储容量和更长的寿命。随着光盘的广泛应用，人们迫切需要一种标准化的文件系统，以确保光盘在不同的计算机平台上具有可读性和互操作性。ISO 看到了这一需求，启动了光盘文件系统标准化的工作。经过多次讨论和修订，ISO 9660 于 1988 年首次发布。其制定了影响深远的文件系统结构与规范标准。

卷描述符（volume descriptor）：包含有关光盘整体信息的描述，如卷名、发行商、光盘的物理和逻辑结构等。

目录记录（directory record）：描述目录结构，包括文件名、文件属性、起始扇区等信息。

文件记录（file record）：描述文件的结构和属性，包括文件名、文件大小、起始扇区等。

数据存储规范：定义了数据的存储方式，包括字节序、文件系统标识符等，以确保在不同系统上的一致性。

ISO 9660 文件系统标准被广泛应用于各种光盘介质，包括 CD-ROM、DVD-ROM 等，为这些存储介质提供了一种通用的、跨平台的文件系统结构。其设计考虑了不同计算机体系结构和操作系统的兼容性，使得 ISO 9660 格式的光盘可以在多种设备和系统上进行读取和写入。文件系统的标准化有助于确保数据可在长时间内保存，对于存档、文档管理等方面具有重要意义。

ISO 9660 的标准化促进了不同计算机系统之间的数据交换和共享，使得光盘成为广泛应用于数据分发和共享的媒介。通过提供一致的文件系统结构，ISO 9660 确保了在不同平台上的可移植性，使得开发人员能够轻松地在不同系统上运行相同的应用程序。Joliet 扩展引入了对 Unicode 字符和长文件名的支持，使得 ISO 9660 文件系统更好地满足多语言和国际化的需求，有助于全球范围内的数据交流。ISO 9660 文件系统标准在光盘技术的发展中发挥了关键作用，为光盘存储提供了一种通用、稳定的文件系统规范，确保了数据在不同平台上的可靠性和可读性，为多领域的应用提供了坚实的基础。

三、联系你我的前置条件：标准与协议

20 世纪 50 年代初，以单个计算机为中心的远程访问系统建成，两台异地计算机系统终于可以相互连接。这类"计算机→通信系统←计算机"的模式是第一代计算机通信系统。20 世纪 60 年代，美国国防部提出了一个通信系统的设想，要建设一个由多节点构成的系统，这样即使其中一部分节点被摧毁，其他部分也能正常工作，类似于电流中的并联。1964 年，兰德公司（RAND）构建了类似蜘蛛网（web）的通信系统来实现上述设想。4 年后，美国国防部成立高级研究计划局（DARPA），委托由贝拉涅克领导的加州大学小组研究。到 1969 年，该小组建成了阿帕网（ARPANET），连接了美国西海岸的 4 所大学和研究所，实现了计算机之间的互联，这就是计算机网络的起步。

1972 年，阿帕网已经发展成一个拥有 34 个接口报文处理机（IMP）的网络，多个主机通过通信线路相互连接，为用户提供服务。20 世纪 70—80

年代，局域网在小范围内长足发展，数十种局域网相继涌现①。美国数字设备公司（DEC）、英特尔公司（Intel）和施乐公司（Xerox）则顺势结成联盟DIX（Digital，Intel，Xerox），制定了第一个以太网标准，即 DIX ethernet（或称为 ethernet version 1）。DIX 联盟定义了以太网帧的格式，包括源地址、目标地址、类型字段、数据字段等。在协议上，DIX 联盟则选择了 CSMA/CD（carrier sense multiple access with collision detection）协议，用于解决在共享介质上可能发生的冲突。

与此同时，IEEE 成立了一个定义与促进工业局域网标准的委员会，名为 802 工程组，致力于制定各种局域网（LAN）和城域网（MAN）的标准。这个工程组被分为多个子工作组，每个子工作组负责制定特定领域的标准。每个子工作组都由志愿者组成，包括来自学术界、产业界和政府机构的专家。制定一个 IEEE 802 标准通常要经历以下步骤。

项目启动：确定标准的需求，成立工作组，并确定工作组的任务和范围。

草案起草：在工作组内部起草标准的初步版本，这包括定义协议、数据格式、硬件接口等。

公开讨论：将初稿提交给工程组内外，接受来自各方的反馈和建议，进行公开讨论。

标准定稿：根据反馈进行修订，并达成共识，制定最终版本的标准。

标准批准：提交给 IEEE 标准协会审查和批准，最终成为正式的 IEEE 标准。

目前，IEEE 802 标准家族已经成为全球最广泛接受和使用的局域网与城域网标准之一。这些标准促进了网络技术的发展，推动了各种无线和有线网络的普及，为不同厂商的设备提供了互操作性。

ISO 也于 1978 年成立专门机构，制定了世界范围内的网络互联标准。

然而，今日真正连接你我的反而不是这些自上而下由官方制定的协议，

---

① 杨武军，郭娟.现代互联网技术与应用［M］.北京：机械工业出版社，2022：85.

让互联网大放异彩、华丽蜕变的是 TCP/IP 协议。TCP 协议（transmission control protocol）于 1974 年被首次提出，后来与 IP 协议（internet protocol）结合，形成了 TCP/IP 协议套件。在计算机诞生之初，系统化与标准化并未得到足够的重视。各大计算机厂商纷纷推出自家的网络产品以实现计算机之间的通信，然而在协议的系统化、分层化方面缺乏明确的意识。直到 1974 年，IBM 公司发布了 SNA 系统网络架构，将其自身的计算机通信技术作为一个系统化的网络体系结构向公众展示。自此，其他计算机厂商也相继发布了各自的网络体系结构，引发了协议系统化进程的蓬勃发展。然而，这些厂商之间的网络体系和协议结构并不互相兼容，这意味着即使两台计算机在物理上连接起来，因为所采用的网络体系结构和支持的协议不同，仍然无法实现正常的通信。这种协议差别在使用中意味着一旦用户选择了某厂商的一款计算机产品，他就只能持续使用该厂商的产品。而要是该厂商破产或产品超过服务期限，就必须彻底更换整套网络设备。此外，由于不同部门使用的网络产品各不相同，即使存在物理连接，也无法实现通信，从而给企业管理带来诸多麻烦。灵活性和可扩展性的缺乏让用户难以充分发挥计算机通信的功能。打个比方，不同公司所采用的协议就像是各自的方言，鸡同鸭讲，无法进行有效交流。然而，如果每个公司都使用一种通用语言，那交互就方便多了。为解决这种"方言"交流难题，国际标准组织于 20 世纪 90 年代末制定了一项国际标准协议，即 OSI（Open Systems Interconnection）协议，并致力于推动其标准化。然而，OSI 协议的制定并未获得普遍认可，实际应用最广泛的是 TCP/IP 协议。尽管如此，ISO 制定的 OSI 协议在计算机通信领域实现了前所未有的标准化。如今，尽管 OSI 定义的协议并未普及应用，但其所构建的 OSI 模型仍常被应用于各类网络协议的设计和制定过程中。而相应地，TCP/IP 协议成了计算机通信中的"普通话"[①]。

TCP/IP 协议的最大特色就是民间性：民间倡导、民间协商、民间标准。这一通信协议标准的形成并非由官方的国际组织主导，而是由民间协会因特

① 竹下隆史,村山公保,荒井透,等.图解 TCP/IP[M].乌日尼其其格,译.北京:人民邮电出版社,2013:15-16.

网工程任务组（IETF）建议倡导。大学及其他研究机构与计算机行业作为核心力量，也推动了 TCP/IP 的标准化进程。从表面上看，可能会认为 TCP/IP 协议由 TCP 和 IP 这两种协议组成，实际上并非如此。在许多情况下，TCP/IP 这一术语代表了进行基于 IP 通信所必需的一整套协议，是作为一个总称存在的。该协议集群包含了各种类型的协议，包括应用层协议（如 HTTP、FTP、SNMP）、传输层协议（如 TCP、UDP）、路由控制协议（如 RIP、BGP、OSPF）及网络层协议（如 IP、ICMP、ARP）。因此，TCP/IP 一词广义地指代了这些协议的综合体。

作为一个由民间组织倡导的协议，TCP/IP 在其标准化过程中呈现出与其他标准化过程有所不同的两个特点。其一，TCP/IP 的标准化过程具有开放性，这是由于 TCP/IP 协议的制定主要由 IETF 内的成员进行讨论和决策，而 IETF 作为一个开放的组织，允许任何人随时加入讨论。这些讨论主要通过电子邮件的形式进行，而邮件组则接受任何人订阅。其二，在 TCP/IP 的标准化过程中，相较于制定协议的规范，更加注重的是实际的应用性。推动实现真正意义上的计算机通信在 TCP/IP 标准化过程中被视为首要任务。TCP/IP 被称为"先开发程序，再编写规格标准"，其原因在于，一旦某个协议的大致规范确定下来，人们可以在已实现该协议的多个设备之间进行通信。若发现新问题，人们会在 IETF 中继续讨论，并及时修改程序、协议和相关文档。对于那些受限于实验环境而未能发现问题的协议，会在后期的应用中进行改进。通过一次又一次的讨论、实验和研究，最终形成了一款完整的协议。因此，TCP/IP 协议一直以来都具备强大的实用性。与此相对应，OSI 未能在推广方面取得成功的主要原因之一是，未能及时制定出技术可行性较高的协议，并在技术革新和改进阶段及时做出适应性的调整。

TCP/IP 作为互联网之上的一种标准，也作为业界标准，俨然已成为全世界广泛使用的通信协议。那些支持互联网的设备及软件，也正着力遵循由 IETF 标准化的 TCP/IP 协议。协议得以标准化也使所有遵循标准协议的设备不再因计算机硬件或操作系统的不同而无法通信。因此，协议的标准化也推动了计算机网络的普及[①]。

从计算机的标准化历程可见，标准与标准化在计算机互联网技术领域中相互促进，共同推动了技术发展、互操作性、全球信息交流和系统可靠性。

首先，标准化为技术发展提供了基础，通过规范协议、接口和数据格式，促使各方在共同的技术基础上进行创新。同时，新的技术创新往往需要相应的标准，以确保在不同平台和系统上的互操作性，这反过来促使标准制定组织紧跟技术的发展进行标准制定工作。

其次，标准化提高了互操作性，使不同厂商和组织开发的系统和设备更容易相互连接和协同工作。采用共同的标准有助于消除互操作性问题，促使行业倾向于采纳通用的标准，进一步推动了标准化的进程。全球互联网的发展也受益于标准化，通过制定通用的、普遍适用的标准，不同地区和国家的计算机系统能够更容易地连接到全球互联网，实现信息的自由流动。

最后，标准化有助于提高安全性，通过制定通用的安全标准，建立通用的安全实践和防护机制，以提高系统和网络的整体安全性。互联网技术的发展也推动了相关的安全标准和协议的制定，为网络安全提供了更强有力的支持。标准化还降低了成本，制定通用的标准可以降低系统和设备的开发成本，因为开发人员可以依赖于共同的规范，减少了重复工作。互联网技术的标准化进程进一步提高了效率，推动了信息的高效传递，降低了信息交流的时间和成本，促使业务和社会更好地迈向数字化。

综合而言，标准与计算机互联网技术之间的相互促进作用，为技术的创新和发展、互联网的普及和全球信息的自由流动提供了基础和支持，成为推动计算机和互联网技术不断进步的关键因素。

四、互联万物的关键：Wi-Fi 标准的发展历程

现在无论是手机、笔记本，还是智能电视、智能音箱等智能设备，都离不开无线网络即 Wi-Fi，一般我们现在用的是 Wi-Fi5（802. 11ac），而 Wi-Fi6

---

① 竹下隆史,村山公保,荒井透,等.图解 TCP/IP[M].乌日尼其其格,译.北京:人民邮电出版社,2013:15 - 16.

（802.11x）也正在快速地普及中，很多小伙伴都已经用上 Wi-Fi6 了，那么你知道它的前世今生吗？

1896 年，意大利人伽利尔摩·马可尼实现了人类历史上首次无线电通信。从此，人类打开了无线电世界的大门。当时的无线电报机，采用的是火花隙式发射机（spark-gap transmitter），传输的信号内容是莫尔斯电码。这种无线电报机不能同时接收和发送。所以，收发电报速度慢，效率低下。与无线电报业务同步发展的，还有无线电广播业务。这是无线技术的又一个重要应用。随着地球上的广播和电台数量不断增加，无线干扰变得越来越严重。在这种情况下，政府开始介入，对无线广播进行管制，对无线电频率使用进行统一管理。这就是频谱授权制度的由来。

20 世纪 70 年代，蜂窝移动通信开始兴起，同样没有逃过频谱授权制度。当时，在美国，负责对频谱进行管理授权的是美国联邦通信委员会（FCC）。进入 80 年代后，随着微电路和数字信号处理等技术的迅速发展，无线技术突飞猛进，新的无线设备不断被发明出来，新的移动通信标准也不断出现。但是，受限于频谱授权制度，这些新设备新技术的研发受到严重制约。

这个时候，一位关键人物出现了——他就是迈克尔·马库斯（Michael Marcus，后来被称为"Wi-Fi 教父"）。有一天，他向他的领导提了一个建议：希望可以规定一些未授权频谱，开放给行业使用，并适当增加这些未授权频谱设备的发射功率，使之可以覆盖几十到几百米的范围。如果这样做，将有利于激励科技企业做出更多的创新，带来更大的经济效益。FCC 采纳了他的建议，并向社会各界征求意见。不过，得到的是完全不负责任的反馈：只要不占用我的频段，随便你们怎么玩！是的，当时频段资源已经被挤占得很严重了，谁也不想把自己手上的频段放出来。最后，FCC 只能从仅有的空余频段中释放出三个不受欢迎的"垃圾频段"。这些频段，就是我们现在经常提到的 ISM 频段。这些频段主要是开放给工业、科学、医学三个领域使用，属于免授权（free license），所以也称为"非授权频谱"。在设备发射功率方面，FCC 规定这些新免授权频段的设备发射功率可达到 1W。谁也没有想到，就是这 1W，成就了今天的 Wi-Fi、蓝牙、ZigBee 等各种短距离通信技术。当时，为了避免设备间干扰，FCC 要求这些新免授权频段的产品使用扩频技术。所谓扩频技术，就是传输信息所用的带宽远大于信息本身带宽，在发射端以扩频编码进行扩频调制，在收端以相关解调技术收信息。扩频技术最早应用军事领域，具备高可靠性、高保密性、不易受到干扰等特性。FCC 新规推出之后，获得了行业的广泛欢迎。但是，就在大家埋头发展的时候，新的问题出现了。整个产业内，没有统一的标准。当时很多无线产品设备商们，都是各自开发自己的专用设备，不同厂家之间的设备根本无法兼容。

1988 年，美国 NCR 公司想利用免授权频段来做无线收款机（NCR 是世界上最早做机械式和电动收款机的一家公司，后来被 AT&T 收购）。于是，就找来了研发部门的工程师 Victor Hayes，问他这事该怎么办。Victor Hayes 非常有前瞻性，他认为，必须先有一个统一的标准。然后，Victor Hayes 就联合贝尔实验室的另一位工程师 Bruce Tuch 找到 IEEE，希望建立一套通用的免授权频谱标准。20 世纪 90 年代初，IEEE 成立了著名的 802. 11 工作组，由 Victor Hayes 担任主席。

与此同时，1991 年，NCR 的工程团队及其合资伙伴 AT&T 在荷兰 Neuwegein 开发出了 WaveLAN 技术。这项技术被认为是 Wi-Fi 的雏形。那么，是不是 NCR 就是 Wi-Fi 的发明人呢？并不是。就在 NCR 捣鼓 WaveLAN 的时候，澳洲政府的研究机构 CSIRO 也发明了一种无线网技术。具体的发明人是悉尼大学的 John O'Sullivan 和他的小组。1996 年，他们成功在美国申请了技术专利，专利号是 US Patent Number 5 487 069（后来为了这个专利，还打了一场官司）。1999 年，IEEE 官方定义 802. 11 标准的时候，选择并认定了 CSIRO 发明的无线网技术是世界上最好的无线网技术，因此吸纳为 Wi-Fi 的核心技术标准。终于，IEEE 802. 11 的标准版本：802. 11b（工作于 2. 4 GH 频段）和 802. 11a（工作于 5. 8 GHz 频段）分别于 1999 年 12 月和 2000 年 1 月获得批准。就在工作组忙于确定标准的同时，Intersil、3Com、诺基亚、Aironet、Symbol 和朗讯这 6 家公司，共同组成了无线以太网相容性联盟（wireless ethernet compatibility alliance，WECA）。WECA 成立的目的主要是对不同厂家的产品进行兼容性认证，实现不同厂家设备间的互操作性。联盟成立之后，为了便于市场推广，大家商量打算换一个响亮的名字，例如"WECA 可兼容""IEEE802. 11b 兼容"等。但是，这种滞涩的术语很难让人们脱口而出。为了这事，WECA 还专门咨询了品牌专家，品牌专家给了他们很多建议，比如叫"FlankSpeed""DragonFly"等。最后，"Wi-Fi"这个名字胜出。

之所以叫"Wi-Fi"是因为它听起来有点像"Hi-Fi"，这容易让人联想到不同厂家的 CD 播放器可以和任意功放设备相兼容。后来有人说"Wi-Fi"是"wireless fidelity（无线保真）"的简称，其实这只是后来人们的设想而已。

2002 年 10 月，WECA 正式改名为 Wi-Fi 联盟（Wi-Fi alliance）。技术已经标准化了，艺名也有了，接下来该干啥？你的技术再好，也要有人愿意用，要有设备商支持啊。于是，Wi-Fi 联盟里的朗讯公司找到了苹果公司，希望他们的产品能引入 Wi-Fi。苹果很高傲，他们告诉朗讯：如果你们的无线适配器价格能够降到 100 美元以下，我们就在笔记本里设计一个 Wi-Fi 插槽，朗讯同意了。

1999 年 7 月，苹果在其推出的新一代 iBook 笔记本电脑中首次引入 Wi-Fi，不过并非标配，只是一个可选项。但是，就是这个"可选项"，迅速引来了其他电脑厂家的跟风。不仅硬件厂商跟进了 Wi-Fi，微软的 Windows XP 操作系统也增加了对 Wi-Fi 的支持（用户无须安装第一方驱动或软件，即可以实现无线连接）。自此，Wi-Fi 的使用范围不断扩大，从个人到家庭，从家庭到公共场所，走进了我们每个人的生活。这个时候，IEEE802. 11 工作组重新调整 IEEE802. 11 协议标准，推出了新的物理层标准 IEEE802. 11g。它使用更先进的扩频技术，称为正交频分复用（OFDM）调制技术，其速率可在 2. 4 GHz 频段上达到 54 Mbps。后来，又有了 802. 11n、802. 11ac、802. 11ad 等。正因为 802. 11a/b/n/g/ac/ax 之类的命名方式实在容易让人混乱，无法轻松看出先后顺序，所以 IEEE 决定，从 802. 11ax 开始，以数字的方式进行命名。而 802. 11ax 就是我们现在火得不能再火的 Wi-Fi6。经过 20 多年的发展，Wi-Fi6 的传输速度已经是第一代 Wi-Fi 的 873 倍。不得不说，Wi-Fi 是一项非常成功的无线通信技术，它在很大程度上改变了我们的生活。如今，Wi-Fi又来到了历史的十字路口。面对 5G 的挑战，它究竟会走向何方呢？让时间来告诉我们答案吧。

Wi-Fi 标准的发展历程是一个不断创新和改进的过程，每一代标准都有其独有的特性和优势。

首先，技术创新是推动 Wi-Fi 标准发展的主要动力。从最初的 802.11 标准到最新的 802.11ax 标准，每一代 Wi-Fi 标准的制定都是基于当时的技术创新。例如，802.11n 标准引入了多输入多输出（MIMO）技术，使得 Wi-Fi 的传输速率大大提高；而 802.11ac 标准则引入了更宽的信道和更高阶的调制技术，进一步提升了 Wi-Fi 的性能。

其次，标准化对于 Wi-Fi 技术的发展至关重要。Wi-Fi 标准化的过程，也是将各种技术创新进行整合和规范化的过程。这使得不同的厂商和设备能够按照统一的标准进行开发和生产，从而实现互操作性和兼容性。同时，标准化还有助于推动技术的普及和应用，降低了市场门槛，促进了产业的发展。

最后，技术创新与标准化之间存在着相互促进的关系。一方面，技术创新推动了标准化的发展，新的技术标准需要不断地进行修订和完善；另一方面，标准化也为技术创新提供了规范和框架，使得技术的推广和应用更加顺利。在 Wi-Fi 标准的发展历程中，这种技术创新与标准化的相互促进关系表现得非常明显。

因此，可以说 Wi-Fi 标准的发展历程反映了技术创新与标准化的密切关系。在未来，随着技术的不断进步和创新，这种关系还将继续存在并不断发展。

五、微软与 IBM：OS/2 操作系统标准化竞争

提起 OS/2，熟悉的人会想起 IBM，超级蓝色巨人 IBM 打算让大象跳舞，杀入开始爆发的个人计算机行业，本来是想购买苹果公司的，但并不顺利。于是 IBM 打算选择一家软件公司为自己开发操作系统。各种机缘，选择了

微软。

1984 年，苹果计算机利用 Macintosh 系统在计算机产业丢下震撼炸弹——其全图形化操作界面设计及使用鼠标的操作方式，为操作系统产业界带来革命性的概念。而微软仍停留在 DOS 文字界面，基于图形界面的 Windows 操作系统还未现身，此时微软仍在努力学习 Macintosh 的设计理念①。

与此同时，IBM 则是在进行其全新一代的计算机架构计划 OS/2，同时也在开发新的操作系统，此时，IBM 找到微软合作。在初代 Macintosh 现身 3 年后，也就是 1987 年，OS/2（Operating System/2）操作系统 1.0 版正式推出，虽然仍维持文字模式，但其核心已经支持多工能力，并且定义了相当多的应用程序接口以供程序开发者使用。次年，IBM 终于在 OS/2 1.1 版套上图形界面，并成为在 Intel CPU 上的首个多工操作系统。后续的 3.0 与 4.0 版本也同样维持其高稳定性的传统。后来，微软利用与 IBM 合作得来的系统开发经验和技术，来开发自己的 Windows 3.0 操作系统，荒废了与 IBM 的合作。IBM 得知微软的盘算之后，便与微软分道扬镳，从此完全自主进行 OS/2 的后续版本更新。然而微软的 Window 95 操作系统在效率和稳定上进行了妥协，使用了 32/16 位混合设计，用以兼容过去的老应用。相较之下，OS/2 的全 32 位设计造成老旧软件的兼容性不佳，因此，消费者纷纷投向 Windows 平台。然而后续的 Windows 98/98SE 与 ME 稳定性极差，在正常使用一段时间后就会自我崩溃，使用者往往不得不隔一段时间就重新安装。

不过，微软的 Windows 2000 成功扳回一局，Windows 2000 是微软使用原本仅在服务器上使用的 Windows NT 内核开发出来的纯 32 位操作系统，也是微软第一个纯 32 位消费端操作系统。NT 指 new technology，也就是新科技的意思，其第一个版本大约与 IBM 的 OS/2 3.0 同时开发出。当 Windows 2000 操作系统推出后，OS/2 的稳定性优点也逐渐被追上，虽然业界仍认为其稳定性要优于 Windows，但市场份额仍不断被 Windows 鲸吞蚕食，而到了

---

① 穿越时间玩电脑.穿越时间·Microsoft OS/2 操作系统，微软的 OS/2，不是 IBM 的 OS/2［EB/OL］.（2022 - 08 - 23）［2024 - 03 - 29］.https://baijiahao.baidu.com/s?id=1741918049552572448&wfr=spider&for= pc.

2002年，拥有漂亮外在，且内核维持 Windows 2000 稳定性的 Windows XP 出现，并成功俘获了绝大多数计算机使用者的心，最后 IBM 也放弃了 OS/2，并宣布在 2005 年停售，隔年停止所有支持①。

这场竞争不仅展示了两个巨头的技术实力和市场策略，而且揭示了标准制定中的关键要素。IBM 在 20 世纪 80 年代末推出了 OS/2 操作系统，希望将其打造成个人电脑操作系统的标准。然而，微软的 Windows 操作系统在市场上逐渐占据主导地位。这场竞争的关键在于技术、市场策略和生态系统。技术上，微软的 Windows 操作系统对用户更加友好，具有更强的兼容性。相比之下，OS/2 的操作系统复杂，需要专门的硬件支持，这限制了其应用范围。市场策略上，微软通过与硬件厂商的合作，大力推广 Windows 操作系统，使其成为 PC 的标准配置。而 IBM 则没能有效地将 OS/2 操作系统推向市场。此外，生态系统也是决定胜负的关键因素之一。微软通过与众多软件开发商的合作，建立了庞大的软件生态系统，为用户提供了丰富的软件选择。而 OS/2 的软件生态系统相对较小，限制了用户的选择和体验。

这场竞争揭示了技术、市场策略和生态系统在标准化竞争中的重要性。一个成功的标准不仅需要技术优势，还需要得到市场的认可和生态系统的支持。最终，微软凭借其强大的技术实力、市场策略和生态系统支持，成功地将 Windows 打造成个人电脑操作系统的标准。

这场竞争虽然以微软的胜利告终，但 IBM 在推动计算机产业发展和标准化进程中的贡献不容忽视。正是由于众多企业和机构的共同努力，信息技术标准化才得以蓬勃发展，为全球信息产业的繁荣奠定了坚实基础。同时，我们也应该认识到标准化工作的重要性和必要性，积极参与标准化活动，推动信息技术产业的持续发展。

---

① TechEdge 科技边界.还记得 OS/2 吗？它至今还活跃在纽约地铁系统中！［EB/OL］.(2019－06－17)［2024－03－28］.https://www. sohu. com/a/321167972_120164063.

第三节　全球化与民生

以机器工业大生产为特征的工业革命产生了近代标准化，近代标准化的基础是企业标准化。大生产要求专业分工，要求批量生产，要求不断提高劳动生产率，要求内部生产的协调统一，它就必然要求开展标准化活动。在18世纪后期（距今200多年以前），标准化就已有了相当的发展。标准化一直随着科技的进步而进步，随着经济的发展而发展，它是各级标准的源泉和基础。

一、货运时代的基础配件：集装箱与全球供应链

芭比（Barbie）曾被认为是地道的美国女孩，但实际上她是"世界公民"。自诞生伊始，美泰公司就将芭比生产地安排到全球：中国制造她的样貌，日本制造她的头发，美国提供模具和染料，其他机器设备来自欧洲。尽管芭比只是一个简单的洋娃娃，但她已经拥有了自己的全球供应链。

芭比等的供应链，是集装箱航运兴起所促成的直接结果。1954年，美国承包的普通货船勇士号（Warrior）从布鲁克林（Brooklyn）向德国的不来梅哈芬港（Bremerhaven）运输了重达5 000吨的货物。这批货物共有194 582种，规格不一，有纸箱、木桶、罐子、机动车……这批货物分1 156批次从151个城市抵达了布鲁克林。单单装船就用了6天时间，其中有一天是因为罢工而浪费掉了。这次航程花了差不多11天时间，卸货又用了4天。港口费占总成本的37%，而海上航行的成本只占了11%。之后，美国政府资助了一项对这批货物的研究，结论是，在应对港口的高成本方面，"也许解决之道存在于发明打包、移动和堆装货物的方式，并且用这种办法来避免零担货物"①。此后两年，一个叫马尔科姆·麦克莱恩的人产生了一个具体的想

---

① 里德利.创新的起源：一部科学技术进步史[M].王大鹏，张智慧，译.北京：机械工业出版社,2021.

法：为什么不把拖车开上船，用大卡车在距离目的地更近的港口将货物接走呢？由于对风险有着很大的偏好，他出让了自己的卡车生意，转而用借来的钱买了一个大型的航运公司，他实际上发明了杠杆收购。这时，他又有了一个更好的想法：为什么不把拖车的主体从轮子上卸下来，并且整齐地码放在船上？他在纸上测试了这个计划，结果发现，与杂散货物相比，从纽约到迈阿密的一艘装满啤酒的轮船可以节省 94% 的成本。在之后的时间里，集装箱化就成了改变世界的一种创新，成为全球供应链的先声。

在此之前，垂直一体化是制造业的标准：一家企业获得原材料，然后把原材料运回自家工厂，经过一系列生产流程将原材料变成产品。随着货运成本在 20 世纪 70 年代后期直线下降，货物在不同运输业者间的移交渐渐变得平常，制造商惊喜地发现：他们终于不用再事事亲为。他们可以与其他企业签订原材料和零部件的供应合同，然后再与运输业者签订运输合同来确保供应可以在他们需要的时候运达。一体化生产让位给了分散化生产。各有专长的供应商可以利用本行业内最新的技术进展，在其特定的产品线上形成规模经济。利用来自欧洲的机器、日本的头发及美国的染料，在一间中国工厂里生产芭比娃娃，再把成品运往世界各地，送到喜欢芭比的孩子手中，这个过程能够具有经济上的合理性，全都有赖于较低的运输成本。

如果没有集装箱运输，这种精确性无法实现。只要货物是逐件处理的，只要码头上的延误，以及卡车、火车、飞机和轮船之间复杂混乱的转运还存在，货物运输就会是非常难以预测的，制造商也就不敢冒险相信来自遥远供应商的货物会准时到达，因此必须保有大量的库存零部件，以确保生产线不会因为零部件的短缺而停止运转。与计算机结合起来的集装箱大大降低了这种风险，打开了全球化的道路。现在，企业可以全盘考虑工资水平、税金、补贴、能源成本、进口关税，以及运输时间和保障等因素，然后选择在一个最划算的地方制造每一种零部件和每一种零售产品。运输成本仍旧是成本方程中的一个因素，但在很多情况下它都不再是一个重要的因素。

集装箱航运依赖于规模。经过港口或分装于火车轮船上的集装箱越多，平均到每一个集装箱上的成本也就越少。需求少或者基础设施差的地方将面临更高的运输成本，其对全球市场上制造业的吸引力也就会小得多。在那些港口繁忙、陆上交通设施完善的地方，发货人不仅可以享受更低的运价，而且还会受益于更短的运输时间。在集装箱出现之前，当"勇士号"这样的散件货轮承载着大部分的世界贸易时，货物往往是在轮船起航的好几个星期以前就离开工厂。此外，轮船的航速也只有 16 节，而且每停靠一个不相干的港口要多耗费一星期。在集装箱时代，一台机器在星期一制造好，在星期二就能运送到世界任何一个指定港口。

随着世界经济一体化、贸易全球化和国际航运业的迅速发展，集装箱作为一种先进的运输设备，在全球海上、陆路和航空运输中得到了广泛应用，有力地促进了集装箱制造业和运输业迅猛发展[1]。

二、金拱门东拓：麦当劳与餐饮标准的全球化

餐饮业往往痴迷于创新和建立标准，当一度盛行的饮食场所让位于新的场所时，它就会经历快速的升级换代，若不适应就要消亡。有些餐饮品牌不仅能历久弥新，成为全球品牌，还会将其独特的餐饮文化作为一种礼仪标准推向全球，麦当劳就是其中一例。

麦当劳于 1955 年在美国成立，主打廉价快捷。20 世纪 90 年代末至 21 世纪初，随着全球化日益深入，东亚国家次第开放，麦当劳也成为美国文化、美式生活方式的象征进入相对落后的东亚国家，在发展初期一度少而精，除了流水线生产、顾客自服务带来的便捷度、热食等优势外，在东亚国家，麦当劳还等同于"时尚""品味"，等同于与本地餐饮不同的所谓"安全""卫生""洁净"，等同于高质量的生产、管理、服务，甚至等同于"健康""营养"，再加上麦当劳积极本土化、承担所在地社会责任的战略，"麦当劳"既是一种食物，也是一种文化和一种新兴的社区公共空间。

1997 年，一个女孩在麦当劳度过了难忘的生日。在南京夫子庙麦当劳一个专门划分出的生日区域，两个穿红黄工作服的麦当劳服务人员为她唱生日

---

① 莱文森.集装箱改变世界[M].姜文波,译.北京:机械工业出版社,2014:255.

歌，带她跳舞，还给她戴上了麦当劳的生日皇冠[①]。在父母和朋友的注视下，她堆着纸杯做宝塔，承包了整个游乐区域所有艳羡的目光。这是麦当劳进入南京的第二年，此后多年，许多城市孩子的生日都是在麦当劳或肯德基度过。彼时的麦当劳、肯德基几乎是儿童心中圣地般的存在，任何一个号称在麦当劳、肯德基过完生日的小朋友，都能让其他孩子妒忌和羡慕。麦当劳、肯德基虽是以"舶来品"的身份进入中国甚至整个亚洲，却让改革开放之初的国人们有了现代城市化的初体验。在《金拱向东》一书中，人类学家发现，在中国这个完全没有美式快餐经验的地方，居然因麦当劳的进入而出现了明显的餐饮习惯转变，甚至逐步改变了自身的消费习惯。

"孩子"或许是麦当劳进入新地域、建立信任和品牌形象的切入点。开头那个女孩的生日聚会，则是它影响一个地方儿童的主要模式。这种聚会在一个叫"儿童天堂"的区域内举行，可以接纳 5 个以上的顾客，孩子们能享受一个精心设计的、带有免费表演的庆典。除了生日，初来乍到的麦当劳给东亚老百姓带来的第二个认知转变是卫生。每当三急突袭，唯有麦当劳、肯德基出现，悬着的心才能放下。这背后也是麦当劳精心策划的结果。在麦当劳入驻以前，高标准的公共卫生并未在东亚普及，老一辈的消费者没有太多选择的余地，除非在昂贵的餐厅消费。麦当劳所代表的西方快餐文化，坚持了高度标准化、流水线的作业方式。而其得以成功扩张，也与坚守品质如一、可信安全有关。初来中国的麦当劳对干净卫生高效的标准，与其说是刻意为之，不如说是它唯一会的行为准则。在干净明亮和暗沉异味里，新一代东亚家庭选择了前者。于是父母们把麦当劳视为干净与安全的代表，孩子则认为麦当劳代表着趣味和美味。

从结构的角度看，麦当劳成功打入东亚国家，与东亚国家日益崛起的中产阶级相互作用。与东亚经济腾飞相伴的另一现象是所谓的"家庭革命"，即由传统的大家庭向核心家庭转变，老人的中心位置向儿童的中心位置转变，儿童文化日益兴起。这也是麦当劳能够成功的一大原因——麦当劳不仅

---

① 华生.金拱向东:麦当劳在东亚[M].祝鹏程,译.杭州:浙江大学出版社,2015.

赢得了儿童的味蕾，更通过满足儿童的社交需要赢得了儿童的心。麦当劳打入东亚国家，也对东亚国家的消费者和本土餐饮业产生了深刻影响。对本土餐饮业来说，麦当劳提供模板，引发竞争，促进本土餐饮业的发展。对消费者而言，麦当劳既影响观念，也影响习惯。其改变了消费者的时间观，如三餐的时间、生日等重要时间点；改变了消费者对食物的分类体系，如对"正餐""小食"的定义；改变了消费者的饮食结构、饮食行为和礼仪，如合餐、分餐等[①]。这样，麦当劳深刻影响了东亚国家的饮食选择与饮食变迁。

三、行业与市场的错位：DVD标准之争

标准不仅在餐饮业是竞争抓手，在电子行业也是。Windows以其独创的操作系统，助力微软公司独领风骚数十年。而高密度数字视频光盘（DVD）的标准之争就是另一个有趣的故事。

DVD是影音存储媒介，其标准主要建立在MMCD和SD之上。1994年，索尼和飞利浦率先发表了"单面双层高密度多媒体CD的格式与技术指标"，简称多媒体光盘系统（MMCD），这是第一个DVD技术标准。次年，东芝发布了另一标准SD，由此拉开了竞争的序幕。在SD设计初期，东芝就有意联合松下、华纳兄弟等公司，而索尼则与菲利普达成联盟。竞争的结果是，索飞联盟完败，SD成为DVD统一的标准，美国的八大影业均同意采纳。不过这种胜利是暂时的，很快，世界进入了电视时代，DVD从清晰度上就惨遭淘汰。不过，电影也需要光盘，新一轮的碟机标准之争又开始了。蓝光光碟（BD）是由索尼和飞利浦研发的一种光学存储格式。1998年，飞利浦与索尼率先发表了下一代光盘技术论文，抢占先机。2002年，索尼、飞利浦、松下联合日立、先锋、三星、LG、夏普和汤姆逊共同发布了0.9版的BD技术标准，正式表明下一代DVD候选人——蓝光盘的诞生。同年6月，BD正式对外发售。BD的优势在于抛弃了原有的技术框架桎梏，但却与许多DVD格式不兼容，直接增加了厂商生产成本。

---

① 华生.金拱向东：麦当劳在东亚[M].祝鹏程,译.杭州:浙江大学出版社,2015.

HD DVD 是一种数字光储存格式的蓝色光束光碟产品，改编自 DVD，后成为高清碟片的业界统一标准。相比于 BD，HD 可以利用现有的 DVD 生产线和光头，DVD 的制造商们不需要为规格升级再投入资金和设备，产业平滑过渡。

2003 年，索尼推出首款 BD 录像机及光盘。2004 年，东芝、NEC、三洋电机等成立 HD 促进社团，与 BD 对抗。同年 11 月，华纳兄弟、派拉蒙与环球工作室宣布支持 HD，迪士尼也紧随其后。2005 年，福克斯、环球音乐与狮门电影公司宣布支持 BD。双方在 2006 年拉斯维加斯的电子展会上公开较量，一决高下。游戏巨头也加入了这场混战。2007 年，价格战打响，东芝大幅降低 HD DVD 的零售价，但 HD 的命运却急转直下。美国零售商 Best Buy 直接宣布，为避免消费者选择困难，Best Buy 旗下所有商店将全力支持 BD 播放器；沃尔玛也宣布，自 6 月后将只售卖 BD 播放器和相关产品。2008，东芝正式宣布退出 HD DVD 行业，BD 终于胜出，一统江湖。

虽然 HD 败给了 BD，但这并不意味着蓝光大获全胜。蓝光技术完全推翻了传统 DVD 技术架构，这意味着现有的 DVD 产业基础对于蓝光产品的生产毫无价值，必须重新构建蓝光产业环境。而重建对厂商来说是一笔不菲的技术转移成本。在前期，蓝光产品生产投入高，价格贵，市场需求波动大，投资者意愿平平，这些全都不利于蓝光技术的延续和推广。与之相似的还有 TD-SCDMA 技术，如果运营商采用 TD 技术标准，就需要对现行 GSM 设备基础进行全面改造，其技术转移成本非常高，限制了 TD 的产业化推广。TD 产业的重要转机是得到了中国移动通信集团的大力支持和北京奥运会的官方授权。而这样的机会不是每一个技术都有幸赶上[1]。

可见，一项新技术在同行竞争里脱颖而出并不意味着市场也怀有一样的青睐。如果新技术要实现更新迭代，需对原有产业环境进行升级；而如果新技术完全颠覆了原有的，那不确定因素可就指数级增长了[2]。

---

[1] 史少华."下一代 DVD 标准之争"带来的启示[J].WTO 经济导刊,2008(8):85-86.

[2] 董伶俐.高新技术企业标准竞争风险产生机理研究——基于高清碟机技术标准竞争案例分析[J].科学学与科学技术管理,2011,32(6):133-139.

四、城市生活的模板：连锁店

在 20 世纪 20 年代的美国，连锁店与汽车一同构建了城市消费生活。因一战胜利而迅速富裕后，大众消费作为一种新的生活模式在美国社会推广。到 1929 年，美国百货商场的销售总额已超 40 亿美元，占总零售的 9%[①]。相应地，汽车在中小城市乃至乡村普及，由此出现了由同一经营者设计，附带大面积停车场的零售店铺，即"连锁店"。连锁店通常有着类似的运营模式：总部设计，多店加盟，统一广告，大量购入，原厂进货，品牌产品……通过这种万店一规的方式，连锁店可以大幅削减支出，以更低价格向大众销售。

每一家连锁店都在尽力追求低价，零售业空前发展。起家于美国乡下的伍尔沃斯（Woolworths，通称 5&10 美分商店），在短短几年内就开出了 1 000多家。降低成本、控制人力就成了连锁店竞争胜利的重要条件。

然而，连锁店的低价格战略也直接激化了它与普通零售店和供货方的矛盾，低价破坏让许多经营已久的地方店铺濒临倒闭，这种情况在大萧条时期格外突出。到了 1933 年，就有 28 个州提出 689 条反连锁的法案[②]。为应对危机，连锁店不得不采取措施，如扩大店铺规模，减少数量，引入自主选购模式降本增效。而这就成了后来的超市。当今全球最大的连锁店便是沃尔玛百货有限公司（Walmart Inc.，简称沃尔玛）。靠着向消费者提供多样廉价的商品，依托独立仓储和物流管理，沃尔玛把连锁店开到了全世界。

连锁店在东亚出现了新变种，即便利店。20 世纪 60 年代，日本进入战后经济高速发展期，在"物流革命""经济民主"等口号下，城市迅速发展。参照美式的连锁店，日本开设了另一种店铺。这种店铺规模较小，开设在低价便宜的生活区，以自助方式购买食品和生活用品。因为店铺的最大特征是便利，所以这种连锁店又称便利店。自 20 世纪起，是否有足够多的便利店，几乎是衡量一个城市现代化程度的微观标准。

在 21 世纪的中国，一线城市几乎走十步就能碰到便利店。无论是在住

① 宫崎正胜.身边的世界简史[M].吴小米,译.杭州:浙江大学出版社,2019.
② 同①.

宅区、学校还是地铁，名目繁多的便利店数不胜数：罗森、便利蜂、全家……有的从名字就可窥见便利店一如既往的运营模式，如 7‑11，标榜从上午 7 时至晚上 11 时营业，后改为 24 小时营业，时刻准备为城市里的每一个普通人提供补给。

第四节　国际标准化组织的风生水起

第三次工业革命以来，国际标准化组织在全球范围内的崛起已成为不可逆转的趋势。这一进程中，ISO、IEC、IEEE、ASTM 等标准化组织展现出了前所未有的活力和创新能力。它们通过协作建立开放的标准化平台，鼓励来自不同国家和地区的专家共同参与标准的制定，确保了标准的全球适用性和前瞻性。就其自身而言，这一时期的国际标准化组织也不断完善治理结构，提高透明度和包容性，从而更好地服务于全球经济和社会的发展。在信息时代，国际标准化组织正以风生水起之势，为构建一个更加和谐、繁荣的世界贡献着不可或缺的力量。

一、IEEE 的发展历程

在这些组织中，IEEE 的发展历程尤为引人注目。成立于 1963 年的 IEEE，起初是由两个专业组织，即美国电机工程师协会（AIEE）和美国无线电工程师协会（IRE）合并而成。它的成立旨在促进电气工程、电子工程和计算机科学等领域的技术进步。随着时间的推移，IEEE 逐渐发展成为全球最大的专业技术组织之一，拥有超过 40 万会员，遍布 160 多个国家。

IEEE 的发展壮大，经历了几个阶段。起初，它致力于电气和电子工程领域的标准化工作，为电力系统、通信技术及电子设备的发展提供了坚实的基础。随着计算机科学和信息技术的快速发展，IEEE 开始扩大其专业领域，涉足计算机工程和网络技术等新兴领域的标准化工作。进入 21 世纪，面对互联网、大数据、人工智能等技术革新的浪潮，IEEE 进一步拓展其标准化工作的范畴，致力于智能电网、物联网、5G 通信等尖端技术的标准制定，推动了这些领域的技术进步和产业发展。通过不断地创新和拓展，IEEE 已成为全球技术标准化的重要推动者。

该组织专门设置了负责标准化工作的协会——IEEE-SA。"其下设标准局，标准局下又设置新标准制定委员会和标准审查委员会两个分委员会"[①]。该标准协会与时俱进，通过章程的更新，确保了标准化工作的持续创新和适应性。"1993 年至今，IEEE-SA 标准协会几乎每年都对标准必要专利政策进行修改，并于 2007 年和 2015 年在内容上做出两次大规模修改。"[②] 得益于完善的组织架构和追踪社会前沿的敏锐，IEEE 在标准化工作上做出很大成绩。比如，在无线通信领域，IEEE-SA 制定的 802 系列标准，如 802.11（Wi-Fi）和 802.16（WiMAX），已成为全球无线网络通信的基石，推动了无线技术的广泛部署和应用。再比如，在智能电网领域，IEEE-SA 的标准工作为智能电网的构建提供了技术框架，促进了电网的现代化和能源管理的智能化。

目前，作为全球领先的专业技术组织，IEEE 的影响力还在持续扩大。面对新兴技术领域的挑战，如量子计算、自动驾驶、生物技术等，IEEE 正通过促进跨学科合作与创新来适应这些变化。该组织借助举办国际会议、出版权威期刊和提供专业认证等方式，继续扮演着知识传播和技术交流的重要角色。同时，IEEE 也强调社会责任和伦理标准，推动技术发展的同时考虑社会影响，确保科技进步能够符合可持续发展和伦理原则。随着技术的演进，IEEE 预期将继续作为技术创新和标准化的领航者，在全球发展中发挥重要作用。

二、ASTM 的百年成长

作为老牌标准化组织，美国试验与材料协会（ASTM）的发展之路同样值得关注。它的前身是国际材料试验协会（IATM），成立于 1898 年。在二战前，该协会主要致力于材料的测试和评估，以确保材料的质量和性能。这一

---

① 陈峥，崔维军.IEEE 标准必要专利政策演化分析[J].中国科技论坛，2023(10)：151.

② 同①155.

时期，ASTM 的工作重点在于材料科学的研究和标准化。二战对 ASTM 的发展产生了深远的影响。战争期间，对高质量和可靠性材料的需求急剧增加，这促使 ASTM 的工作变得更加重要。为了支持战争，ASTM 参与了各种军事规格的制定，确保了从飞机到武器等各种军事装备的材料质量。"1945 年二战结束，ASTM 拥有 5 600 名会员，比战前增加了 1 000 多人。"①

二战结束后，ASTM 随着自身业务领域的不断扩展，还一直关注重要性与日俱增的核技术的发展，到了 1960 年，"ASTM 面向发展行业又增设了相关的标准委员会，如发动机冷却剂、分子光谱、电子和车辆路面系统"② 等行业。在环保领域，由该协会制定的标准也产生了巨大影响。继《清洁空气法》的颁布和美国环保署（EPA）的成立，ASTM 标准满足了 20 世纪 70 年代对影响日常生活的环境问题的关注。到了 20 世纪 90 年代末，新旧委员会还共同讨论了与消费品、农药、纺织品易燃性、石油泄漏、职业健康和运动器材等相关的标准问题。

随着信息时代的来临，ASTM 也主动拥抱数字化潮流。随着信息技术的飞速发展，ASTM 开始将传统的纸质标准文档和通信方式转变为电子形式，以提高信息的可访问性和便捷性，并在信息平台的建设上投入巨大精力。目前，"来自 150 多个国家的 3 万多名专家、4 600 多家实验室及其利益相关方依托其信息平台制定自愿性标准"③。值得一提的是，ASTM 建立了独立的标准数据库。"标准数据库中有 12 500 多项现行标准、4 800 多项历史标准以及大量正在修订的标准"④，这显然为信息时代的标准共享做出了突出贡献。

ASTM 的发展历程不仅是标准化领域内一个组织的成长史，也是技术和社会发展的一个缩影。ASTM 的历史告诉我们，一个成功的标准化组织需要不断地适应时代的需求，通过科学的研究方法、开放的合作态度和前瞻的战略规划，来引领行业发展，满足社会进步的要求。

---

① ASTM 国际标准组织成立 125 周年第二章[J].中国标准化,2023,(23):280-282.
② 同①.
③ 汪弋艇,王欣月,朱培武.ASTM 信息平台建设及其对国内团体标准化组织的借鉴和启示[J].中国质量与标准导报,2022,(02):24.
④ 同③24.

　　总的来看，国际标准化组织如 ISO、IEC、IEEE、ASTM 等，在全球化和技术革新的浪潮中扮演着至关重要的角色。它们不仅确保了产品和服务的全球兼容性和质量，还推动了创新及可持续发展。随着数字时代的来临，这些组织通过拥抱新技术，加强了国际合作，提升了标准的适应性和前瞻性。它们的发展和成就，无疑体现了国际标准化组织在全球经济和技术进步中举足轻重的地位，预示着一个更加互联、高效和环保的未来。

第五章

标准国际竞争的白热化
（第四次工业革命时期）

不以规矩，不能成方圆。

——《孟子·离娄上》

第一节 当标准成为一种武器

标准的武器化指先发国家全方位地展开激烈的标准输出和垄断竞争。这种行为象征着国力竞争的升级，同时也在竞争中推动了科技的发展。然而，后发国家往往被卷入这场竞争中，面临着被封锁与掠夺的风险。

需要说明的是，标准的武器化经历了较长的发展阶段。而受国际政治经济形势和技术演进的影响，不同时期的武器化往往具备独有的性质及形态，侧重点也有所差异。在进入第四次科技革命时期激烈的标准竞争之前，让我们暂且将目光前移，讨论现代标准被武器化的起源。

一、从微观原子说到无垠太空

二战的结束标志着西方列强在全球的称霸时代告终，同时，东方新兴的日本帝国主义也在此次战败中付出了代价。大量原先处于殖民、半殖民状态或受到列强欺凌的国家和民族，在经过艰苦奋斗后成功获得了独立和崭新的生机。这一时期，全球分为资本主义和社会主义两大阵营，并涌现出一些中立的不结盟国家。

标准竞争的激烈程度，也以二战为分水岭，呈现出与此前迥然不同的样态。

冷战时期的美苏科技竞赛，尤其是太空竞赛，是标准"武器化"的最典型体现。在这个时期，美国和苏联通过竞相制定和推动各种科技标准，力求在太空探索和其他领域取得领先地位。这种标准的竞争不仅仅是科技的较量，更是国家实力和政治影响力的竞争。因此，武器化的标准输出除了是经济上的竞争，更是一种在国际舞台上争夺主导权和塑造规则的手段。这种现象使得先发国家能够通过标准的制定和掌握，进一步加强其在全球经济和科技领域的主导地位，而后发国家则可能陷入被动局面，面对技术封锁和资源掠夺。

冷战是一段相对漫长的历史时期。由于苏联和西方国家在意识形态、政治制度及对欧洲的控制上具有分歧，双方的对抗在 1947 年至 1991 年间一直存在，并表现为国际关系的紧张、军备竞赛、核武器扩散、意识形态对抗、代理战争和间谍活动。大体来说，冷战经历了修宪时期（1945—1949 年）、修宪主义的升温（1949—1953 年）、对峙与军备竞赛（1953—1962 年）、克里姆林宫之夏（1962 年）、战略武器限制谈判（SALT）和战略武器削减谈判（START）等阶段。它结束于 1985 年至 1991 年，苏联的改革导致了解体，标志着两极格局的终结。

在军事科技领域，核武器的创新与规范化是不同国家间标准争夺战的关键一环。美国与苏联都致力于确立自己的标准，以确保其武器系统在技术与效能上占据优势。此外，两国在航空航天科技方面也展开了激烈的竞争，这不仅包括太空探索，还涵盖了卫星技术等多个层面。通过在各自专长领域内制定标准，双方都在努力保持其技术的领先地位。

自核武器制造之初，这隐藏的争锋就开始了。故事的发端可以追溯到 1942 年，当时的世界正被二战所笼罩。美国的科学家、工程师和政治领导们感受到了关键时刻的临近，他们决定发起一项前所未有的科学和技术项目，即曼哈顿计划。在这个过程中，科学家们必须解决前所未有的科学难题，包括铀浓缩和核反应的控制。罗伯特·奥本海默（Robert Oppenheimer）、理查德·费曼（Richard Feynman）等一群卓越的科学家被集结在一起。曼哈顿计划涉及大量的实验、测试和生产工作。为了确保不同团队之间的协同工作，制定和遵守一系列标准变得至关重要。这涉及从材料选择到实验方法的一系列标准化，以确保整个计划的顺利进行。

同时，世界正处于战争的紧急状态，时间是巨大的压力，科学家们必须在尽可能短的时间内成功开发出原子弹。标准化在这个过程中成为提高效率和减少错误的关键因素。而相对地，1949 年，苏联在哈萨克斯坦的塞米希亚基进行了首次核试验，这一消息震惊了整个世界。西方国家对于苏联迅速发展核武器的能力感到震惊和担忧。苏联首次核试验标志着美苏之间核武器领域的竞争正式开始。苏联开始迎头赶上，逐渐缩小与美国在核武器方面的技术差距。这不仅是一场军备竞赛，也是一场科技实力的较量。

为了弥补核试验成功时间差所带来的标准输出空白，在 20 世纪 70—80 年代，苏联与其他华沙条约组织（简称华约）成员国之间进行了一系列军事和技术合作，其中就包括核武器标准的输出。苏联为其他华约成员国的科学家、工程师和军事人员提供了核武器领域的培训和技术支持。这包括在苏联本土的培训课程，使华约其他成员国的专业人员能够了解苏联的核武器标准。与此同时一些联合研发项目也逐渐展开，共同研究和发展新型核武器技术。通过这些项目，苏联将其标准和技术传递给合作伙伴，同时也从中获得了一些有益的经验。

但无疑美国的步子迈得更大，其是《不扩散核武器条约》（NPT）的签署国之一。该条约于 1968 年生效，明确了核武器的不扩散原则，并将国家分为核武器国家（核武器国家承诺逐步裁减核武器）和非核武器国家。美国通过制定国际标准，推动了全球核武器标准的发展，并影响了核技术的合作和交流；1974 年，美国牵头成立了核供应国集团（NSG），致力于控制核技术的出口。虽然 NSG 的目标是确保核技术的和平利用，同时防止其被用于核武器开发。但通过 NSG，美国与其他核国共同制定了一系列标准和准则，在限制核技术传播的同时，也成功夺得了这一领域的标准话语权。

当然，超级大国之间的"玩火"引起了公众的紧张，从科学家到普通民众，在见识过广岛和长崎的"人间地狱"后，反核声浪就从未平息。促进核能安全使用的一系列标准也逐步制定完善。

战后为了提倡、管理原子能在科学技术、公共福利上的和平用途，以及美国所有的核生产设备、核反应堆、相关技术资讯及研究结果的安全，美国建立了美国原子能委员会（United States Atomic Energy Commission，AEC），并通过了原子能法案。1954 年美国国会赋予原子能委员会促进并管制核能使用的职权，要求其制定管制标准，保护一般民众的安全和相关工业的发展；20 世纪 60 年代以后许多核管制标准被批评太弱，包括辐射剂量标准、环境保护标准、核反应堆的位置与安全标准。1974 年美国核能管理委员会（Nuclear Regulatory Commission，NRC）建立，主要工作是负责监督核反应堆的安全和安保、核反应堆的许可证颁发和更新、放射性材料的许可证颁发、放射性核素安全许可证颁发及乏燃料管理（包括储存、安全、回收和处置）[①]。

太空竞赛则始于 20 世纪 50 年代。当时，作为一个国家最高科技水平和综合国力体现的太空项目，也自然成为美苏两国交锋与对抗的重要阵地。竞赛以苏联于 1957 年 10 月 4 日成功把世界第一颗绕地球运行的人造卫星"斯普特尼克一号"（Sputnik‐1）送入轨道，以及 4 个月之后，美国也成功发射了它的第一颗人造卫星"探索者一号"（Explorer‐1）为标志拉开序幕。到 1975 年 7 月 17 日阿波罗与联盟号对接，美国航天员托·斯塔福德和苏联航天员阿·列昂诺夫在太空中握手，昭示着长达近 20 年的美苏太空竞赛暂时"休战"，但其后两国在空间站建设和航天飞机领域的竞争仍在继续，直到 1989 年苏联解体，这场旷日持久的竞赛才算真正结束。30 多年的竞赛，美苏两国都耗费了大量的人力、物力和财力，总体看，两国可谓势均力敌，但还是美国人笑到了最后。客观地看，美苏两国的太空竞赛，虽然构成了冷战的一部分，具有强烈的政治色彩，但却也实实在在地推动了人类航天事业的发展，为人类探索太空做出了巨大贡献。人造卫星、月球探测器、太空飞船、空间站和航天飞机等航天科技产品，以及人类翱翔宇宙甚至留在月球上的人类脚印，都是人类探索太空的成绩。

"阿波罗计划"是美国在 20 世纪 60 年代初期为实现人类登月目标而进行的一项宇航工程计划。在这一计划中，标准化工作贯穿了整个项目的方方面面，确保了任务的成功和宇航员的安全。

航天器设计方面，阿波罗号宇航器的设计需要满足极其严格的工程要求，包括航天器结构、材料、热控制系统等方面。制定和遵循这些标准确保

---

① 张丽君.全球政治中的国际非政府组织(上)[M].天津:天津人民出版社,2020.

了航天器的结构牢固、耐高温、耐低温等，以应对极端的太空环境。这些标准化工作使得不同阶段的航天器能够顺利协同工作。火箭推进技术方面，阿波罗计划中使用"土星五号"火箭作为运载工具，其发动机和推进系统需要满足极高的性能和可靠性要求。制定和遵循推进技术的标准确保了发动机的推力、燃料效率和可靠性。这有助于确保火箭能够精确地将宇航器送入正确的轨道，实现登月任务。在生命保障系统方面，宇航员的生命保障系统包括舱内的空气、水和食物供应，以及生命维持设备，需要符合严格的人体工程学和医学标准。制定和遵循这些标准有助于确保宇航员在太空中有足够的氧气、饮用水和适量的食物。这些标准化工作对宇航员的生命健康至关重要。此外，通信系统和任务操作程序方面，标准化工作也发挥着至关重要的作用。

二、技术霸权主义：标准竞争的系统化

长期以来，国际关系中突出的政治霸权和经济霸权现象引人注目。随着新世纪的到来，高新技术，如电子、信息、光伏、机械、材料、化学、生物、航空航天等，广泛应用于新产品的设计与开发。特别是互联网、信息通信、生物工程、人工智能等科技对人们的生产和生活方式带来了革命性的影响。技术、经济和政治的利益关系日益紧密联系，拥有核心科技的跨国公司的产业控制力和国际影响力也与日俱增，从而形成了新的国际关系格局，规定了国与国之间的不同。

在国际政治经济活动中，出现了频繁的"技术霸权"现象，这引起了学者们的广泛关注。一些学者从不同的视角对国际关系中表现出的技术霸权行为进行了专题研究，而另一些学者则从整体视角出发，强调了霸权在多维度（政治、经济、技术、文化、军事、宗教等）之间的联系，技术霸权只是其中一个层面。

总体上，学者们对技术霸权内涵的理解存在一定的侧重和差异，但大致共同之处在于，技术霸权是一个国家在国际关系中所处的一种"地位"或"状态"，与"能力"或"支配"密切相关。拥有技术霸权地位的国家就是技

术霸权国家。技术霸权国家的垄断组织和跨国公司通常希望通过利用技术优势来保持和扩大其经济利益。他们通过垄断各行业的标准体系，阻止先进技术向发展中国家渗透，从而获取大量垄断利益。此外，在国际贸易和交往中，跨国公司还积极输出其国家的文化、价值观念体系甚至意识形态，将思想和行为与国家政治、经济、军事和文化利益紧密捆绑在一起，形成了"技术霸权主义"这一现象。学者们也将其称为"技术国家主义""技术民族主义""技术沙文主义"①。

标准和标准化与技术霸权主义之间存在密切的关系，其中技术霸权主义可能通过标准制定和推广来巩固其地位。

在技术标准化的过程中，技术霸权主义与标准制定的关系尤为密切。强国或行业巨头常在制定标准时占据主导地位，推动其技术成为全球标准，从而占据市场优势。这不仅可能限制其他国家或企业在特定技术领域的竞争力，还会形成对特定标准的依赖，进一步巩固技术霸权。而在标准化组织中，技术强国或企业同样争取主导权，影响标准的制定方向，以维护其技术优势和商业利益。开放性标准鼓励创新和公平竞争，而封闭性标准则可能导致技术霸权问题。因此，标准的开放性与封闭性直接关系到技术霸权主义的形成与维持。

美国自二战后至今的战斗机出口，就带有明显的技术垄断色彩。其中，作为单发高机动超音速战斗机，F-16 战斗机以其卓越的性能闻名于世，已被装备在全球近 30 个国家和地区。而其最新型号 F-16V 仍然是国际战斗机市场上的畅销产品。考虑到 F-16V 的潜在订单，F-16 在全球的生产数量将接近 5 000 架。这巨大的产量优势和广泛的使用地区使其在第三代战斗机中独具特色，可以被视为当今世界上最成功的战斗机之一。

20 世纪 60、70 年代，华约的战斗机和战斗轰炸机给北大西洋公约组织（简称北约）的空中防御带来了巨大的压力。美苏冷战时期的空中防御挑战正是 F-16 诞生的时代大背景。F-16 原型机的设计指标与当时战场需求直接

---

① 李盛竹.跨国公司国际竞争背景中的技术霸权现象——理论回顾与展望[J].社会科学家,2011(9):106-109,121.

相关。越南战争深刻地影响了美军未来军备建设和作战理论的发展。这场战争突显了技术的重要性，并证明了美军先进技术在实战中的不适用性。以作战飞机为例，美军在越战期间广泛使用的 F-4"鬼怪"战斗机、A-7 攻击机和 F-104 战斗机在性能上存在不足，尤其是 F-4 重型战机结构复杂、机体庞大，无法对抗苏制轻小、高机动的米格系列战斗机。在陷入视距内的空中格斗时，美制战机出现了众多的战损记录。为了对抗米格战斗机，美国少校约翰·博伊德在数学家托马斯·克里斯蒂的帮助下，提出了"能量机动"（EM）理论。基于这一理论，一种高机动性的轻型战斗机被认为可以弥补美国 F-4 等战斗机的性能短板。美国国防部支持了博伊德的理论研究，于 1972年拨款 1 200 万美元，正式启动了轻型战斗机计划。1976 年 10 月 20 日，首架 F-16A 战斗机在美国沃斯堡工厂下线，并于 1979 年进入美国空军服役。1980 年 7 月 21 日，F-16 被正式冠以"战隼"（fighting falcon）之名。

在 20 世纪 70 年代，荷兰、比利时、丹麦和挪威等北约国家的美制战斗机面临老化退役的问题。这 4 个国家联合成立了多国战斗机项目组（MFPG），旨在考察和采购下一代战斗机。1974 年初，这 4 国与美国达成协议，如果美国空军决定大量采购轻型战斗机（LWF）项目的胜出机型，比利时、丹麦、荷兰和挪威这 4 个国家也会考虑订购。同时他们敦促美国在 1974年 12 月之前做出决定。此时，F-16 战斗机（当时称为 YF-16）作为其中一种备选方案，与法国的幻影 F-1 和瑞典的 JAS-37 一同进入了考察视野。

在 1974 年，美国国会开始认真对待跨国军备合作，尤其是《1976 年美国国防拨款授权法案》的《卡尔弗-纳恩修正案》通过后。F-16 合作生产计划于此时初步启动。1975 年 6 月，美国空军与比利时、丹麦、荷兰和挪威组成的欧洲参与国政府（EPG）达成了对外军事销售（FMS）安排。这 4 国成了 F-16 战斗机的首批国际用户，并以北约伙伴国的身份参与到 F-16 的生产与采购过程中。

F-16 成了第一个真正的国际飞机项目，多个国家共同参与生产组装，并由更多的国家生产相关部件。对欧洲 4 国而言，美国大量采购 F-16 战机意味着研发和生产的单机成本可以在更多的战斗机订单上摊销。而对美国而言，欧洲的订单也带来了规模经济效益。此外，4 国的战斗机与美国使用的相同战斗机能够共同执行任务，降低了后勤的复杂性。这种合作模式为美国带来了庞大的利益，实现了军工技术的扩散和标准上的垄断。

在多国共同采购 F-16 战斗机的过程中，合作体现为多种形式，带来了效率提升。首先，使用相同的飞机使成员国能够合作采购备件，共享备件和弹药。其次，合作使得欧洲伙伴空军成员国能够在维修方面进行专业分工，发展更深层次的能力和专业知识。最后，成员国在操作和维护 F-16 机队方面建立了共有知识库，分享经验和信息。这种合作模式不仅降低了成本，还为欧洲伙伴空军提供了与美国空军相当的战斗力。这种合作形式对于美国来说，使得 F-16 生产线至今仍在盈利，为国防工业基础注入了发展资源，同时在全球维持庞大的 F-16 机队，形成了对其他国家空中力量的强大威慑。

总的来说，对于 F-16 设计、生产所涉及的一系列技术标准，包括飞机结构、材料、电子系统等方面，美国在其建设中发挥了主导作用，推动了技术标准的制定。这些标准将被视为国际军用飞机设计和制造的参考，体现了美国在技术标准制定方面的霸权。其他国家的军工企业和军事项目往往会以 F-16 的技术标准为目标，力求达到相近的性能水平，因此很难突破美国在该领域的技术霸权。另外，美国通过向盟友和合作伙伴国家出售 F-16 战机，不仅推动了技术扩散，也在国际军工关系中发挥了重要作用。这种军售活动既有助于巩固盟友关系，同样在一定程度上加强了美国的军工合作和标准制定的地位。

三、中国高铁：走出去的标准

在这个标准被武器化、技术标准竞争趋于激烈的时代，坚持自主创新、协同合作并推动自身标准走向世界，无疑是正确的应对之道。而中国高铁的快速崛起，就是依托创新实现标准国际化的成功案例。

中国高铁发展历程主要有 4 个重要阶段：铁路建设起步阶段、6 次大提速阶段、重要发展阶段以及高铁外交阶段。随着高速铁路的国际化推广，中国高速铁路已经在全球范围内取得了显著成就，特别是在东南亚、西亚、非洲、欧洲和拉丁美洲等地区，中国高速铁路的全球战略布局正在持续扩展。中国高速铁路的国际化不仅促进了中国高速铁路相关设备、产品和服务的出口，而且对沿线国家在人口规模、产业结构、就业结构和经济发展等方面产生了积极影响。

从 1997 年到 2007 年，中国铁路 6 次提速，开启了高级普铁和快速铁路时代。2008 年，中国科技部与铁道部合作，共同研发时速 380 千米的高速列车。同年，京津城际高速铁路通车，这是中国首条具有完全自主知识产权的高铁，为中国高铁技术发展和未来出口奠定了基础。2009 年，京广高铁武广段以时速 350 千米运营，成为世界上运营里程最长、施工难度最大的高速铁路，最高时速可达 394 千米，大幅缩短了武汉至广州的旅行时间。中国还规划了 3 条重要高铁线路：欧亚高铁连接中国黑龙江与西欧，泛亚高铁从中国昆明至新加坡，中亚高铁从中国乌鲁木齐至德国。2010 年，郑西高铁和沪杭高铁相继开通，京沪高铁也以时速 380 千米投入运营。这些成就都标志着中国高铁技术在国际市场上的崛起。

而截至 2022 年底，"全国铁路营业里程达到 15.5 万公里，其中高铁 4.2 万公里，中国高铁在世界上具有运营里程最长、运营速度最高、运营场景最丰富的特点"①。那么，中国高铁何以能够创造举世瞩目的成就？在中国高铁"走出去"的过程中，我们又是怎样以自己的标准影响周边国家，乃至整个世界呢？

技术层面的自主创新功不可没。中国高铁发展初期，也大量引进过国际先进技术。这一过程，的确"使各个高铁制造工厂的生产能力与水平发生了质的提高，通过高标准产品的导入，对整个工厂的生产工艺、流程设置、质量把控都带来革命性的提升"②。不过，如果只进行技术引进，而非在此基础上进一步打造自身核心科技，就不可能充当 21 世纪高铁产业的发展先驱，更谈不上掌握相关技术标准制定的话语权。

---

① 张静晓,董方雨,朱宏伟,等.智能高铁标准体系框架设计与实践[C]//中国标准化协会.中国标准化年度优秀论文(2023)论文集.北京:《中国学术期刊(光盘版)》电子杂志社有限公司,2023:161.
② 高铁见闻.高铁风云录[M].长沙:湖南文艺出版社,2015:355.

以 CRH2 型车系列为例，就存在一个从技术引进到自主创新的发展历程。最初，"中国引进的是日本东北新干线的 E2-1000 型车，在中国被命名为 CRH2A，共 60 列订单，3 列原装引进，6 列散件进口，51 列自主生产"①。由于技术先进，在国内高铁市场获得广泛好评。之后，中国企业开始基于 CRH2A 改造出更加先进的车型，并逐步实现技术领域的全面创新。如果说此后研制的 CRH2C 型动车组更多是一种改进创新，那么接下来的 CRH2C 二阶段和 CRH380A 就更多地体现出中国的技术特色，展示了强大的自主创新能力②。正是这样一处处技术创新的积累，使中国高铁成为真正意义上的国家名片，有力促进了国内高铁技术标准走向世界。

中国高速铁路标准是中国高铁产业的核心竞争力，也是推动中国高铁技术走向国际市场的关键。中国高铁在世界范围内的领先地位不仅体现在其先进的硬件设施上，更在于其卓越的软件服务。通过将高铁网络与互联网技术相结合，中国高铁正迈入一个以中国标准为主导的全新发展阶段。随着采用中国高铁全套标准的埃塞俄比亚亚吉铁路的正式运营以及印度尼西亚雅万高铁项目的开工建设，中国高铁标准在国际上的知名度和认可度得到了显著提升。

然而，在迅速增长的中国高铁标准出口背后，也伴随着日益显现的挑战和风险。在全球化背景下，标准国际化已成为各国普遍关注的焦点。为了促进中国高铁标准更广泛地"走出去"，中国正积极参与到国际高铁标准的制定过程中，通过翻译高铁标准、编纂专业词汇词典等措施，努力消除中国高铁标准国际化过程中的障碍。同时，中国也在利用国际高铁标准组织平台，有针对性地提升自身的高铁标准，并将其与国际标准对标，以缩小与国际标准之间的差距。这为中国高铁标准在全球范围内的进一步推广奠定了坚实的基础。

近年来，在国家铁路局的精心组织和铁路相关单位的支持配合下，经过不懈努力，中国在国际电工委员会轨道交通电气设备与系统标准化技术委员

---

① 高铁见闻.高铁风云录［M］.长沙：湖南文艺出版社，2015：356.

② 同①356.

会（IEC/TC9）中的标准贡献率位居第 5 位，仅次于意大利、德国、法国和日本。截至 2019 年，IEC/TC9 已发布国际标准 113 项，其中中国主持了 11 项，参加了 101 项标准的编制工作。2019 年由中国负责编制的 2 项 IEC 国际标准《轨道交通机车车辆电气隐患防护的规定》和《轨道交通机车车辆无轨电车电气设备安全性要求与受流系统》获得投票通过并正式公布。2020 年 10 月，IEC/TC9 第 60 届全体大会召开，中国国家铁路局科法司组织中车株洲电力机车研究所有限公司、中车株洲电力机车有限公司、中铁第四勘察设计院集团有限公司等单位 11 名专家组成中国代表团参加本次会议。会议期间，中国积极参与了大会各项议题的讨论，认真听取各方意见，充分表达我方观点，有力提升了中国铁路标准的国际影响力。[①]

总体来看，得益于国际化战略和"一带一路"倡议的推动，中国高速铁路标准在国际上的知名度和认可度正在逐步提高。然而，目前由 ISO、IEC、UIC 等国际组织制定的高速铁路国际标准大多由德国、法国、英国、日本、美国等国家主导，尤其是欧洲的铁路技术标准体系具有坚实的基础和广泛的认可，一些国家和地区已经将其作为铁路建设的权威参考标准，这使得短期内改变这些地区对中国高铁标准的认知存在一定难度。当前，中国高铁标准在国际舞台上的影响力与美欧等发达国家相比仍有提升空间。为了进一步提升中国高铁标准的国际地位，应当继续深化参与国际标准化组织的活动，积极主导和参与国际标准的制定与修订，构建具有独特优势的技术标准体系，以此大力增强中国高铁标准在全球铁路行业中的话语权和影响力。

四、标准垄断妨碍良性竞争：以高通案为例

第四次科技革命以来，标准制定与专利保护的关系愈发紧密。不过，在高科技领域，专利既是创新的催化剂，也可能成为发展的桎梏。事实表明，在追求技术创新和企业发展的同时，必须考虑整个行业的健康和可持续发展。通过合理的标准保护，可以激励企业的创新活动，但同时也要防止专利

① 金水英.从中国制造到世界标准[M].上海:上海交通大学出版社,2023.

垄断对行业竞争造成的负面影响。而在无线通信领域引发很大争议的高通垄断案，就是一个值得深入探究的例子。

随着全球通信技术的飞速发展，高通公司凭借其在无线通信技术领域的深厚积累，逐渐在行业内确立了其专利霸主的地位。该公司通过掌握核心专利，成功地将其技术优势转化为市场优势，进而影响和控制了整个行业的标准制定。高通的专利布局主要集中在 CDMA 技术上。这是一种用于无线通信的编码、解码技术。由于大量的投入，高通积累了众多核心专利——包括从信号处理到网络优化等多个层面。通过与手机制造商签订专利授权协议，高通确保了其专利技术的广泛应用，同时也为自己带来了丰厚的授权收入。

在相关领域的标准制定上，高通同样占据主导地位。该公司曾与欧洲电信标准化协会（ETSI）、电信行业协会（TIA）和电信行业解决方案联盟（ATIS）等多个标准制定组织签订协议①。而高通的一系列专利，"因被纳入国际标准，执行蜂窝通信标准时必然被实施，故其他经营者要想进入通信市场，则无法避免使用该专利"②。毫无疑问，这不仅使其他企业需要支付高昂的专利授权费用，也减少了行业内的竞争，从而影响了整个行业的技术进步。

面对高通的专利垄断，一些国家和地区的监管机构开始关注高通的市场行为，对其进行了反垄断调查，并在一些情况下进行处罚，要求高通调整其专利授权策略。

美国联邦贸易委员会（FTC）对高通的反垄断调查始于 2017 年，FTC 指控高通利用其在智能手机芯片市场的主导地位，通过不公平的专利授权行为和排他性交易，限制了竞争并损害了消费者利益。FTC 认为高通的专利授权策略，迫使智能手机厂商接受其专利条款，从而限制了市场上的竞争。而美国加州北区法院也"在 2019 年 5 月 21 日作出一审判决，认定高通在芯片销售和专利许可两个领域构成垄断"③。但是，"美国能源部、司法部和国防部

---

① 范思博.高通的全球反垄断调查与标准必要专利研究[J].情报杂志,2021(4):92-93.

② 同①.

③ 同①.

认为判决结果将动摇美国在 5G 等无线通信领域技术的领先地位，并以国家安全为由表示明确反对"①。第九巡回上诉法院推翻了加州北区法院的判决并撤销相关禁令。

除了美国，韩国与欧盟也对高通公司在无线通信领域的技术垄断进行了审查。韩国的调查始于 2014 年，当时韩国公平交易委员会（KFTC）接到行业参与者的投诉后，开始调查高通公司是否违反了韩国的竞争法。2016 年，KFTC 认定高通滥用其在移动通信市场的主导地位，违反了韩国竞争法，并对其处以 1.03 万亿韩元（约合人民币 54 亿元）的罚款，创下了韩国反垄断罚款的历史纪录。而欧盟委员会（EC）的调查则启动于 2015 年。到了 2018 年，欧盟委员会宣布对高通处以 9.97 亿欧元的反垄断罚款，原因是高通向苹果公司支付了巨额费用，要求苹果只使用其芯片，从而排挤英特尔等竞争对手。高通的这种行为被认为发生在 2011 年至 2016 年间。不过，2022 年，欧盟第二高等法院宣布此前裁决无效，高通上诉成功。

事实上，2013 年，中国发改委就对高通开启了反垄断调查，并最终处以 9.75 亿美元的罚款——这是当时中国历史上对外国公司开出的最大一笔反垄断罚款。调查期间，高通公司多次派遣代表团前往中国进行沟通交流。而美国政府也向中国表达了对此案的关注，指出高通案与两国之间的贸易关系息息相关，因此希望中国能够慎重处理。高通公司的这一系列行动表明，该公司对此次调查持谨慎态度，并希望通过沟通和对话的方式，避免调查程序公开化，以期获得最为有利的调查结果。然而，尽管高通公司做出了种种努力，直到 2015 年 2 月调查结束，中国发改委的立场始终坚定②。这显示出中国在维护市场公平竞争和反垄断方面的严肃态度和决心。

可以说，高通垄断案展示了在全球化和技术快速发展的背景下，标准保护与技术创新之间的复杂关系。多次反垄断调查表明，即使是技术领先者和标准主导者，也必须在公平、合理和非歧视的原则下进行专利授权和产品销

---

① 范思博.高通的全球反垄断调查与标准必要专利研究[J].情报杂志,2021(4):92－93.
② 张武军,张唯玮,郭宁宁.标准必要专利权人滥用市场支配地位的反垄断问题研究——以高通案为例[J].科技进步与对策,2019(7):133.

售。否则将不仅阻碍整个行业的健康发展，也将为自身带来重大损失。在我们看来，在第四次科技革命的大背景下，企业、监管机构和行业组织需要共同努力，制定合理的专利政策与行业标准，以确保技术创新的持续推进和高科技产业的健康发展。

第二节　全球标准战略的竞争与冲突

标准不仅是经济社会活动的技术基石，更是国际话语权和影响力的重要体现。标准的战略性作用在降低贸易成本、推动技术创新、加强国际互信等方面至关重要。然而，标准的制定过程并非中立，它们往往体现了制定者的利益和优势，因此，不参与标准化过程等同于将市场和技术发展的主导权让给竞争对手。

全球标准战略正成为国际竞争中的核心战场。在国际舞台上，掌握标准制定的话语权对于一个国家在产业竞争和价值链中的地位极为重要。赢得标准竞争的国家或企业可以在长时间内引领技术发展和市场创新，从而在国际市场上获得显著的控制力和领导力。提升在国际标准制定中的话语权，对于增强一个国家产品和服务的国际竞争力，推动其全球扩张具有重大的战略意义。

在第四次工业革命的浪潮中，标准的战略重要性愈发凸显，成为企业乃至国家竞争的新高地。企业层面的竞争模式正在向"技术专利化、专利标准化、标准国际化"转变，其中标准的战略运用成为构建竞争优势的关键。普遍存在的观念是，顶尖企业通过制定标准来引领市场，而其他企业则通过品牌或产品来竞争。在国家层面，自 20 世纪末以来，无论是发达国家还是发展中国家，都开始积极制定和实施国家标准战略，以更深入地参与国际标准的制定，争夺甚至主导国际标准的发展。

展望未来，标准的职能和影响范围预计将发生显著变化。与之前的工业革命相比，第四次工业革命中的标准将更加前置，与技术研发同步进行，成为新兴技术的基石，并推动创新成果的实现。同时，生产方式的变革将使得不同类型标准之间的关系更加复杂，技术标准、管理标准和伦理标准将形成更加紧密的交互网络。标准将扩展其应用范围，成为社会治理、公共服务、政府管理等更广泛领域的新工具。面对不断增长的需求和挑战，标准制定者必须不断创新和适应，以推动标准化进程进入新的发展阶段，进而对整个社会产生积极的影响。接下来，将介绍、探讨一系列重要的国家标准战略，展示它们如何在全球化竞争中发挥作用。

一、美欧标准战略的顶层设计

随着全球化和第四次工业革命的推进，美欧都认识到标准化在高科技发展、国际贸易和全球治理中的重要性。它们通过标准战略，不仅推动了技术创新和产业升级，还在全球范围内塑造了技术规则和市场准入条件，从而在国际竞争中占据有利地位。同时，面对新兴经济体的崛起，美欧也在不断调整和优化其标准战略，以应对新的挑战和保持其全球领导地位。

美国对标准战略的修订与实施，体现出对新兴国家技术进步浓重的警惕感。比如，作为中国的通信巨头，华为在全球 5G 通信技术、智能手机和网络设备市场取得了显著的成就，这在一定程度上对美国的技术霸权构成了挑战。为了确保其技术和产品在全球范围内的竞争力，美国不仅加大了在关键技术领域如 5G、人工智能和网络安全等领域制定国际标准的力度，还通过国家安全审查机制，对外国投资和采购活动进行严格监管。另外，政府还鼓励美国企业积极参与国际标准的制定，以确保美国在全球技术治理中拥有足够的话语权。美国通过提供研发资助、税收优惠等激励措施，支持本国企业在关键技术领域的创新和标准化工作。凡此种种，都是美国借助标准战略力图在全球技术竞争中占据领先地位的体现。

2023 年，由美国政府发布的《美国政府关键和新兴技术国家标准战略》，是对此前一系列标准战略的系统升级。该战略关注于 4 项关键目标：首先，美国将增加对预标准化研究的投资，并呼吁私营部门、大学和研究机构进行长期投资，以巩固美国在国际标准制定中的领导地位；其次，美国计划与私营部门、学术界及其他主要利益相关方，包括外国合作伙伴，进行更深入的接触与合作，以提升美国在关键和新兴技术（CET）标准制定过程中的活跃度和影响力；再次，战略中提到了对劳动力发展的重视，政府将投资于教育和培训项目，培养能够为技术标准制定做出实质性贡献的专业人才；最后，美国政府致力于通过与盟友和合作伙伴的共同努力，确保国际标准体系的完整性和公正性。美国提议将其合作伙伴纳入国际标准合作网络（ISCN），构建一个持久的政府间合作框架。它与美欧贸易和技术委员会（TTC）共同启动了战略标准化信息机制，旨在促进跨大西洋的信息共享和标准制定方面的合作。通过这些措施，美国政府希望在全球技术标准制定中保持其影响力，同时推动一个开放、透明、以技术优势和公平流程为基础的国际标准体系①。

美国政府的用意是明显的。这一战略"着眼未来，服务于壮大自身、排挤对手和拉拢盟友三重战略目标"②。在当代国际竞争中，该战略也将成为美国应对新兴国家技术挑战的武器。"其出台不仅显示了美国政府对关键新兴技术的重视，更标志着美国将与中国的科技竞争提升到了顶层设计的标准制定层面。"③

在战略层面的标准竞争中，欧盟也不甘落后。为了在激烈的全球地缘政治竞争中获得战略自主权，2022年2月初，欧盟委员会也发布了《欧盟标准化战略》。该战略"首次将标准化提升到欧盟战略层面，试图通过标准化支持其战略自主权和基本政策目标，确保欧洲在全球关键技术标准方面处于领导地位"④，是欧盟维护自身国际影响力的重要举措。

《欧盟标准化战略》主要包括5部分内容。其一，预测与解决标准化需求——欧洲将优先考虑并解决关键战略领域的标准化需求。该方案特别指出

---

① 胡忆琦.美国政府发布关键和新兴技术国家标准战略[J].互联网天地,2023(6):57.

② 刘宝成,陈星光,包卡伦.如何应对《美国政府关键与新兴技术的国家标准战略》对中国的影响[J].经济导刊,2023(4):23.

③ 同②.

④ 王茹旭,景晓晖,夏凡.欧盟标准化战略对中国的影响及相关政策建议[J].标准科学,2022(7):7.

了新冠疫苗、关键原材料回收、清洁氢气价值链、低碳水泥、芯片认证及数据等领域的标准化工作的紧迫性。其二，欧洲将完善其标准化治理体系，确保支持欧洲政策和立法的欧洲标准由欧洲参与者决定，避免外部干预，以保障关键领域标准决策的自主性和适当性。其三，欧盟计划通过建立高级别论坛和新机制来加强其在全球标准方面的领导力，同时通过资助发展中国家和地区的标准化项目来扩大其国际影响力。其四，欧洲将推动标准化与创新的紧密结合，启动"标准化助推器"项目，支持"欧洲地平线"计划下的研究人员，以促进创新成果与标准化的融合。其五，欧洲致力于培养下一代标准化专家，特别是在人工智能、网络安全等先进技术领域，通过教育培训和欧盟大学日等活动，加强专业人才的培养[①]。总的来看，《欧盟标准化战略》强调欧洲在关键标准制订上的独立自主，并试图维持、扩大欧洲在高端技术领域的国际领先地位。

总之，美欧通过其标准战略的顶层设计，展现了对全球技术发展和治理的深远考量。这些战略不仅旨在推动技术创新和产业升级，并且试图在塑造全球技术规则和市场准入条件方面发挥关键作用，进而在全球范围内巩固美欧的领导地位。而这些战略的实施，无疑将对全球技术发展的方向和国际竞争格局产生重要影响。那么，面对发达经济体的主动调整和标准竞争的加剧，中国又将何去何从呢？

二、中国标准化新征程：构筑高质量发展的标准战略支撑

面对百年未有之大变局，2021 年，党中央、国务院正式印发《国家标准化发展纲要》（以下简称《纲要》）。该纲要是中国为推动高质量发展和全面建设社会主义现代化国家而制定的重要指导性文件。

《纲要》指出："到 2025 年，实现标准供给由政府主导向政府与市场并重转变，标准运用由产业与贸易为主向经济社会全域转变，标准化工作由国内驱动向国内国际相互促进转变，标准化发展由数量规模型向质量效益型转

---

① 王茄旭，景晓晖，夏凡.欧盟标准化战略对中国的影响及相关政策建议[J].标准科学，2022(7)：7.

变。标准化更加有效推动国家综合竞争力提升，促进经济社会高质量发展，在构建新发展格局中发挥更大作用。"① 这一目标的提出，体现了中国标准化战略的全面转型与升级。政府认识到标准化工作在促进经济转型和提升国家竞争力中的重要性，并致力于以标准战略支撑高质量发展。

在贯彻落实《纲要》的过程中，全国各地持续完善国家标准体系，加强制定经济社会发展关键领域和行业的国家标准，借以更好地满足人民群众对更高品质生活的期待和追求。

为进一步以标准化建设推动高质量发展，中国政府又出台新举措。2024年3月18日，市场监管总局会同中央网信办、国家发展改革委等18部门联合印发《贯彻实施〈国家标准化发展纲要〉行动计划（2024—2025年）》（以下简称《行动计划》），就2024年至2025年贯彻实施《纲要》提出具体任务。

《行动计划》与《纲要》的结构相对应，分为3个板块，共35条内容。第一板块围绕标准化服务发展，提出强化关键技术领域标准攻关、推动产品和服务消费标准升级、加快产业创新标准引领、健全碳达峰碳中和标准体系、实施乡村振兴标准化行动、健全稳步扩大标准制度型开放机制等重点任务。第二板块关注标准化的自身发展，提出提升标准供给质量、加强标准试验验证、强化相关技术机构支撑、培养标准化人才等要求。第三板块涉及《行动计划》的组织实施，包括加强组织领导、加强政策支持等具体措施。② 总的来看，《行动计划》体现了中国政府对标准化工作的高度重视，展现了通过标准化推动国家治理现代化和高质量发展的决心，对于提升国家综合竞争力和实现长期可持续发展具有深远的战略意义。

在全球标准战略竞争日益激烈的当下，中国正积极构建与国际接轨的高标准体系，以促进国内高质量发展并增强国际竞争力。通过《纲要》及

① 中共中央，国务院.国家标准化发展纲要［EB/OL］.（2021－10－10）［2024－04－27］.https://www.gov.cn/gongbao/content/2021/content_5647347.htm.

② 18部门联合印发《贯彻实施〈国家标准化发展纲要〉行动计划（2024—2025年）》［EB/OL］.（2024－03－27）［2024－4－27］.https://www.samr.gov.cn/xw/mtjj/art/2024/art_e091032fc41548ee9e88ace20abac1a6.html.

《行动计划》的实施，中国展现了其在标准化领域的战略转型和升级，通过市场和政府的协同推动，实现标准供给的多元化和国际化。新时代标准化战略不仅有助于提升国内产品和服务的质量，也是中国在全球治理中争取更大话语权的关键步骤。面对未来，中国将继续深化标准化改革，加强国际合作，推动构建开放、公平的国际标准体系，为全球经济的繁荣稳定做出贡献。

三、计量革命：国际单位制（SI）的"标准"修订

标准战略的制定必须考虑一些基础性、前沿性标准的发展。而在诸多标准的演变中，计量标准的改变影响尤为深远。它是构建科学、技术、工业和日常生活的基石。计量单位不仅是我们理解世界、表达思想的基本工具，也是促进国际交流与合作的关键纽带。回顾历史，随着科学技术的持续进步，各国的科学家和工程师一直致力于推动计量单位的标准化、精确化，以满足日益增长的科研和生产需求。

其中，国际单位制（SI）的调整，更与人类的未来息息相关。"为了更准确地监控和预测，我们需要非常稳定的参照系。短期内我们不会受益，但从长远来看，它为我们的未来奠定了基础。"① 自 1960 年国际计量大会首次确立以来，国际单位制已经经历了一系列的重大修订和改进。每一次的更新都反映出人类对自然界更深层次的理解以及对测量技术更进一步的驾驭能力。这些变革不仅体现了科学的进步，也推动着全球测量标准的统一和精确度的提升。

2018 年世界计量日的主题聚焦于国际单位制的量子化演进，这一变革是计量学家们多年辛勤工作的结果，旨在重新定义 SI 基本单位。尽管这一变革不会直接影响法制计量，因为现有的溯源途径仍然适用，但它确实意味着我们定义测量单位的方法及建立溯源性的方式将发生变化。新修订的 SI 单位制将完全基于自然常数，这虽然看似是一个巨大的转变，但实际上，类似

---

① 陈杭杭,庞海彬,许征.人类文明史的里程碑——国际计量界资深专家谈国际单位制 SI 的修订[J].中国计量,2018(12)：12-13.

的变革在过去已发生过。例如，秒和米的定义分别在 1967—1968 年和 1983 年从基于地球的运动和大小演变为基于原子和电磁常数的重新定义①。

这一变革的重要性在于，它可能会改变我们在学校学到的、至今仍然根深蒂固的一些概念。例如，保存在巴黎近郊、需要 3 把锁才能打开的地下保险库中的铂铱（Pt-Ir）合金千克原器，在服役了 137 年后即将退出历史舞台。最后一个原始标准——千克原器 "Le Grand K" 将被基于基本自然常数的定义所取代。此外，开尔文、安培和摩尔等单位也将经历类似的变革——开尔文将不再依赖于水的属性，安培将不再基于难以实现的定义，而摩尔的定义将变得更加实际②。

SI 的修订，给中国带来了机遇和挑战。"SI 的质的飞跃，将改变计量，带来世界计量的新格局，也为中国计量向国际第一方阵迈进提供了难得的机遇。"③ 这要求我们不断学习和适应新的测量技术与方法，将之与产品制造过程的革新升级相结合，进而促进中国在新一轮科技革命和产业变革中走在世界前列。

四、数字化浪潮中的标准战略

标准形态的演进——特别是标准数字化的趋势，对相关战略的制定也具有重要影响。随着技术的不断进步，传统的纸质标准已经逐渐被电子化、智能化的标准所取代。这种转变不仅提高了标准的可访问性和易用性，也使得标准的更新和维护变得更加高效和灵活。

在标准发展的早期阶段，实物样品和图形符号是主要的表现形式。例如，在工厂中，各种标识如通道标识、安全标志和机器按钮标识等，都以直观的形式存在，便于工人理解和遵守。随着时间的推移，标准逐渐演变为书面文件，变成国际、协会和企业层面的规范。这些书面文件的更新和发布，

---

① 史蒂芬·帕托雷.2018 年 "5·20 世界计量日" 主题——国际单位制（SI）的量子化演进[J].中国计量，2018（4）：8.

② 同①.

③ 高蔚，蔡娟.国际计量体系及 SI 重新定义后的新格局[J].计量技术，2019(5)：79.

成了标准化工作的核心。进入数字化时代，标准的形态再次发生了变化。现在，规范或标准被预先存储在终端设备和电子系统中，能够自动判断受检对象是否符合规定标准。显然，标准形态的演变促使各国在制定标准战略时，必须考虑技术适应性、国际兼容性、快速更新能力和数据安全等多个方面，以确保其标准的长期有效性和国家的竞争力。

"标准数字化"的内涵十分丰富。在简单技术实现层面，它是指应用人工智能技术和软件工具，处理标准及相关数据，进而提供自动化、智能化的服务或接口。在产业融合和数字经济发展层面，标准数字化又包含与不同产业融合的具体机制、业务模型、融合技术、商业模式和数据保护等方面。标准数字化的核心要素是数字标准。国际标准化组织（ISO）推广的 SMART 标准被广泛采纳。ISO 根据标准在数字化、结构化和智能化方面的发展程度，将其划分为 5 个等级：纸质标准、开放数字格式的标准、机器可读文档的标准、机器可读内容的标准、机器可释内容的标准[①]。

为了迎接数字化浪潮，不少国际组织与国家纷纷致力于推动标准工作的数字化转型。除了上文提到的 ISO，IEC 也采取一系列措施促进标准数字化。IEC 的"理事局（CB）、标准化管理局（SMB）、市场战略局（MSB），以及相关技术委员会（TC）等均已制定战略规划并建立相关工作组"[②]。其中，IEC MSB 还成立了专门工作组，其"主要任务是评估 SMART 标准对业界的价值主张，评估 SMART 标准可能面临的行业挑战，并找出解决方案，分析专家和用户的技能和能力，评估 SMART 标准的版权和许可模式"[③]。并且，ISO 与 IEC 还开展密切合作，旨在共同引导全球标准数字化的发展。

与此同时，在标准竞争日趋激烈的背景下，很多国家也试图把握数字化的新风口。例如，英国标准协会（BSI）推出 BSI Flex 标准数字化项目。这是一种基于规则的在线标准制定方法，能够缩短标准研制周期，显著提高标

---

① 于欣丽.对我国标准数字化工作的几点思考[J].中国标准化,2022(5):8.
② 汪烁,段菲凡,林娟.标准化工作适应全球数字化发展的必然趋势——标准数字化转型[J].仪器仪表标准化与计量,2021(3):2.
③ 袁文静,方洛凡.标准对话:标准数字化的阶段性目标与实践[J].中国标准化,2024(3):18-19.

准研制的效率和质量，快速响应市场变化需求。美国国家标准学会（ANSI）提出了标准数字化的 3 个发展方向：新工具、新格式和新模式。新工具旨在创造新的工具和方法来制定标准，让更多人参与标准化工作，形成新类型的标准交付物。新格式则探索不同的发布格式，例如更灵活稳定的 XML 技术。新模式则是将数字标准直接集成到产品、系统和服务中，创造新的商业模式和价值。德国的标准数字化发展与工业 4.0 战略紧密相连，即将标准数字化与产业数字化过程相结合，成立专门的标准数字化机构，推动标准、产业和应用的融合发展。其最大的特点是将标准数字化映射到企业发展的现实场景中，推动数字孪生技术在标准数字化中的应用[①]。

中国政府也在积极推进国内标准数字化工作，并取得显著成绩。近年来，得益于各部委的研发投入和先行领域的探索，中国在智能制造、航空、电力、建筑工程等领域的标准数字化水平得到有效提升。另外，在标准化技术委员会、工作组的领导下，从机器可读标准路线、机器可读等级模型、标准标签集、数据字典等方面布局了一系列国家标准，以推动标准化工作向数字化、智能化转型。值得一提的是，在机器可读标准方面，中国也开展了大量工作。在 2020 年，国家标准化管理委员会就组织在智能制造（机械工业仪器仪表综合技术经济研究所牵头）和航空航天（航空 301 所牵头）领域开展了机器可读标准试点等工作[②]。这在很大程度上推动了机器可读标准在生产领域的应用和实施。

第三节　前沿技术领域的争夺

上一节，我们集中探讨了世界各国在战略层面的标准竞争。要在围绕标准制定话语权的竞争中抢占战略高地，大力发展前沿技术，这无疑是关键一招。以人工智能、太空科技、3D 打印和超级高铁为代表的科学进展，不仅

---

① 刘彦林,甘克勤,马小雯,等.标准数字化发展现状与演进态势[J].中国标准化,2024(3):51.
② 袁文静,方洛凡.标准对话:标准数字化的阶段性目标与实践[J].中国标准化,2024(3):18-19.

深刻地重塑着我们的日常生活，还势必衍生出一系列新的技术、经济与生活标准。显而易见，能够在技术革新中快人一步的选手，也必将掌握标准竞争的主动权。

一、计算未来：从 AlphaGo 到 ChatGPT

曾经，谷歌开发的人工智能产品阿尔法狗（AlphaGo）以 4∶1 的绝对优势大胜韩国棋手李世石，轰动全球。2023 年，OpenAI 研发的聊天机器人 ChatGPT（chat generative pre-trained transformer）问世，再一次震惊世界。ChatGPT 是人工智能技术驱动的自然语言处理工具，能够通过学习人类语言，像人类一样交互，包括但不限于闲聊、翻译、编码、代写文案等。OpenAI 于 2022 年 11 月开放测试，短短 3 个月后，它的访问量已超 5 亿，用户量超越微软自带的搜索器必应。这创纪录的发展速度引爆了全球的产业和资本热情。

事实上，每一周都有大小公司在推出自己的大模型。生成式预训练大模型表现出了前所未有的生命力，无师自通的高强学习能力让他们表现出超越以往的通用潜力。我们似乎可以期待，一个适用于各领域的人工智能大模型随时会诞生，科技即将又一次革命性地改变人类生活。大模型时代，说来就来。2023 年 5 月，谷歌 I/O 大会轰轰烈烈地发布了全新大模型 PaLM 2，不仅在逻辑推理、数学、编程等方面更进一步，还将集成谷歌搜索、谷歌文档、Gmail 邮箱等云端应用。巨大的变化往往伴随着不同的声音，深度学习奠基人、OpenAI 首席科学家伊利亚的指导者杰弗里·辛顿宣称 OpenAI 和谷歌大模型会把人类推向未知的风险，并因此辞去谷歌 CFO 的职位。不过，虽然市场一片叫好，但 ChatGPT 在工业领域真正实现业务价值还需很长时间。

无论如何，大模型正在生成一个新的时代。这个时代危险与机会并存，一切都在酝酿与交锋，我们将见证变革、机遇与泡沫一同到来。

石破天惊 ChatGPT

想象这样一个世界：在这里，你可以和人工智能（AI）像朋友般聊上一整天，它的知识储备与逻辑能力均远超于你，足够帮你解答生活中千奇百怪的问题，大到登月如何实现，小到明天出游该穿什么衣服。你也可以问复杂的问题，比如代码该怎么写，康德的三大定律如何理解。是的，这就是OpenAI 努力构建的世界，它通过其 GPT 模型让设备拥有与人类对话的能力。ChatGPT，全称为聊天生成预训练转换器，是 OpenAI 开发的人工智能聊天机器人程序。该程序使用基于 GPT-3.5、GPT-4 架构的大型语言模型并以强化学习训练，于 2022 年正式问世。实际上，在最广为人知的 GPT-4 问世之前，GPT 经历过多次迭代[①]。

2018 年，OpenAI 发表了题为 "Improving language understanding by generative pre-training" 的论文，向大众介绍 GPT-1。GPT-1 的作者提出了一种新的机器学习模式，即放弃传统的数据标记、引入无监督预训练步骤。在训练中，GPT-1 模型使用了大量文本数据，其中约含 11 000 本未出版图书的文本。尽管还在草创期，但 GPT-1 在仅用少量手动标记的数据进行微调后，就能够出色地完成多个任务。作为今日 GPT-4 的初代版本，它已经体现出强大的架构能力，后续的 GPT 模型使用更大的数据集和更多的参数，更好地利用了 Transformer 架构的潜力。

2019 年，OpenAI 提出了 GPT-1 的扩展版本 GPT-2。这个新版本的参数量为 15 亿，训练文本为 40 GB。同年 11 月，OpenAI 发布了完整版 GPT-2 模型，GPT-2 供公开使用，可以从 Hugging Face 或 GitHub 下载。GPT-2 表明，更大的语言模型能够更好地处理自然语言。

2020 年，OpenAI 发布了 GPT-3。GPT-3 比 GPT-2 大得多，拥有近 1 750 亿个参数。GPT-3 的数据来源更为多样，既有此前使用的书籍与文章，也有网站和网络档案馆，甚至包括维基百科。相应地，它的性能也显著提升，可以自主生成连贯的文本，编写代码片段。

最后也最引人注目的自然是于 2022 年 11 月推出的 GPT-4。GPT-4 基于GPT-3.5 架构的大型语言模型强化学习训练，可以用人类自然对话方式来交

---

① 卡埃朗，布莱特.大模型开发应用极简入门[M].何文斯,译.北京:人民邮电出版社,2024.

互，完成更为复杂的语言工作，包括生成文本、自动问答、自动摘要等多种任务。在自动文本生成方面，ChatGPT 可以根据输入的文本自动生成类似的文本（如剧本、歌曲、企划等），在自动问答方面，ChatGPT 可以根据输入的问题自动生成答案。在 GPT 推广期间，所有人可以免费注册，登录后即可免费使用。ChatGPT 上线 5 天后已有 100 万用户，上线两个月后已有上亿用户。目前，ChatGPT 估值已涨至 290 亿美元，GPT-3.5 仍为免费版本，GPT-4 仅供会员使用。虽然 ChatGPT 在生成类人文本方面表现出卓越的能力，但它很容易放大训练中存在的偏差，如基于种族、性别、文化群体输出一些歪曲的表达。因此，它需要也必将面对漫漫完善之路。

比 GPT 更进一步？Sora 的研发及推出

GPT 目前仅能以文本形式互动，那用户自然会追问，图片与视频领域能否有与之相对的人工智能？有的，需求创造生产，Sora 就是一个能以文本描述生成视频的人工智能模型，由 GPT 的同一父母辈 OpenAI 开发。Sora 一词源于日文"そら"，即天空，意指 Sora 有如天空般广阔无边的创造潜力。Sora 是在 OpenAI 的文本到图像生成模型 DALL-E 基础上开发而成的，其模型的训练数据既包含公开可用的视频，也包括了专为训练目的而获授权的著作权视频。OpenAI 于 2024 年 2 月向公众展示了 Sora 生成的多个高清视频，每个均长达 1 分钟。不过，OpenAI 也承认了 Sora 现阶段的一些技术缺陷，如在模拟复杂物理现象方面的困难。由于担心 Sora 被滥用，OpenAI 目前尚未向公众发布该模型，仅仅是给予一小部分研究人员有限访问权限。为防止剽窃，Sora 生成的视频带有特定的数据标签，标明它们由人工智能生成。如果说 GPT 打开了新世界的一扇门，那 Sora 就等于紧接着推开一扇窗。

智在中国，惠及全球

《孟子》中讲，作战讲求天时、地利、人和。如果将人工智能也比喻为一场国家之间的竞速赛，那中国的人工智能正处在一个三者兼备的良好时段。

从国内角度看，无论是官方还是民间，中国已然做好了面对数字时代的准备，热情地拥抱人工智能。在中国政府出台的《新一代人工智能发展规划》中，明确指出人工智能将催生新技术、新产品、新产业、新业态、新模式，引发经济结构重大变革，深刻改变人类生产生活方式和思维模式，实现社会生产力的整体跃升。从宏观看，中国拥有人工智能企业 592 家，占全球总数的 23.3%，中国人工智能相关专利申请数达 30 115 项。从微观看，京东、天猫、淘宝早已深刻改变购物方式，仅仅一次"双十一"购物节，就能产生超过 10 亿次的在线支付；而美团、大众点评、微信、豆瓣则大规模改变了信息流。新零售、新制造、新金融等新业态相继涌现。就数据体量而言，中国互联网的数据已构成规模优势。

从国际角度看，中国在推进人工智能产业化方面有独特优势。人工智能的普及主要依赖两方面，一是规模化的数据，二是大量的技术用户。而这两方面，中国均有。据中国互联网络信息中心（CNNIC）的统计数据，截至2017 年，中国网民规模达 7.72 亿，中国网民普及率达 55.8%，超过全球平均水平（51.7%）4.1%、超过亚洲平均水平（46.7%）9.1%。中国在积极参与数字经济大潮时，为全球的人工智能提供了独特的试验田。以微软"小冰"为例，"小冰"是在中国土生土长的人工智能。2014 年，位于北京的微软（亚洲）互联网工程院研制了初代小冰，一个 16 岁的可爱女孩。在情感计算框架的基础上，通过人工智能算法、云计算和大数据的综合运用，小冰逐步成长为一个具有完整认知体系的人工智能。除了简单问答，小冰还能理解当代中国文化，尤其是互联网流行用语。2017 年，小冰推出了原创诗歌《阳光失了玻璃窗》，这也是人类历史上第一次由人工智能自主创作的诗歌。这背后，是小冰对五四新文化运动以来 500 多位中国现代诗人作品的上万次迭代学习。如今，小冰已走向全球，并在世界各地都有语言本土化团队，在互联网的各大平台，无论是 Facebook 还是 QQ，Windows 10 还是米聊，都能随时召唤这位源自中国的人工智能[①]。

能力越大，责任越大。中国在引领人工智能发展的同时，也在积极关注

---

① 施博德.计算未来[M].沈向洋,译.北京:北京大学出版社,2018.

人工智能的社会责任。如何通过人工智能让更多人参与到新一轮的机会中，如何让个体和组织均能充分发展自我，从而减少不公平和不包容等互联网时代的沉疴积弊。中国又积极推进相关法规制定与伦理道德研究，《新一代人工智能发展规划》提出在人工智能的发展环境方面：到 2020 年要初步建立部分领域的人工智能伦理规范和政策法规；到 2025 年要初步建立人工智能法律法规、伦理规范和政策体系，形成人工智能安全评估和管控能力；到 2030 年要建成更加完善的人工智能法律法规、伦理规范和政策体系。如今，数字经济已然成为中国经济乃至全球积极增长的新动能。作为世界第二大经济体，作为占全球人口五分之一的大国，中国的数字化转型也将对全球数字经济的进程产生深远的影响。

中国正在全球的人工智能舞台上迅速崛起，中国人工智能产业的影响力与日俱增。越来越多的人工智能专家正在向中国集聚，赶赴一场人工智能的盛宴。

音调未定的人工智能标准化：来源于人，造福于人

政策法规的制定因其程序性和时间性限制，往往会落后于技术本身的推出。在 GPT 和 Sora 等人工智能走出这么远之后，我们回首寻求人工智能的规范条目，却发现查无此人。现有的规章条目大多是倡导计划而非标准设计，显然，人工智能领域的标准化略显迟滞，亟待建设。

在迎接每一种新技术及其伴生的不确定性时，有一件事是确定的：积极学习，大胆拥抱。回顾过去 30 年，从计算机走向人工智能，竟是一条如此迅猛的路，让人措手不及。20 世纪 80 年代，文员们还是手写文件，部分人刚刚学会打字技术。而到 20 世纪 90 年代，一个公司的所有职员几乎都会用电脑办公。而到今天，每家中等规模及以上的企业都会雇佣多名信息技术（IT）专职人员。新技术并非只面向专业人员，实际上，今天的互联网上所售卖的信息技术或人工智能入门课程，有着大量的非专业受众，包括但不限于初高中生。

可以确信，人工智能、云计算、大数据将提升我们的生活品质，乃至解决原先无解的社会议题。但是，我们也需要保持清醒的头脑，在关注科技发展本身之外，关注其所必需的规范化与标准化，如确立有效的道德准则、修订相应法律法规、培训新技术人员、改革市场劳动力供需，如此，我们才能最大限度地用好新技术。人工智能绝不是少数人的事，而是迟早发展为电脑般普及的日常，让更多人有机会去创造人工智能体系、担负起规范化问题的责任，才是比寡头联盟更好的选择。越是冲击，我们越需要彼此了解，用更多的时间来交谈、倾听、学习，带着人的智慧和人的包容，驶入新纪元。

二、飞向太空：星链与新标准

2019 年是人类首次登月 50 周年，这在航天领域极富纪念意义。航天领域在 60 年前才真正有资金投入，彼此的发展目的还不是如今天这般探索宇宙，而是树立国家形象。随后才慢慢转向基础设施：电信卫星、对地观测、国际空间站、导航等。早期的航空以地球为基本中心，研究、观测、管理太空，从而改善地球人的生活环境。然而，这种以航天机构和政府实体为主导的、依靠公共资金投入的航空研究时代已悄然离去，飞向太空旅程中的主导者正经历从官方到民间的深刻变革。

被称为"新太空"（或"新空间"）的航天民间化大发展开始于近十年，由埃隆·马斯克和杰夫·贝索斯等身价过亿的实业家领旗。这些人不仅是超级富翁，还对太空有着前瞻性的眼光和认知。2015 年，埃隆·马斯克开创的太空探索公司首次成功回收了火箭。可回收火箭技术带来的灵活性大幅降低了人类进入太空的成本，可以预见，民营航天企业将在未来获得超额利润。高盛集团在 2017 年推断，未来 20 年全球太空经济规模将高达数万亿美元，大量风险投资机构会接连进入太空行业[①]。如今看来，这一预言已经逐步验证。

太空活动日益增多，有的可以在白天肉眼观测，有的则需在夜晚窥见。太空中出现了越来越多的人造建筑，就像工业化的中后期，自来水、无线网和高楼越来越多地出现在全球各地。走向太空的过程也是类似的，通过技术

---

① 马丁内斯.第五次工业革命：太空技术引发的科技革命和产业变革[M].龚若晴，译.北京：天地出版社，2021.

进步，为普通人送来能源和服务，送来新的人际关系模式。地球与太空的人类活动终将在未来交互统一。而太空的商业化和标准化意在建立一个更公平的机制，创造共同合作的环境。尽管类似的尝试曾在 20 世纪遭受过失败，但不可否认，全球化发展至今，何尝不能进行"二次起飞"？顶尖的实业家大步迈入了太空工业，跨国公司紧随其后，将原本待在各自实验室的科学家一同领到这里，为人类的未来出谋划策、争取福祉。

不过，太空环境说到底与地球截然不同，太空究竟会在多大程度上重塑人类社会和人的生活，还需要大量样本，甚至需要地外移民的生活实际才可验证。太空革命虽遥遥在望，却依然具有长期性和阶段性。对此，埃隆·马斯克和杰夫·贝索斯分别开发了"星链"和卫星群，用于地月开采和太空制造，其中包括太空居住、太空旅游、太空机器人等方面。企业家已经纷纷涌入了太空，未来如何，或许远超我们的想象。太空工业与其他领域不同，其特殊性在于想象一个完全不同的世界。我们正在经历一场真正的太空革命，一个突破性的创新瞬间，就像宝丽来之于摄影，沃尔玛之于购物。太空工业目前仍由少数人驱动，但我们相信，未来，它将是公众的领域——太空工业迟早会进入我们的日常，我们正要迎来由太空经济引领的第五次工业革命曙光。在一个不平凡的时代，一个值得的领域，我们会见证的不仅仅是一次次试飞和回收，而是正式升空，飞向广阔的宇宙。

三、机器制造机器的时代：3D 打印

人猿相别，因为人能制造工具。今人别于古人，因为今人能用机器制造工具。人类文明的标志之一便是工具的使用，从这个角度来说，被寄予无限期待的 3D 打印又一次拓展了人的能力——以机器制造机器。3D 打印的正式名称是"增材制造"，这区别于传统的"减材制造"。传统制造通过消耗材料来制造新产品，往往会造成材料的浪费。3D 打印则是增材，先用数字文件设计好一个打印模型，再通过层层叠加材料打印出所需物品[①]。每一个材料

---

① 沃勒.3D 打印：知道这些就够了[M].文刀，译.杭州：浙江出版集团数字传媒有限公司,2016.

层只是薄如纸张的切片，肉眼根本无法独立区别，但它们的累积却真能创造一个全然不同的新物品。

模型设计是 3D 打印的核心步骤，但图像往往是难以模拟的，尤其是要完美无缺地复现现实世界就更加困难。著名物理学家理查德·费曼曾在回忆录中写下如下语句来表明图像模拟的复杂性。

> 有一次，我们在讨论一些事情，我们当时也就十一二岁。
>
> 我说："思考就是跟自己对话。"
>
> "哦，是吗？"贝尼说，"你知道汽车曲轴古怪的形状吗？"
>
> "知道啊，你想说什么？"
>
> "好。现在告诉我：当你跟自己对话时，你如何描述它？"[①]

人眼可以捕捉物质世界的复杂形象，但将其建造成一个模型，将视觉所感知的各种信息缩减为一串有效描述的符号，无疑是难上加难。而 3D 打印的设计步骤恰恰要求我们将模糊多样的物理世界数字化为精确清晰的模型。计算机在发明之初就实现了算力和符号的追踪，而模拟图像则花费了数十年，哪怕是非常简单的圆形与方块。勾画出简单的二维图像后，如何模拟出一个结构复杂有曲面的三维物品，又成了新的拦路虎。即使是一个简单的圆锥，也需要大量运算来精确模拟其曲线、镂空、阴影、边线。

幸运的是，我们的技术足够跟得上我们的想象力。3D 打印目前已经实现了这个宏伟的目标：以高度精确的数字化呈现物理世界，再将其打印出来。与其他领域一样，3D 打印也需要格式标准，就像 MP3 格式让每个人可以交换、购买、下载音乐；JPEG 格式让所有数码照片可以与激光打印机、网络浏览器兼容。3D 打印的文件格式就是 STL 格式。这种格式始于 20 世纪80 年代，其可存储信息有限，也就是说，早期的 3D 打印机不得不删除一些设计细节以保留计算和打印能力。例如，大文件与被压缩的小文件之间可能

---

① 利普森，库曼.3D 打印：从想象到现实[M].赛迪研究院专家组，译.北京：中信出版社，2013.

存在微弱的色差，但 STL 会将其略去。正如今天的微信传输会把所有照片都压缩进 2M 从而出现画质失真的情况。40 年后的今天，STL 格式的优势已然成为劣势，成为限制 3D 打印进一步发展的主要因素。十几年来通用的 STL 要光荣退休了！不过技术永远是推陈出新的，如今的设计足以承受数十亿的细节信息，最好的 3D 打印机甚至能实现 1 微米的分辨率。这就是后来居上者也即新标准 AMF 格式的功劳了。AMF 保留了 STL 格式的曲面网状结构，但新增加了不少功能。AMF 文件格式可以处理不同颜色、不同类型的材料，创建格子结构以及处理其他详细的内部结构。与 STL 采用的平面三角形相比，曲面三角形可以更准确、更简洁地描述曲面[1]。2010 年，标准机构正式通过 AMF 标准，将其设定为行业规范。在新一代的 3D 打印中，如何更加精细地模拟现实依旧是重中之重。毕竟说到底，3D 打印是一项制造技术而非打印技术，3D 打印市场化的未来是要让每一个人都能捕捉现实，就像一款立体的数码相机。如果捕捉物理对象的设计细节成为一个快速而轻松的过程，那么每个人都可以成为设计师。一旦 3D 打印无处不在，每个人都可以成为制造商。

让我们一起回顾一下 3D 打印商用的历史。20 世纪 80 年代末，制造领域第一次引进了快速成型技术。1986 年，第一个 3D 打印技术 SLA（立体光固化成型法）成功申请专利[2]。尽管 3D 打印已经问世，但依然没有取代此前的减材制造。换言之，设计增材制造的最初目的并不是排斥减材，而是为设计和使用提供更多可能性。很长一段时间内，两种制造法并行，有效降低了生产成本。20 世纪 90 年代，3D 打印的技术逐渐成熟，甚至可以为精细珠宝、航空航天、医疗卫生等领域提供复杂的部件。到 21 世纪初，3D 打印已进入商业竞争白热化阶段，制造商们都想着如何造出精度高、速度快、质量好、成本低的 3D 打印机（见图 5-1）。他们致力于将 3D 打印推向大众市场，而非纯粹工业生产领域。2009 年，第一台家用 3D 打印机问世。2012 年，3D 打印机开始批量进入千家万户。曾有人将 3D 打印的民用化称为一场

---

① 利普森，库曼.3D 打印：从想象到现实[M].赛迪研究院专家组，译.北京：中信出版社，2013.
② 沃勒.3D 打印：知道这些就够了[M].文刀，译.杭州：浙江出版集团数字传媒有限公司，2016.

图 5-1 一台 3D 打印机

革命，3D 打印目前所显露的潜力不过是冰山一角。在 3D 打印逐渐日常化的时代，每个人都可以创造现实。3D 打印能发展到什么程度，我们拭目以待。

四、超级高铁：迈向未来的又一次尝试

2013 年，特斯拉汽车公司创始人埃隆·马斯克公布了一份有关新型交通运输系统的白皮书，提出了"超级高铁"的构想。马斯克称，现有的城际高铁依赖于老式技术，低效且昂贵，应当寻找一种新模式，可以持续性自主供电，不受恶劣天气和自然灾害影响，安全、便捷、高效。是不是听起来像 2021 年的科幻电影《雪国列车》? 相似的是，马斯克也打算设计一条真空的管道，让胶囊列车在太阳能供电下以每小时 1 223 千米的速度飞驰前进，让洛杉矶到旧金山仅需 35 分钟。

马斯克的判断是对的，快速交通的最大阻碍是空气阻力，但若想在地面创造稀薄的空气环境则造价不菲。马斯克并未践行这一提议，而是抛砖引玉作为开源想法，倡导世界各国携手合作。几个月后，来自中国、美国、欧洲的几家公司尝试实践，在加州码头修建了一条长达 5 英里的测试管道，拥有几乎纯正的真空环境。

不过，这种联动式的超级高铁并不是马斯克的创意。早在 1800 年，乔治·梅德赫斯特（George Medhurst）就提出了利用空气泵推动车厢运行的"气动马车"（aeolian engine）的专利[①]。1859 年，伦敦气动派送公司（London Pneumatic Despatch Company）成立，修建了一条利用蒸汽压缩管道

---

① 里德利.创新的起源：一部科学技术进步史［M］.王大鹏，张智慧，译.北京：机械工业出版社，2021.

空气实现运输的管道。然而，这家公司在 1865 年就出现了财政危机，随后于 1874 年宣告破产。气动客运线路的尝试似乎全都不尽如人意，1870 年，曼哈顿也出现了一列风力推动的气动车，可载客 40 万人，但未能得到推广。1910 年，罗伯特·戈达德（Robert Goddard）提出了与马斯克几乎一致的构想，即建造真空管道内行驶的磁悬浮列车，可惜也流于草案。从 19 世纪到 21 世纪，人们反复尝试，又反复失败，似乎宣告着摩尔定律不适用于运输领域。

不过，真空磁悬浮列车确实需要考虑太多问题，从标准设定、规划合作到技术攻坚，处处是难题。从工程上看，若想修建绵延千里又坚固的隧道，就不可能压缩重量。若想不受冷热昼夜限制持续运行，那管道连接处的热胀冷缩就需要高度的密封，还不能因此影响紧急情况的逃生。而任何人造的密闭空间都会存在漏气的风险，重置气压、排空管道也需要时间。从土地上看，超级高铁如果想一直在隧道中运行，那就要准备大量开凿隧道、搭建支柱的资金，且很难存在一条完全笔直的道路，除非穿越居民区、跨河跨路、穿山等。之后是能源问题，就目前已有的现代磁悬浮列车（如日本的新干线）而言，其往往要比传统的轨道列车消耗更多资源。我们很难判断这种创新的尝试到底会耗材多少，且成功率未知。在马斯克的设想里，能源均是清洁廉价的太阳能，但整体成本仍需考虑土地、基础设施、维修等情况。而且若想夜间供电不中断的话，还需要开辟土地修建太阳能发电厂。最后，即使上述这么多难题都能解决，超级高铁的承载量也是有限的。简单计算一下，如果这趟列车每小时承载 5 000 名游客，管道则需要每小时发送 180 次胶囊列车，即每分钟发车三次。这就意味着乘客不仅需要提前到达，还需排长队等候。

虽然科学家和实业家们也许会凭借决心、毅力、知识和财力解决其中一些问题，但很难保证这种尝试必然有成果，必然胜过现有的高铁与飞机。必须承认，我们之所以会对超级高铁大肆宣扬，是因为我们已经相信人的创新力几乎可以解决所有问题。

第四节　市场主体的角斗场

在这个由数据驱动和智能技术引领的新时代，全球经济的版图正经历着前所未有的重塑。市场主体，这些充满活力的企业，正以其创新精神和战略眼光，重新定义着竞争的规则和边界。它们不仅是经济活动的参与者，更是规则制定者，在全球范围内展开着一场关于技术、市场，乃至未来标准制定权的激烈角逐。5G 通信技术、电动汽车技术和芯片制造技术等关键领域，企业之间的竞争已经超越了传统的产品和市场争夺，转而聚焦于对行业标准的制定权。这些标准不仅决定了技术的发展方向，更深刻影响着企业的市场竞争力，甚至是一个国家在全球经济中的话语权。

在这场角逐中，企业通过不断地创新和研发，推动着技术的突破和进步。而在市场赛道上，它们则通过精准的市场定位、灵活的营销策略和高效的运营模式，争夺着消费者的心智和市场份额。这两条赛道相互交织，共同构成了企业竞争的复杂图景；在这场角逐中，标准制定权成了最为关键的战场。谁能够掌握标准的制定权，谁就能够引领行业的发展方向，甚至重塑整个行业的生态。因此，企业不惜投入巨大的资源，通过各种手段，包括但不限于技术研发、专利申请、国际合作等，来争夺这一至关重要的权力。在这场角逐中，企业需要运用智慧和策略，来应对复杂多变的市场环境和激烈的竞争态势。

通过标准的制定，企业不仅能够巩固自身的市场地位，更能够引领整个行业的发展方向。这不仅关乎企业自身的发展，更关乎整个行业的未来。因此，企业在争夺标准制定权的同时，也需要承担起引领行业、推动社会进步的责任。

我们将深入探讨这些市场主体如何在这场全球性的角逐中，运用智慧与策略，争夺市场的主导权，以及如何通过标准的制定，引领行业的未来。我们将一起见证，在这个充满变革与创新的时代，企业如何以其创新精神和战略眼光，重新绘制全球经济版图，引领世界走向更加美好的未来。

一、作为垄断工具的标准：公共字节

彼得·蒂尔（Peter Thiel）最初是个哲学家，毕业后当过编辑、律师，最后创办了自己的风险投资基金贝宝公司（PayPal），并凭借敏锐的商业嗅觉成为脸书最早的投资人之一。蒂尔曾于 2015 年发表如下言论："我想说，在我们生活的世界里，数字化的事物不受监管，实际存在的事物却受到监管。"软件在"公共创新"（permissionless innovation）的驱动下不断发展，而物理技术却受规章限制，很大程度上扼杀了创新。"如果你要创办一家电脑软件公司，成本可能是 10 万元，"蒂尔补充道，"但要让一种新药通过食品和药物管理局的审批，可能要花费 10 亿美元左右。"[①] 这导致药品开发领域的初创公司寥寥无几。

不过，也不是说要冒着损害患者健康的风险放开药物研发限制，互联网领域的座右铭"快速行动，除旧立新"对医学来说还是太过危险，沙利度胺（Thalidomide）事件就是个很好的例子。沙利度胺最早于 1957 年作为非处方药在德国上市，主治焦虑失眠等症状。由于质检时忽略了婴儿样本，孕妇服用沙利度胺后可导致婴儿发育畸形甚至夭折。结果是，全球有约 8 万儿童因该药物在出生前死亡。1961 年 11 月，沙利度胺在澳大利亚全部下架。

这一耸人听闻的案例提醒我们，若药物未被充分检测，结果可能相当严重。但公共字节领域却不一样，投资者往往受制于研发困难，转而投资其他领域的创新。若政府希望吸引创新领域的长期投资，则必须关注相关规章保障。数字领域的创新往往出现于偶然，且相当一部分是精心设计的结果。亚当·蒂埃尔（Adam Thierer）提出，20 世纪 90 年代初以来，美国两党执政者一致认为公共创新是互联网政策的基石，这一概念成为电子商务发展的"独家秘方"[②]。1997 年，美国政府颁布了《全球电子商务政策框架》（Framework for global electronic commerce），指出"互联网应当是由市场主导的竞技场，而不是一个受到限制的产业"；政府应该"避免对电子商务做出不当限制"

---

① 里德利.创新的起源：一部科学技术进步史［M］.王大鹏，张智慧，译.北京：机械工业出版社，2021.
② 同①.

"各方应能够签订合法协议，在互联网上买卖产品和服务时，政府要尽量减少参与和干涉""政府需要参与时，其目的也应当是支持和加强一个可预测的、最精简的、前后一致的和简单的商业法制环境"①。这种政策支援让20年后美国的电子商务呈爆炸式增长。

事实上，1996年通过的《电信法》（Telecommunications act）也有力支持了公共字节。其第230条规定，互联网提供者免于承担其网站内容的责任。网络平台信息版权的定义和出版领域完全不同。颁布于1998年的《数字千年版权法》第512条也提到保护网站服务提供者免于承担侵权责任。创新研究中的一个关键概念是鲍莫尔的"成本疾病"。经济学家威廉·鲍莫尔认识到，如果一个部门有所创新，而另一个部门的创新较少，那么后者的产品或服务成本会增加。如果创新改变了制造业的劳动生产率，那么整个经济体的工资会提高，服务会变得越来越昂贵。1995年，在德国，一台液晶电视的价格和一例髋关节置换手术的费用一样高。15年之后，一台髋关节置换手术的费用可以买10台液晶电视。由于经济生产率在普遍提高，外科医生的工资增加了，但他们自己的生产率却未提高太多，可能根本未提高。所以，只允许单个领域自行创新会造成一些问题。

创新是人们普遍追寻的事情之一，而总有理由来反对特定的创新。创新者非但没有受到欢迎和鼓励，还必须与现有技术的既得利益、人类谨慎保守的心理、抗议者的利益，以及版权、规章、标准和许可所设立的准入门槛做斗争。

二、5G 从消费端到产业端：赢者通吃的标准竞赛

过去40年，世界见证了四代移动通信的发展。第一代移动通信开始于1980年左右，使用的是模拟传输，主要技术有北美制定的 AMPS、北欧国家的公共电话网络运营商联合制定的 NMT，以及在英国等地使用的 TACS②。基于第一代技术的移动通信系统只限于提供语音服务，不过，这是历史上移动电话首次可以供普通民众使用。1G 于20世纪80年代末开始商用，该系统

① 里德利.创新的起源：一部科学技术进步史[M].王大鹏，张智慧，译.北京：机械工业出版社，2021.

② 宋梁，陈铭松.5G to B 从理论到实践[M].北京：电子工业出版社，2022.

采用基于无线电波的模拟通信技术，通过可移动的终端（当时俗称"大哥大"）实现模拟语音通话业务。人类终于摆脱了固定线缆，可以在移动状态下进行通信了。第一代移动通信系统也被称为"1G"，虽然它让人类迈入了移动通信时代，但受限于模拟技术的缺陷，1G 的通话质量和安全性都比较低，同时资费非常昂贵。

第二代移动通信出现于 20 世纪 90 年代早期，其特点是在无线链路上引入数字传输。虽然其目标服务仍是语音，但数字传输使得第二代移动通信系统也能提供有限的数据服务。相比于 1G 的模拟通信，2G 的数字通信更安全、通话质量更高，移动终端功能也更为强大，不仅可以拨打数字语音电话，还可以发短信。与"大哥大"相比，它更加小巧轻便，人们称之为"手机"。最初存在几种不同的 2G 技术，如欧盟国家制定的 GSM、D-AMPS，日本提出的仅在日本使用的 PDC 等。随着时间推移，GSM 从欧洲扩展到世界，逐渐成为第二代技术中的绝对主导。正是由于 GSM 的成功，第二代系统把移动电话从一个小众用品变成了一个世界上大多数人使用的必需品。即使在 3G、4G 技术已然问世的今天，GSM 仍在世界许多地方起主要作用，在灾难救援等特殊情况下甚至是唯一可用的移动通信技术。

在接下去的 10 年间，随着移动互联网的发展，人们对移动数据业务的需求不断增加。在 21 世纪初，第三代移动通信系统应运而生。3G 系统不仅可以实现数字语音业务，还支持高速数据业务，比如 Web 浏览、在线视频等。随着技术的不断成熟和 3G 网络的普及，移动终端也演进成"智能手机"，人们可以在智能手机上安装各种各样的应用，如游戏、地图、影音娱乐、新闻等，这些应用让智能手机的功能非常强大。3G 是朝着高质量移动宽带迈出的真正一步。借助于称为 3G 演进的高速数据包技术，无线网络的接入由此成为可能。此外，3G 还首次引入了非对称频谱的移动通信技术，而这基于由中国主推的时分双工 TD－SCDMA 技术。

第三代移动通信系统给人们的生活提供了极大的便利，带来了丰富的网络体验，同时也带来了移动通信用户数的爆炸式增长，高速数据业务的需求也日益增加。从千禧年至 2010 年，以 LTE 技术为代表的第四代移动通信应运而生。在第三代的基础上，LTE 提供更高效的增强移动宽带体验，简单来说，就是用户端的数据传输速率更高，有更智能的终端和更大的网络带宽，使用户不仅可以在线观看视频，还可以体验"高清数字语音"业务，实现上网业务和语音业务并发。同时，LTE 还实现了全球统一的移动通信技术，适用于所有类型的移动网络运营商。

在个人用户对网络业务的需求不断增加的同时，行业对不同场景下的移动通信，以及超高速率和超低时延的通信的需求也日益增加。为了匹配这些需求，第五代移动通信系统——5G 诞生了。通信场景由传统的个人通信演变成了万物互联，终端也从手机延伸为智能设备、虚拟现实（virtual reality，VR）眼镜、无人机等各种智能终端。

移动通信成功的关键是存在被许多国家认可的技术规范和标准，这些标准保证了不同厂家生产的终端设备具有可部署性和互操作性，以及终端在全球范围内的可用性。第一代通信的 NMT 技术就是多个国家共同制定的，这使终端可在北欧国家范围内签约使用并有效工作。第二代的 GSM 也由许多欧洲国家共同完成，从一开始，GSM 终端就能在众多国家正常运转，覆盖大量潜在用户。而这个巨大的市场最终催生了五花八门的手机品牌，大大降低了终端价格。不过，随着 3G 技术的规范，尤其是 WCDMA 的制定，全球性移动通信标准化迈出了重要一步。3G 技术一开始的制定也基于欧洲、北美、东亚几个分区，但在 1988 年，各个区域性标准化组织走到了一起，共同成立了 3GPP，即第三代合作伙伴计划。稍后，一个平行组织 3GPP2 成立，其任务是制定 3G 技术的替代品 CDMA。这两个怀揣 3G 技术的组织随后共存了许多年。不过相比之下，还是 3GPP 更占主导地位，甚至延伸到了 4G 和 5G 技术的制定，尽管名字依然保留为 3GPP。直到今天，3GPP 依然是世界上制定移动通信技术规范的唯一重要组织。

关于第五代通信技术的标准化讨论开始于 2015 年左右。狭义来讲，5G 指的是特定的、新的 5G 无线接入技术。广义来说，5G 意味着未来移动通信所能支持的、可预见的大量新应用服务。5G 的应用场景一般是 3 个，即增强移动宽带（eMBB）、大规模机器类型通信（mMTC）和超可靠低时延通信

（URLLC）。对用户来讲，直接体验效果便是更高可靠性、更低时延性、更低终端成本。在 4G 向 5G 的演进中，LTE 技术逐渐无法满足部分需求。为发挥新技术的潜能，3GPP 开始制定一种新的无线接入技术，成为新空口（new radio，NR）。2015 年秋天，3GPP 举行了第一次研讨会，确定了 NR 的范围，具体技术工作则开始于 2016 年春天。NR 的第一个版本完成于 2017 年底，次年，5G 开始了早期商业部署（见图 5-2）。

　　5G 通信技术标准由 3GPP 组织牵头制定，3GPP 在 2016 年 6 月宣布，3GPP 技术规范组第 72 次全体会议已就 5G 标准的首个版本——Release 15（Rel-15）的详细工作计划达成一致，预计在 Rel-17 版本冻结。2017 年 12 月，在国际电信标准组织 3GPP RAN 第 78 次全体会议上宣布 5G NSA 标准冻结，这是全球第一个可商用部署的 5G 标准。5G 标准 NSA 方案的完成是 5G 标准化进程的一个重要里程碑，标志着 5G 标准和产业进程进入加速阶段，标准冻结对于通信行业来说具有重要意义，意味着核心标准就此确定，即便将来正式标准仍有微调，也不会影响之前厂商的产品开发，5G 商用进入倒计时。2018 年 6 月 14 日，3GPP TSG RAN 第 80 次全体会议批准了 5G SA 标准冻结。此次标准冻结，不仅使 5G NR 具备了独立部署的能力，也带来全新的端到端新架构，赋能企业级客户和垂直行业智慧化发展，为运营商和产业合作伙伴带来新的商业模式，开启了一个全连接的新时代。

　　5G 不能简单地理解为移动通信系统每 10 年更新一代的结果，其发展背景需要从业务需求、经济发展和科学技术的进步等多角度进行分析。

　　从业务需求的角度来看，4G 时代移动通信业务主要以高速移动宽带业务为主，而未来移动通信场景会出现很多当前网络无法支持的业务，比如虚拟现实、增强现实、混合现实等超高速率业务，大规模物联网等超大连接业务，远程驾驶、无人驾驶等超低时延业务。这些新业务将对各行各业的数字化转型至关重要，也将给人们的生产和生活带来极致的体验，在未来势必会越来越普及，但是 4G 网络的能力已经无法满足这些业务的需求。因此，移动通信网络必须发展到一个能力更强的阶段，以适配这些未来业务的需要。

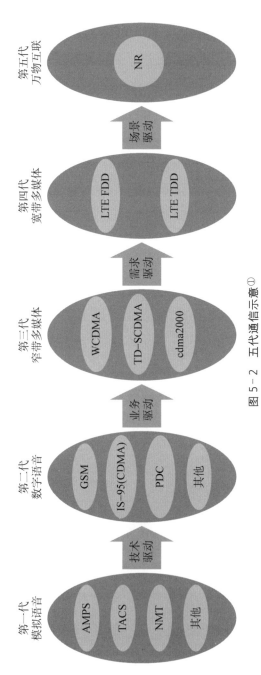

图 5 - 2　五代通信示意①

　　从经济发展的角度来看，当前全球经济增长长期疲弱，而移动通信系统更新带来的应用创新会在很多行业催生大量新产品，从而带动社会经济的增长，助力全球走出经济低谷，尤其体现在工业生产方面。因此，全球大部分国家目前都非常重视 5G 的建设，甚至不少国家把 5G 的建设和应用作为国家战略目标，德国、美国、英国、日本等老牌工业强国，都希望通过 5G 等信息通信技术与制造技术的融合来催化新一代工业革命。中国也期望借助 5G 等网络与信息化先进技术带动生产组织和制造模式的变革，实现智能化生产、网络化协同、个性化定制、服务化转型，完成工业发展的转型升级。在 2018 年 12 月召开的中央经济工作会议中，定义了七大新型基础设施建设，5G 就居于首位。

　　从科学技术进步的角度来看，一方面移动通信及其他相关技术仍在不断迭代，变得越来越先进，比如更高阶的调制技术、更先进的编码技术以及功能越来越强大的天线技术，让 5G 有了空前强大的空中接口，速率、时延、连接数、可靠性等方面的性能相比于以往的网络，都有了质的飞跃；另一方面人工智能、大数据、云计算等新技术的发展如火如荼，而 5G 网络采用网络功能虚拟化技术，可以与人工智能、大数据、云计算等新技术完美融合。因此 5G 也被各国寄予厚望，被视为打通各行业进入数字化革命的良机。

　　传统通信网络各方面的竞争都局限于通信领域内，比如各大网络设备制造商、运营商之间。5G 的竞争已不仅仅是通信领域的竞争，而被视为国家及地区之间产业与经济的竞争。在 5G 的技术层面，中国目前走在全球前列。以 5G 专利为例，根据德国专利统计公司 IPlytics 发布的 5G 标准专利调查报告，截至 2020 年 1 月 1 日，全球 5G 专利申请数量共 21 571 件，华为以 3 147 件位居第一，前十大企业中有两家中国公司。过去，中国在移动通信技术上与美国、欧洲、日本、韩国相比一直处于追赶跟随的地位，如今在 5G 技术上中国已完成"弯道超车"，领先于其他通信强国。

三、能源冲击：电动汽车呼啸而来

　　电动汽车的历史其实非常悠久，早在 1886 年英国就诞生了早期的电动汽车。1899 年，电动汽车便实现了时速 100 公里的纪录，早于汽油车。费迪南德·保时捷（Ferdinand Porsche）在电动汽车发展史上贡献显著，他在 1900 年发明了轮毂电机的原型，并在巴黎博览会上展出。同时期，美国发明家托马斯·爱迪生也在研究电动汽车，但电动汽车因续航里程短，在当时难以商业化。亨利·福特推出的福特 T 型车则开启了内燃机汽车的时代，占据了市场主导地位。20 世纪 70 年代，由于石油危机和大气污染问题，电动汽车再次受到关注。但铅酸电池的性能限制了其发展。20 世纪 80 年代后期，美国加州的零排放车辆法规推动了电动汽车技术的又一次发展，尽管如此，电动汽车的普及仍面临诸多挑战①。

正是在这样的发展契机（缺口）下，马斯克和特斯拉公司划时代式地脱颖而出，拉开了电动汽车的冲击序幕。

特斯拉汽车公司是由马丁·艾伯哈德（Martin Eberhard）和马克·塔彭宁（Marc Tarpenning）在 2003 年 7 月 1 日共同创立的，公司以著名物理学家尼古拉·特斯拉（Nikola Tesla）的名字命名，以此向他在电气工程领域的杰出贡献致敬。2004 年，在公司 A 轮融资期间，埃隆·马斯克（Elon Musk）进行了投资，并成了特斯拉最大的股东和董事会主席。即便特斯拉在汽车制造业方面起步较晚，但它很快就展现出在电池驱动技术上的领先优势。马斯克明确表示，他的视野不仅限于生产电动汽车，更要制造出完全依靠电池驱动的顶尖汽车。

特斯拉与路特斯汽车公司合作，开发了他们的第一款汽车——基于笼形异步电机的特斯拉敞篷跑车（Tesla Roadster）。这款跑车采用了大量为笔记本电脑设计的标准锂离子电池。Tesla Roadster 是首批实现连续生产的电动跑车之一，其续航里程能够达到 500 公里，这一成就展示了电动汽车在性能和设计上可以与燃油汽车相媲美，甚至有可能超越。这一创新理念成功吸引了投资者的关注。

自 2013 年起，特斯拉开始批量生产 Model S 电动汽车。为此，特斯拉收

---

① 藤原洋.精益制造 O3O:第四次工业革命[M].李斌瑛,译.北京:东方出版社,2015:117-120.

购了位于旧金山南部的一家旧汽车制造厂，并对其进行了全面的改造升级，以适应特斯拉汽车的生产。Model S 的推出充分展现了电动动力传动系统的潜力，证明了电动汽车的发展方向是正确的。Model S 的电池单元采用标准锂电池组，均匀分布在车辆底部，这不仅降低了车辆的重心，还使得快速更换电池成为可能。尽管如此，电池相关服务更多是作为消费者心理上的一个吸引点：一方面，充满电的电池已经能够支持长达 500 公里的续航；另一方面，特斯拉的超级充电站提供了免费充电服务，且能在 20 分钟内充电至 50% 以上[①]。

追溯到 20 世纪 60 年代，中国便开启了电动汽车的探索之旅，但早期的研究多以分散和小规模为主，且资金投入相对有限。到了 1980 年，国内对电动汽车的研究兴趣显著升温，该领域被纳入国家"八五"和"九五"期间的科技攻关重点，众多科研机构与生产企业纷纷投身于电动汽车的研究，并取得了一定的进展。

进入 21 世纪，特别是在 2001 年，电动汽车研究得到了国家层面的进一步重视，科技部在国家高新技术研究发展计划（即 863 计划）中特别设立了电动汽车重大专项。这一举措标志着电动汽车技术被提升至国家汽车产业发展战略的核心位置，旨在推动汽车科技创新，并以此为突破口，集结产学研各界力量，共同推动电动汽车产业化进程，特别是关键技术和系统集成技术的创新，这对中国汽车产业的长远发展具有深远的战略意义。

在《国家中长期科学和技术发展规划纲要（2006—2020 年）》中，"低能耗与新能源汽车"及"氢燃料电池技术"被列为优先发展主题和前沿技术。2007 年，《新能源汽车生产准入管理规则》发布，正式将电动汽车纳入国家汽车新产品公告管理体系。2008 年北京奥运会期间，500 多辆自主研发的电动汽车投入使用，起到了重要的示范推广作用。

随着电动汽车重大专项的持续推进、示范运行的深入以及地方政府的积极支持，国内主要汽车制造商纷纷响应，组建了多个产业联盟，并明确了电

---

① 肯内尔，鲍尔，陈庆.电动车辆驱动控制技术[M].北京:机械工业出版社,2022:9-11.

动汽车产品的研发及产业化发展蓝图。同时，电动汽车的关键零部件如电池、电机等也实现了产业化，并显著提升了生产配套能力，推动了电动汽车研发的全面繁荣。[①]

中国在电动汽车领域的标准制定方面取得了显著成就，建立了一个全面而系统的电动汽车标准体系，有效支撑了产业的规范化和技术进步。在充电技术方面，中国完成了大功率充电技术和标准的重要突破，提高了充电效率并增强了充电的兼容性和安全性。同时，中国积极参与国际标准的制定，通过与国际标准组织的合作，加强了在全球电动汽车标准制定中的话语权，并推动了电动汽车标准的国际化，促进了国内外技术的交流和对接。此外，中国在电动汽车标准制定中采取了灵活策略，允许多样性和迭代，以适应技术的快速发展和市场需求的变化。充电基础设施的标准化也是中国取得的重要成就之一，相关标准推动了充电网络的快速发展。展望未来，中国将继续关注电动汽车技术的最新发展趋势，并在无线充电、车网互动等领域制定相应标准，支持新技术的推广和应用，进一步巩固其在全球电动汽车产业中的领先地位[②]。

然而也有学者认为，新能源汽车技术标准的统一是一个逐步迭代的过程，不能急于求成，以免限制技术创新。尽管统一标准对于提升产品适用性、避免贸易壁垒和促进技术合作具有重要作用，但在产业发展的早期阶段，过度强调统一可能会抑制技术创新和多样性。在电动汽车发展的早期，技术创新非常活跃，此时不宜过于强调标准的统一，以免限制创新的发展。举例来说，如果早期对动力电池的尺寸进行统一规定，可能会阻碍某些创新技术，如可能会阻碍比亚迪刀片电池这类创新技术的出现。因此，标准化工作应谨慎进行，既要认识到统一的好处，也要意识到过早统一可能带来的风险。

标准化工作应在科学的基础上进行，求同存异，为未来发展负责，逐步

① 杨盼盼，龚贤武，林海，等.电动汽车驱动与控制技术[M].北京：机械工业出版社，2022：1–18.

② 装备工业司.中国已发布电动汽车标准 75 项标准体系基本建立[EB/OL].(2014–09–17)[2024–04–30].
https://www.miit.gov.cn/xwdt/gxdt/ldhd/art/2020/art_d9af225a1ac440f4873cce2f63e4cb16.html.

实现统一和迭代。虽然统一是最终目标，但目前还未到电动汽车电池尺寸方案完全统一的阶段。技术工作和尺寸延展还在进行中，需要时间来发展和成熟。新能源整车设计需要多样性，这也意味着对电池尺寸的要求也将是多样的，电池企业的创新将继续产生满足整车需求的新技术和尺寸方案。

当前的电动汽车市场正处于激烈的竞争之中，各大车企正通过不断的技术创新来争夺市场份额和行业标准的制定权。电池技术作为电动汽车的核心部分，其标准的制定尤为关键，它不仅关系到车辆的性能和安全，还直接影响到整个产业链的发展。企业如特斯拉和比亚迪等，正通过不断的技术研发和市场实践，推动电池技术及其他相关技术标准的更新。这些公司在竞争中积极推进技术进步，并通过技术创新来引领或适应行业标准的发展方向①。

尽管行业对于统一标准的呼声日益高涨，但由于技术的快速发展和市场需求的多样性，电池尺寸、充电接口、能量密度等关键技术指标的统一化工作仍然面临诸多挑战。此外，不同国家和地区在政策、市场需求和产业基础方面的差异，也增加了标准统一的复杂性。因此，统一的标准化工作仍然是任重而道远的。行业需要在促进技术创新的同时，考虑到兼容性和前瞻性，通过国际合作和行业协商，逐步推动形成广泛认可的国际标准。这不仅需要行业内各企业的共同努力，也需要政策制定者、行业协会和标准化组织积极引导和协调。通过这样的共同努力，可以期待在保障技术多样性和促进产业健康发展之间找到一个平衡点，推动电动汽车产业向更加成熟和标准化的方向发展。

四、争夺天空：无人机领域标准的激烈较量

无人机，也称为无人航空载具（unmanned aerial vehicle，UAV）、遥控驾驶飞机（remotely piloted aircraft，RPA）或更通俗的称谓"drone"，是一种内部没有飞行员的航空器。它们通过遥控设备、预设的程序控制装置，或者完全自主的控制系统来操纵飞行。无人机可以是各种形式的航空器，包括但不

---

① 王帅国.中国汽车标准化研究院刘桂彬：现在统一新能源标准一定不是最佳方案［EB/OL］.（2023－11－14）［2024－04－30］.https://new.qq.com/rain/a/20231114A044YC00.

限于飞机、直升机以及其他类型的飞行器。无人机的发展历史可以追溯到1个世纪前，但直到最近几十年，随着技术的进步，它们才逐渐成为航空领域的一个热点，尤其是在21世纪，无人机技术的发展和应用呈现出爆炸性增长。

无人机的应用非常广泛，它们不仅在军事领域扮演着重要角色，在民用、科研等领域也有着不可替代的作用。例如，无人机可以用于侦察、监视、通信中继、货物运输、农业监测、环境研究等多种任务。无人机的分类没有统一的国际标准，但通常可以根据以下几个维度来进行分类：一是用途，无人机可以根据其主要应用领域分为军用、民用和科研用无人机；二是尺寸，根据大小，无人机可以分为大型、中型、小型、微型和超微型无人机；三是构型，无人机的外形设计差异很大，可以是固定翼式、旋翼式、扑翼式、蜂动式、变翼式、飞艇式或组合式无人机；四是控制方式，无人机的控制方式多样，包括无线电遥控、自动程序控制（非遥控）、综合控制和自主控制。

随着自主控制技术的发展，未来的无人机将具备更加高级的实时感知和自主决策能力，能够独立执行复杂的任务，成为智能化的航空器。这种技术的进步将极大地扩展无人机的应用范围和能力，使其在航空领域中的地位更加重要[1]。

无人机市场在中国经历了快速的发展，民用无人机市场规模占比已超过军用无人机。技术进步和成本降低促进了无人机在多个领域的应用，包括航拍、物流配送、农业、建筑和消防等。中国已具备自主设计研发各级别无人机的能力，形成了完整的研发、制造、销售和服务体系，部分技术达到国际先进水平。国内无人机行业竞争格局显示，不同企业在各自的细分市场中挖掘优势，如大疆创新在消费领域，顺丰科技和京东物流在物流领域，极飞科技在农业领域，科比特航空在巡检领域，飞马科技在测绘领域等。随着无人机技术的专业人才需求量扩大，以及与新一代信息技术的融合，无人机在提升物流配送效率、农业智能化管理、建筑和消防安全监测等方面将发挥更大

---

① 张聚恩，王旭东.新航空概论[M].北京：航空工业出版社，2022：4.

作用，行业前景广阔。然而在这样欣欣向荣的蓬勃市场背后，无人机企业与无人机发达国家间的标准之争却愈演愈烈。

随着无人机技术的飞速发展和应用领域的不断拓宽，全球无人机市场正迎来前所未有的增长期。在此背景下，无人机国际标准的制定成了各国竞争的焦点，这不仅关乎技术规范的统一，更涉及各国在全球无人机市场中的话语权和影响力。

目前，无人机国际标准的竞争已经日趋白热化。美国、欧盟、日本、韩国等国家和地区都在积极推进各自的标准建设，并在国际标准化组织中提出多项新的标准提案。这种竞争不仅体现在标准的技术细节上，更体现在谁能在国际舞台上占据主导地位。中国作为无人机产业的重要参与者，尤其在消费级无人机领域占据全球 70% 的市场份额，但在国际标准制定上仍处于劣势。中国企业在国际标准制定中的声量较弱，缺乏主导国际标准制定的平台，这对中国在全球无人机市场中的长期发展构成了挑战。

在 2015 年，无人机产业迎来了快速发展的时期，行业内外对无人机标准的呼声日益高涨。当年 6 月 26 日，中国（深圳）无人机产业联盟在深圳发布了 3 部无人机通用技术标准，这是该联盟半个月内第二次发布此类标准，显示出无人机行业对统一技术规范的迫切需求。

无人机技术的广泛应用，从航拍、测绘到新闻直播和抢险救灾，都表明了制定无人机标准的重要性。有学者指出，缺乏统一的国家标准制约了民用无人机制造业的整体快速发展。专家预测，未来 5 年无人机市场规模至少达到千亿级，美国《航空与太空技术周刊》更是预测未来 10 年全球无人机市场将达到 673 亿美元。制定无人机标准不仅有助于国内行业发展，更关乎在国际市场上争夺话语权。湖南省商务厅世贸处的分析指出，掌握标准化制定权的国家或地区将获得最大利益。全球七成的民用无人机由中国企业生产，因此，掌握国际标准对中国企业至关重要。

在国际标准制定权的竞争中，中国企业已经开始行动。无人机产业联盟的目标是先申请深圳地方标准，进而推广至国家标准，并最终推向国际，为中国无人机产业在国际市场上的竞争奠定基础。同时，国际上的竞争也在加剧，如亚马逊和谷歌主导的小型无人机联盟（small UAV coalition）的成立，旨在规范小型无人机的监管。大疆创新等企业也在积极推动基于自身企业标准的生态系统建设，通过开放平台和技术支持，巩固市场领导地位，并促进无人机生态系统的发展。行业内部对标准的争夺和竞争被视为行业发展的积极信号，有助于推动整个行业的健康成长[①]。

全球无人机市场预计在2025—2030年间将持续增长。根据2024年的市场研究数据，2023年全球无人机市场规模约为851亿美元，预计到2030年将达到1 521亿美元，其间年复合增长率（CAGR）为8.1%。中国是全球最大的无人机市场，占有大约74%的市场份额，其次是北美和欧洲市场。在产品类型方面，固定翼无人机是最大的细分市场，占有约39%的份额。而在应用领域，娱乐、媒体和地图是最大的下游领域，占有46%的市场份额。

在这一背景下，无人机国际标准的争夺战愈发激烈。尽管国内无人机行业已建立了40多项标准，但在国际标准竞争上中国仍需加强其影响力。国内无人机产业需要在国际标准制定中发挥更大的作用，以保障其在全球市场中的竞争力。行业应用标准的建立正在加速。2017年，国内多个部门联合发布了《无人驾驶航空器系统标准体系建设指南（2017—2018年版）》，列出了267项无人机标准，包括技术标准、管理标准和行业应用标准，以支撑无人机相关法律法规的实施和满足市场需求。在国际标准制定方面，各国已经开始积极布局。日本、韩国等国家已经宣布着手制定无人机国际标准，并与相关研究机构合作开发提高无人机安全性的技术。国际上正在制定的无人机标准包括通信要求、产品要求、操作程序，以及由中国主导的分级分类要求等[②]。

2023年，中国在民用无人机领域的国际标准化工作中取得了显著成果，成功主导制定了3项新的国际标准，这些标准已经正式发布。这3项标准分别是《民用轻小型固定翼无人机飞行性能试验方法》（ISO 5286：2023）、《民

---

① 闫坤.无人机标准的暗战：中国争夺国际市场发言权［EB/OL］.（2015-07-08）［2024-05-24］.https://uav.huanqiu.com/article/9CaKrnJN5qo.

② 无人机进入规模化场景应用 国际标准争夺战悄然开启［EB/OL］.（2018-08-31）［2024-05-24］.https://news.jstv.com/a/20180831/1535665942290.shtml.

用轻小型无人机旋翼叶片对人体锐性伤害评估与试验方法》（ISO 5312：2023）和《民用轻小型无人机系统低气压环境下试验方法》（ISO 5332：2023）。这些标准的制定和发布，对统一民用轻小型固定翼无人机的飞行性能测试方法、指导无人机系统安全性设计，以及解决低气压环境下无人机系统检测的问题具有重要意义。它们不仅有助于提升民用无人机的飞行性能和安全性，也为无人机系统的测试和评估提供了标准化方法。

这些成果标志着中国在无人机系统标准体系建设方面迈出了重要步伐，并且是实施《无人驾驶航空器飞行管理暂行条例》、推动民用无人机行业安全发展的关键措施。截至目前，中国已经主导制定并发布了9项无人机领域的国际标准，并有4项国际标准正在编制中，体现了中国在该领域的技术实力和国际影响力[①]。

我们可以预见，未来无人机标准的争夺将随着技术的快速发展和市场的扩大而变得更加激烈。安全和隐私问题将成为标准制定的核心，同时国际合作对于制定广泛接受的全球标准至关重要。随着无人机在不同行业应用的深入，可能会出现更多针对特定行业的应用标准。中国有望在全球无人机标准制定中扮演更重要的角色，推动符合自身产业发展的标准。国际标准化组织将发挥关键作用，协调各方利益，确保标准的统一和实施。此外，环境影响和可持续性也将成为未来标准考量的因素之一。标准制定过程可能会更加开放和透明，以提高标准的接受度和有效性。

---

① 我国主导制定的三项无人机领域国际标准正式发布［EB/OL］.（2023 - 10 - 26）［2024 - 05 - 24］.https：//www. miit. gov. cn/xwdt/gxdt/sjdt/art/2023/art_16d9b1ccd06d4ba1a6f66e6dbab858bb. html.

第六章

标准学说的"百家争鸣"

究天人之际，通古今之变，成一家之言。

——司马迁

第一节 两次工业革命时期的标准化思想与实践

标准化实践是标准化理论的源泉，这一观点强调了实践对理论发展的推动作用。随着标准化实践的不断深化和发展，人类对标准化活动规律的认识也会逐步加深和完善。因此，新的、更完善的原理将会取代旧的、行将过时的原理[①]。在标准化实践活动中，为了及时选择标准化对象，并对标准的计划、实施、管理、修订和废止等环节采取适当的措施，使其更加有组织、有计划，我们必须加强理论的研究。如果缺乏对理论的深入研究，标准化实践就不可能取得成功，更谈不上达到更高级的阶段[②]。

标准化的定义经历了从个别专家到标准化组织再到学术界的演变，反映了标准化学科建设的发展轨迹。一百多年来，许多标准化专家和学者致力于研究标准化的基础理论，发表了许多著作，这些著作包括 J. 盖拉德的《工业标准化——原理与应用》、魏尔曼的《标准是一门新学科》等。在 20 世纪中后期，国际标准化组织的定义逐渐成为主流，学术界并未提出挑战。1952年，国际标准化组织设立了标准化原理研究常设委员会（STACO），专门从事标准化原理、方法和技术方面的理论研究。随后，一些国家也设立了相应的机构，这对标准化理论的研究工作起到了很大的推动作用[③]。国际标准化组织成功实施标准化策略赢得了国际社会的广泛尊重，使得标准化成为一个在工业界实践性很强的社会活动。直到 20 世纪末期，学术界才有人试图从

---

① 洪生伟.标准化管理[M].3 版.北京:中国计量出版社,1997:69.
② 邝兵.标准化理论的战略与实践研究[D].武汉:武汉大学,2012:29.
③ 同②.

学术角度深入探讨标准化的定义，超出了标准化组织的范畴。这表明标准化理论的发展已经走过了一个漫长且积极的历程，从实践走向理论，并逐步融入学术研究的范畴①。

要类比的话，"百家争鸣"用在标准化理论的发展上就很贴切。在标准化领域，各种不同的理论、方法和标准争相提出和发展，如同百家思想在中国古代争论辩驳一样。这些理论可能有不同的侧重点、方法论和应用范围，它们之间的辩论和比较推动了标准化理论的进步和发展。

就像百家争鸣中的各家学派可以相互借鉴、互相印证，标准化理论也可以通过不同学派之间的交流和对话，形成更加全面、深入的认识和应用。这种竞争和辩论促进了标准化理论的多样性和丰富性，有助于解决不同领域、不同需求下的标准化问题，推动标准化工作向前发展。

需要说明的是，尽管标准化理论是晚近才逐步兴起的，但它却具有很早的思想根源。不可否认，严格意义上的"标准化"概念被提出前，针对标准的学说并没有那样系统、全面，但在社会经济发展的众多领域，标准化思想早已深入人心，并对生产生活实践有着重要影响。接下来，在正式讨论 20 世纪以来标准学说的建立前，让我们暂且上溯，一起回顾第一、二次工业革命时期标准化思想的发展历程。

人类关于标准本身的思考早已存在。《孟子·离娄上》就有"不以规矩，不能成方圆"的说法，强调了规则和标准在社会秩序中的基础作用。如前所述，在古代大一统王朝，朝廷也往往通过确立统一标准，来进一步实现对广阔疆域的控制。秦始皇统一六国后，便将标准理念运用到了国家治理之中。他推行了统一的货币、度量衡、书写文字及政治制度——这些举措不仅加强了中央集权，也为经济交流和文化传播提供了便利。有理由认为，古人关于标准化的探索与反思，为后世的标准化实践提供了宝贵的经验。

不过，真正意义上的现代标准化思想，还是肇始于工业革命后。这一时期，机械化生产的广泛应用极大地提高了生产效率，同时也催生了对标准化

---

① 中国科学技术协会.标准化科学技术学科发展报告 2011—2012[M].北京:中国科学技术出版社,2012:44.

的迫切需求。正是伴随着一套更加严密、高效的生产体制的建立，标准化才逐渐成为一种系统理念、哲学思想和管理工具。

比如，第一次工业革命时期，标准化思想与工厂管理之间就建立了日益密切的联系。随着机械化生产的引入，工厂开始寻求生产效率的提高。基于大量将生产流程规范化的探索，一些工厂主开始总结标准管理经验，想要借以找到最为高效的作业流程。前文提到的理查德·阿克莱特，便通过构建新型管理标准——具有"现代"色彩的作息制度、奖惩规范、福利建设，来实现更大规模、更高效率的生产。蒸汽革命以来现代专利制度的确立，也是借助标准推动技术革新、经济发展的良好例证。

泰勒的《科学管理原理》的问世，在两次工业革命时期标准化思想演进的过程中，具有里程碑意义。此前的很多标准化观念，还很难称得上是系统性的学说，而泰勒发展出的科学管理思想，则在实践基础上比较严谨地探讨了如何通过科学方法来优化工作流程，将标准化思想提升到了新的理论高度。泰勒认为，通过细致地研究和分析工作过程中的每一个动作，可以确定出最有效的工作方法，并将这些方法标准化，形成一套明确的操作指南。这样，工人就可以按照这些标准来执行任务，从而减少无效劳动，提高工作效率。他的工作，为现代管理标准化的理论与实践发展奠定了坚实的基础。

需要强调的是，《科学管理原理》的问世，除了离不开泰勒的聪明才智，也与两次工业革命时期兴起的生产标准化思潮有着密切联系。其中，罗伯特·欧文、查尔斯·巴贝奇、安德鲁·尤尔等人的理论思考，都对后世产生了一定影响。

罗伯特·欧文以其"人是环境的产物"的管理思想，为管理理论注入了新的视角。欧文认为，外在环境对人的影响具有决定性作用，通过改善环境，可以促进人的全面发展。他在新拉那克的棉纺厂实施的管理试验，不仅提升了工人的生活质量，也为企业带来了丰厚的利润。查尔斯·巴贝奇将数学方法应用于工厂管理，其著作《论机器和制造业的经济》成为管理学的先驱之作。巴贝奇发展了亚当·斯密关于劳动分工的思想，进一步分析了分工提高效率和节省工资支出的原因，并提出脑力劳动和体力劳动的分工。他还强调了劳资关系协调的重要性，并提出了固定工资加利润分享的制度，以提高劳动生产力，实现共同繁荣。安德鲁·尤尔则在工业教育方面起到了带头作用，他致力于培训早期工厂制度下的管理人员，成为在大学中培训技术和管理人员的先行者。尤尔在格拉斯哥大学成立专门学院，传授科学知识，其教育成效显著，培养了大量管理人员。尤尔在《制造业哲学》中提出，企业管理的实质是用机械科学代替手工技巧，用新型企业职工代替经验技巧型的手工艺人，强调科学安排生产，实现工厂的协调一致①。

可以看出，这些先驱者的思考与实践，深刻映射了两次工业革命时期的社会经济转型，同时为现代管理标准化铺设了理论基石。尽管他们并未对"标准化"一词给出严格的定义，其研究重点也不全然围绕标准理论展开，但他们的见解和策略无疑蕴含了对标准化的深刻洞见和实用策略，这与后来的标准化学者是殊途同归、不谋而合的。

第二节 百家争鸣

学术进步依赖于知识的传承和思想的深入辩论。在标准学说的发展过程中，我们可以看到一幅活跃的"百家争鸣"图景，其中包括对概念的严格界定，基于标准化实践发展出的理论构想，以及从多学科视角出发的总结与反思。现在，让我们将目光投向那些开创和发展标准学说的先驱们，一同感受思想的魅力和力量。

一、最早的概念提出者：盖拉德
和《工业标准化——原理与应用》

1939年6月14日的《纽约时报》上刊登了这样一篇文章："工程师捍卫使用标准；盖拉德博士告诉办公室经理，标准可以显著改善管理"，报道称：

---

① 黄穗棱.工业化浪潮中的"标准化"——泰罗管理思想研究[D].湘潭：湘潭大学，2014：17-19.

"昨天,咨询工程师约翰·盖拉德(Jhon Gaillard)博士在纽约酒店举行的美国国家办公室管理协会(National Office Management Association)大会上发表演讲,抨击那些反对在企业管理中使用标准的高管。他说,一些高管担心标准化会损害产品的个性、客户的好感或工人的合作精神。"

当 20 世纪中叶标准化开始应用于企业管理时,确实面临了一系列挑战和困难。首先,技术方面的挑战主要表现在标准的制定和实施过程中。标准制定涉及各种技术规范、流程、方法和工具,需要深入了解各个领域的专业知识,这对企业来说是一项庞大的任务。其次,文化方面的挑战涉及员工对标准化变革的接受度和适应性。引入标准化管理往往需要改变组织内部的工作流程、沟通方式和决策机制,这可能会引发员工的不适应和反对情绪。此外,管理方面的挑战包括如何有效地整合标准化流程到日常管理中。标准化虽然可以提高效率和质量,但也需要有得到认识、得到认可的环境——这与标准化理论研究的推进如出一辙:人人都知道当理论从实践中抽象出来后能更好地强化学科应用能力。标准化理论正在呼唤发现者,而他正是约翰·盖拉德。

这位站在标准化时代大潮上的舞旗者,在 1934 年发表的著作《工业标准化——原理与应用》(Industrial standardization: Its principles and application)是标准化理论研究的奠基之作①。

他的研究主要包括以下内容:标准化的基本理论和各种具体形式,例如标准化在社会生产中的地位和作用,标准化的特点,标准化科学的理论基础,以及标准化的简化原则、统一原则和协调原则等;标准化的一般规律和科学方法,例如标准化过程的客观规律和科学方法;标准化的构成因素及其相互关系,例如产品质量管理体系、产品质量国家监督体系等的特征和联系;标准化的一般程序和每个环节的具体内容,例如标准化规则、计划、制定、修订的特点和规律;标准化过程的外部联系,例如企业间、行业间、国家间的联系方式和内容;标准化管理,例如标准化管理的理论与方法,标准

① 洪生伟.标准化管理[M]. 3 版.北京:中国计量出版社,1997:28.

化的管理体制等①。

目前可查证的关于"标准"的最早定义也来自这本书。盖拉德认为："标准是对计量单位或基准、物体、动作、过程、方式、常用方法、容量、功能、性能、办法、配置、状态、义务、权限、责任、行为、态度、概念或想法的某些特征，给出定义、做出规定和进行详细说明……"② 可见，此定义主要是对标准化的对象及特征的描述。

盖拉德对此定义不断完善，后来又在以上定义的基础上做了补充：一个概念或观念，或前述各项的任何组合的某些特点，以便通过在生产者、经销者、消费者、用户、工艺学家及其他有关方面之间建立共同的理解基础，来达到促进生产、处理、调节与（或）使用商品及服务事业的经济效果及效率的目的③。

二、ISO 系（STACO）定义"三杰"：
魏尔曼、桑德斯与松浦四郎

既然标准化活动在全世界推广的"征途"已然开启，标准化原理的研究也相应地得到了重视与发展，在这样的重要时期，ISO 又怎能缺席？

1952 年在国际标准化组织机构内成立了标准化科学原理研究常设委员会（STACO）。它是一个专注于研究标准化原理、方法和技术的团体，其首要职责是为 ISO 理事会提供顾问意见，在考虑标准化经济问题的同时，促使 ISO 标准化工作取得最佳效果。STACO 的成员是按个人资格任命的，而不是代表各自国家。这样的规定旨在组织技术专家会议，并鼓励委员适当连任。1969 年，STACO 的全称中删去了"科学"这两个字。

在这段时期，有三位学者及其著作大大推进了标准化理论的研究进程：印度的魏尔曼（Lal C. Verman）、英国的桑德斯（T. R. Sanders）和日本的松浦四郎。因为他们三位都曾为 STACO 会员，其著作与研究成果与 STACO 的指

---

① 金哲.新学科辞海［M］.四川：四川人民出版社，1994：76.
② 赵全仁，崔壬午.标准化词典［M］.北京：中国标准出版社，1990：12.
③ 中国科学技术协会.标准化科学技术学科发展报告 2011—2012［M］.北京：中国科学技术出版社，2012：44.

导意见保持一致,因此可将他们归为"ISO 系(STACO)定义'三杰'"。

魏尔曼与《标准化是一门新学科》

在英国统治印度期间,印度面临着建设工业基础设施的挑战,印度工程师协会(India Institution of Engineers)起草了一份机构章程的初稿,以便成立一个负责制定国家标准的机构。从而印度工业和供应部于 1946 年 9 月 3 日发布备忘录,正式宣布成立名为"印度标准机构"(Indian Standards Institution,ISI)的组织。魏尔曼正是 ISI 的第一任总干事,也是 ISI 历史上任期最长的一位(1947—1966 年)[①]。在魏尔曼离任后,他总结了 25 年中印度的标准化成就,尤其是印度标准化运动中反映的,为了纳入国家经济计划而设计的与之并行的标准化规划的有效性,于 1972 年,发表了著作《标准化是一门新学科》(Standardization:A new discipline)(见图 6 - 1),其中介绍了大量的印度经验,对发展中国家尤其意义深远[②]。

在这本书中,他首次全面探讨了标准化作为一门学科的概念。他从语义学和术语学的角度对学科、科学、工程、技术、标准和标准化等重要概念进行了深入讨论。接着,他阐述了标准化的目的、作用、领域和内容,并提出了标准化三维空间的概念。他指出:"看来我们最好不要把标准化的含义引申得过分远,不要试图说服人们把它视作与物理学、化学之类的自然科学相提并论的一门科学。充其量而言,可将其视作与社会学、政治学之类的社会科学相仿的一种科学。"[③]

魏尔曼的标准化理论具有超前性的闪光点,在于其还带有一种人文关怀。

最高形式的标准是有关伦理和道德的标准。在这个论题上引用米达利斯的一段话是最适宜的:"在一个由技术支配的文化中,必须建立并坚持取高的道德和伦理标准,借以对个人的、国家的和国际的能力加以正确的管理和

---

① World Standard Day: The Journey of Bureau of Indian Standards(BIS)[EB/OL].(2021 - 08 - 14)[2024 - 04 - 09]. https://indianobserverpost.in/News-Detail.aspx?Article=1018&WebUrl=web.

② 魏尔曼.标准化是一门新学科[M].北京:科学技术文献出版社,1980:6.

③ 王平.国内外标准化理论研究及对比分析报告[J].中国标准化,2012(5):39 - 50.

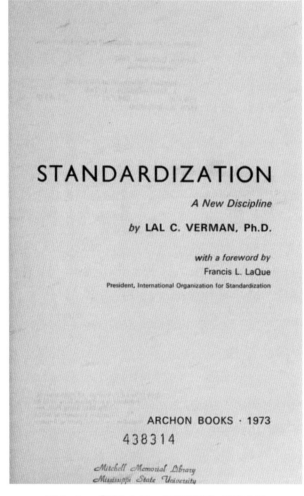

图 6-1 《标准化是一门新学科》原著书影

使用。如果像我们所理解的社会能继续存在的话，伦理上的原则和伦理上的考虑必须约束技术为人类的利用而放出的力量……科学的发展必须依靠道德和伦理的原则。"

可是，又必须承认，在这个领域里多年来已经制定出若干标准，但是这些标准的著作极大部分是属于个别的拥有极大权势和崇高地位的一些领导者。是否在现代化的标准化方法的基础上，还要求各种不同道德和伦理准则的统一和协调，从而为它们取得一种更为普遍的接受和更为持久的实施，则是要由未来的世代来答复的问题了[①]。

桑德斯与《标准化的目的与原理》

于 1963—1972 年担任 ISO/STACO 主席的 T. R. 桑德斯是另一位重量级的 ISO 系标准理论研究者，他在几乎同一时期根据自己的实践经验，系统总结了标准化活动的过程，并将其归纳为制定、实施、修订、再实施标准的循环过程。他同时提炼出了标准化的 7 项原则，并深入阐明了标准化的本质：有意识地努力实现简化，以降低当前和预防未来的复杂性。1972 年，国际标准化组织出版了桑德斯所著的《标准化的目的与原理》（*The aims and principles of standardization*）（见图 6 - 2），其中列出了以下 7 项标准化原则。

图 6 - 2　《标准化的目的与原理》原著书影

原则 1：标准化从本质上来看，是社会有意识地努力达到简化的行为，也就是需要把某种事物的数量减少。标准化的目的不仅是减少目前的复杂性，而且也是预防将来产生不必要的复杂性。

原则 2：标准化不仅仅是经济活动，而且也是社会活动。应该通过所有相关各方的互相协作来加以推动。标准的制定必须建立在全体协商一致的基础上。

原则 3：出版的标准，如果未得到实施，就没有任何价值。在实施标准的过程中，常常会发生为了多数利益而牺牲少数利益的情况。标准化工作不能仅限于制定标准，在不同的情况和条件下，为了取得最广泛的社会效益，只有将企业标准、团体标准、国家标准、国际标准在各自的范围内得到应用，才符合标准化的本来目的。

原则 4：在制定标准的过程中，最基本的活动是如何选择并将其固化。标准是作为制度予以实施的，不能朝令夕改，否则就会造成混乱甚至毫无益处。

原则 5：标准要在适当的时间内进行复审，必要时，还应进行修订。修订的间隔时间根据每个标准的具体情况而定。

原则 6：在标准中规定产品性能或其他特性时，为了判断该物品是否与规定相符，必须同时规定进行试验的方法。

原则 7：关于国家标准以法律形式强制实施的必要性，应根据该标准的性质、社会工业化的程度、现行的法律和客观情况等慎重地加以考虑。一般认为通过法律而实施标准是不理想的。但是，对于有关人类生命健康、安全、环境的标准，或计量标准，最好能超出企业标准、团体标准的级别，并且不分国家以国际法规的形式加以制定。

桑德斯主要提出了标准化的目的和作用，并给出了标准从制定、修订到实施等过程中应掌握的原则。其中值得注意的是他在原则 1 中明确地提出标准化的目的是减少社会日益增长的复杂性，这是对标准化工作的深刻概括，对后来的标准化理论建设具有重要的意义[1]。

桑德斯的标准化原理研究也具有长远的眼光，他对"国际标准化工作向何处去"的问题有着自己的思考。他已经敏锐地意识到，"在不同国家中接

---

① 邝兵.标准化理论的战略与实践研究[D].武汉:武汉大学,2012:29-31.

受标准的严肃性不一致的情况下，往往发生一般称之为'对于贸易的技术壁垒'的东西"①。

举个常见的身边例子：不同国家和地区可能采用不同的电气插头标准和电压标准，比如欧洲的欧标插头、美国的 NEMA 插头以及中国的国标插头等。这种差异使得在不同地区生产的电器设备无法直接插入其他地区的插座，需要使用转换器或适配器，增加了生活和商务中的不便和成本，形成了一种贸易壁垒。

另一个例子是汽车的排放标准。不同国家和地区对汽车的排放标准有不同的要求，例如欧洲的欧 6 标准、美国的 EPA 标准等。因此，汽车制造商需要根据不同市场的要求调整和改变车辆的设计和制造，增加了生产成本和技术难度，同时也限制了汽车在全球市场的流通，形成了贸易壁垒。

桑德斯在 1972 年就已经遇见了类似情景，而他不断呼吁通过国际的委员会合作形式、利用国际性出版物取得世界标准的一致性，以减少或避免"地方传统"以及政治性因素导致的技术交流与合作的困难。但显然目前看来，任重而道远。

松浦四郎与《工业标准化原理》

从 1961 年，日本政法大学教授松浦四郎开始系统研究标准化理论。松浦认为，随着知识和事物不断增加，为了更高效地生活，减少不必要甚至有害的增长是必要的，这需要减少不必要的多样性，这是人类的自然控制本能。有意识地简化努力是标准化的起点。在他 1972 年出版的《工业标准化原理》一书中，详细阐述了他的理论观点，并提出了 19 项标准化原理②。

（1）标准化本质上是一种简化，是社会自觉努力的结果。

（2）简化是减少某些事物的数量。

（3）标准化不仅能简化目前的复杂性，而且还能预防将来产生不必要的复杂性。

（4）标准化是一项社会活动，各有关方面应相互协作来推动它。

---

① 桑德斯.标准化的目的与原理[M].北京:科学技术文献出版社,1974:109-111.
② 松浦四郎.工业标准化原理[M].熊国凤,薄国华,译.北京:技术标准出版社,1981:12-37.

（5）当简化有效果时，它就是最好的。

（6）标准化活动是克服过去形成的社会习惯的一种运动。

（7）必须根据各种不同观点仔细地选定标准化主题和内容，优先顺序应从具体情况出发来考虑。

（8）对"全面经济"的含义，由于立场的不同会有不同的看法。

（9）必须从长远观点来评价全面经济。

（10）当生产者的经济和消费者的经济彼此冲突时，应该优先照顾后者，简单的理由是生产商品的目的在于消费或使用。

（11）使用简便最重要一条是"互换性"。

（12）互换性不仅适用于物质的东西，而且也适用于抽象概念或思想。

（13）制定标准的活动基本上就是选择然后保持固定。

（14）标准必须定期评论，必要时修订，修订时间间隔多长，将视具体情况而定。

（15）制定标准的方法，应以全体一致同意为基础。

（16）标准采取法律强制实施的必要性，必须参照标准的性质和社会工业化的水平审慎考虑。

（17）对于有关人身安全和健康的标准是必要的。

（18）用精确的数值定量评价经济效果，狭窄的具体产品才有可能。

（19）法律强制实施通常仅限于使用范围。

松浦四郎的上述理论观点后来又反映在 1985 年日本规格协会出版的《企业标准化手册》里。这时他把人类为防止事物的复杂化，使社会生活从无序转向有序而进行的标准化活动，看成是人们为创造负熵所做的努力。这些思想被他称为标准化原理。"熵"和对应的"负熵"概念的引入，是他对标准化理论研究做出的一大贡献。

熵是一个广泛应用的概念，在物理学、信息论、化学等领域都有不同的解释和应用。在物理学和热力学中，熵通常表示系统的混乱程度或无序程度。举个例子来说明，想象一下一堆散乱的书籍，它们没有任何秩序地堆放在一起。这种状态的书堆就是高熵状态，因为它们没有任何规律可循，看起来很混乱。相反,如果把这些书按照书名或者作者的字母顺序整齐地排列起来,就会变成低熵状态,因为现在它们有了一定的秩序和组织。

在热力学中,熵也可以理解为系统的热运动状态的一种度量。一个高熵系统意味着其中分子的运动非常混乱,而一个低熵系统则表示分子的运动有序。熵可以用来描述系统的无序程度、混乱程度或者随机性,而相对的"负熵"就是指规则化和有序化。

松浦四郎用熵来说明标准化如何使社会从无序走向有序,丰富了标准化的理论,也使标准化理论与热力学成果联系起来,更加精准地反映了标准工作的目的与意义,这也与他对"简化"的强调与追求紧密相关①。

三、亨克的多学科思想

固然以上的"三杰"已经为标准化原理研究缔造了不朽的功绩,但这项事业仍随着人类社会历史的发展不断推进(也需要推进)。作为 ISO 系传统标准定义的挑战性学者,亨克(Henk de Vries)的标准化原理成果也是不能被我们忽视的。

亨克是伊拉斯姆斯大学鹿特丹管理学院技术与运营管理系标准化管理专业的教授。标准化管理包括公司和其他组织内部的标准化管理、多方合作的标准化项目管理以及国家质量基础设施管理。后者包括标准化和合格评估,德弗里斯教授将其与创新管理联系起来进行研究。他是标准化领域 400 多部著作的作者或合著者。直到最近,他一直担任欧洲标准化学院(EURAS)院长。国际标准化组织将他的标准化教育评为世界最佳。在职业生涯早期,亨克教授曾在荷兰皇家标准化协会(NEN)担任过多个不同职位②。

他在其代表作《标准化:关于国家标准化组织的业务途径》(*Standardization:A business approach to the role of national standardization organizations*)中提出了一个观点,认为国际标准化组织及其他标准化组织给出的标准和标准化定义

---

① 邝兵.标准化理论的战略与实践研究[D].武汉:武汉大学,2012:31-33.
② Prof.dr.ir. H.J. (Henk) de Vries [EB/OL].(2022-11-14)[2024-04-09]. https://www.rsm.nl/people/henk-de-vries/.

过于严格，只适用于标准化组织自身的活动，不太适合学术上对标准化的定义。

为了阐述这一观点，他对比分析了历史上的标准化定义、各个标准化组织中的定义，以及权威辞典中的定义，最后得出结论，标准化的定义应该是："对于实际的或潜在的匹配问题（matching problems），建立并记录一套有限解决方案的活动，为促进参与的一方或多方获得利益，平衡他们的需要，有意图或期望让所建立的解决方案在一定的时期内得到相当数量真正需要它的相关方的重复使用或连续使用。"

亨克对标准化学科建设的看法的正确性在于：标准化是一个横跨多种学科领域的新兴学科，没有哪一位专家能够全面精通所有相关学科，因此标准化学科需要吸纳多学科的知识和观点。目前国际上的标准化学科尚未成熟，只有各个相关学科都积极参与并深入探讨相关理论问题，然后由能够整合这些研究成果的学科（比如管理学）来推动标准化学科的发展，我们才能期待标准化学科逐渐走向成熟[①]。

当前的标准化工作无疑已经深入到我们生活的方方面面：电动汽车充电领域的 ISO 15118（关于电动汽车与基础设施之间通信的标准）、ISO 61851 系列有关标准（关于电动汽车充电接口的标准）、ISO 19363（关于电动汽车充电通信控制的标准）等影响着当前冉冉升起的电动汽车领域；医疗信息交换标准中的 HL7（health level seven，规定医疗信息的格式、结构和传输方式）、DICOM（digital imaging and communications in medicine，医学图像领域标准）规定了医学图像数据的格式和传输协议；食品安全认证标准方面，ISO 22000 用于规范食品生产和加工过程中的食品安全控制措施，HACCP（hazard analysis and critical control points）则是一种食品安全管理系统，强调对食品生产过程中的危险进行分析和控制。

在未来的标准化原理研究领域，将不再是单一的"闭门造车"，标准化事业的推进将需要全行业全社会各个方面的大讨论。人们对于标准和标准化

---

① 王平.国内外标准化理论研究及对比分析报告[J].中国标准化,2012(5):39-50.

的认识将在跨领域中得到完全的更新。随着生成式人工智能在文学、艺术等方面的应用日益增多，或许文艺领域也有一天会加入标准与标准化原理的研究范围内（是否有点反常规？）。

四、李春田的《标准化概论》

改革开放后，中国标准化领域开始了较为宽松的理论研究环境，中国标准化协会也为标准化理论研究提供了持续的交流平台。这导致了 20 世纪 80 年代和 90 年代中国标准化理论研究蓬勃发展的局面。从那时起，中国标准化界的对外交流逐渐扩大，发达国家先进的理论思想和标准化的基本理念对中国标准化理论建设和标准化体系建设产生了重要影响。其中，中国标准化理论的代表性成果之一是李春田的《标准化概论》（见图 6-3）。

图 6-3 《标准化概论》书影[1]

---

[1] 李春田.标准化概论[M].4 版.北京:中国人民大学出版社,2005.

　　中国著名的标准化专家李春田主编了《标准化概论》，提出了简化、统一、协调和最优化4项标准化方法原理。他对每一项原理的含义、产生的客观基础、应用范围，以及这4项原理之间的关系进行了全面的论述①。

　　李春田主编的《标准化概论》第一版于1982年出版，对中国标准化理论研究成果加以总结和归纳，并在1987年4月的《标准化概论（修订本）》及1995年11月的《标准化概论（第三版）》中提出了标准系统的4项管理原理。

　　（1）系统效应原理。标准系统的效应，不是直接从每个标准本身而是从组成该系统的标准集合中得到的，并且这个效益超过了标准个体效应的总和。同样，标准化系统的效应也是从企业标准体系、企业标准化组织体系与标准实施考核体系的最佳综合中获得的。

　　（2）结构优化原理。标准系统要素的阶层秩序、时间序列、数量比例及相互关系依系统目标的要求合理组合并使之稳定，才能产生较好的系统效应。

　　（3）有序发展原理。标准系统只有及时淘汰其中落后的、低功能的和无用的要素（减少系统的熵），或补充对系统有激发力的新要素（增加负熵），才能使系统从较低有序状态向较高有序状态转化。

　　（4）反馈控制原理。标准系统演化、发展，以及保护结构稳定性和环境适应性的内在机制是反馈控制，系统发展的状态取决于系统的适应性和对系统的控制能力②。

　　由于中国的社会管理体制、社会文化和发展轨迹与西方国家不同，因此中国的标准化理论在与西方标准化界融合的同时，也形成了自己的特色。中国的标准化工作者在改革开放后一直致力于研究标准化的基本原理，包括标准化的历史渊源、形式、基本原理和方法，以及标准化在哲学意义上的探讨，逐渐形成了独具特色的体系。在国内，中国标准化理论研究主流采用系统论方法进行研究，坚持综合标准化思想，并将现代工业模块化技术与标准

① 邝兵.标准化理论的战略与实践研究[D].武汉:武汉大学,2012:34.
② 王平.国内外标准化理论研究及对比分析报告[J].中国标准化,2012(5):39-50.

化思想相结合，形成了中国独特的标准化理论体系和知识体系。《标准化概论》等系列标准化著作在国内具有重要影响，为学校教学和指导标准化组织的实践提供了重要支持。

总的来说，中国标准化理论建设在改革开放之后取得了显著进步，积极吸收国际先进理念的同时，也形成了自己的独特理论体系，为标准化事业的发展做出了重要贡献。

第三节　现当代理论研究者们的创新与贡献

近年来，随着标准和标准化活动在经济社会发展中所发挥的作用日益凸显，认识、了解标准及标准化活动的基本规律已成为社会各界的广泛需求。在标准化科研领域，对于标准化原理、方法和应用理论的研究也随着实践的快速发展而愈加深入，标准化学科基础理论的体系和内容正在不断被补充和完善。此外，从国际范围来看，标准化学科的基础理论也在进步中。可以说，标准化学科基础理论的建设反映在标准化活动的各个方面。除了以上提到的亨克的多学科构想和李春田在教材编写领域的贡献，还有一些现当代理论者们的创新与贡献值得介绍。

具有中国特色的新成果

白殿一作为中国标准化研究院的首席研究员，他对标准化领域的贡献主要体现在他对标准化教育和知识体系构建的深入研究上。白殿一认为，尽管标准化的作用日益显著，但相关的理论研究并没有得到广泛开展，标准化作为一个学科的地位尚未确立。因此，他提出了建立和完善标准学知识体系的必要性，以推动标准化教育的发展，并促进标准化在各个领域的有效应用。

在白殿一的设想中，标准学知识体系应当包含以下几个方面的内容。

（1）标准化概念及通用知识：这涉及对标准化的基本理念和普遍适用的原则的理解。

（2）基本理论：探讨标准化的科学基础和理论支撑。

（3）方法论：研究如何实施标准化，包括具体的步骤和方法。

（4）应用技术知识：关注标准化在不同技术领域的应用情况和技术要求。

（5）专门领域知识：针对不同行业或特定领域的标准化需求和实践。

（6）特定标准知识：对特定标准的内容、制定背景、应用范围等进行深入分析。

白殿一提出的这个知识体系遵循了知识体系自身的逻辑，即不同层次的知识单元形成具有一定关系的知识结构，构建了一个相对稳定的知识体系。他强调，标准化专业知识体系的构建应以标准学学科为基础，并根据社会对不同领域和岗位的专门人才需求，从标准学知识体系与其他相关学科知识体系中选取并加以设置。白殿一的这些思想和研究，为标准化学科的发展提供了理论基础和发展方向，同时也为标准化教育的实施提供了指导和参考。通过他的努力，标准化学科的建设和发展得到了进一步的推动，为培养具有标准化知识和技能的专业人才奠定了坚实的基础。[①]

中国兵器工业标准化研究所研究员麦绿波是另一位当代标准理论研究大家，他在标准化学科建设方面的贡献主要体现在他对标准化概念、原理、发展阶段，以及数学模型和基本公理的深入研究和阐述上。麦绿波在2011年的《中国标准化》期刊上发表了系列论文，这些论文针对标准化的概念定义、发展阶段划分、原理构建等进行了深入探讨，并对中外学者对这些概念的认识进行了分析和澄清。在这些论文中，麦绿波不仅梳理了标准化基本观念的状况，还通过文献研究、比较研究等方法，提出了相关原理的应用方法。他的研究工作为标准化学科的理论基础提供了新的视角和深入的分析，有助于推动标准化学科的发展和完善。[②]

麦绿波的研究成果还在于他对标准学科建设的重要贡献。他的工作不仅

---

① 白殿一.标准的编写[M].北京：中国标准出版社，2009：9.

② 麦绿波.标准化概念定义的评论[J].中国标准化，2011（5）：45－50.麦绿波.标准化原理的评论[J].中国标准化，2011（6）：40－45.麦绿波.标准化的理性概念和数学模型的创建[J].中国标准化，2011（7）：38－44.麦绿波.标准化基本公理的创建[J].中国标准化，2011（8）：48－54.

丰富了标准化学科的理论内涵，还为标准化的实践应用提供了理论指导和方法论支持。他首次构建了一套完整的标准化理论框架，包括对标准化的理性定义、数学模型、基础公理、理论谱系、定律、熵概念、相似性原则、标准方程等核心概念的确立。此外，还发展了通用化、系列化、模块化、组合化设计的理论，以及型谱系列与族系、统型设计、协同互操作性等关键理念，并提出了产品顶层设计、产品优化和标准化指标体系等设计方法。在工程实践方面，建立了标准化系统工程、项目标准管理与控制、零部件管理、标准化应用状态评价、标准化效益评价等一系列实用方法。

这些理论成果被系统地总结在他的著作《标准化学——标准化的科学理论》一书中（见图6-4），这部著作不仅标志着标准化科学核心理论及理论体系的创建，而且为标准化的科学化发展奠定了坚实的基础。它代表了中国科学家对世界科学理论发展的重要原创性贡献，对推动标准化理论的科学进步具有深远的影响，堪称该领域发展的一个里程碑[1]。

图6-4　麦绿波著作书影

麦绿波的著作和思想对中国标准学科建设的贡献是多方面的。他不仅在理论上深化了对标准化学科的理解，还在实践中推动了标准化学科的应用和发展，为中国标准化学科的建设和国际标准化活动的发展做出了重要贡献。

中国标准化研究院原副总工程师王平同样硕果累累。他在标准化学科领域有着深厚的理论基础和丰富的实践经验，尤其在标准化历史和基本原理、标准化与创新、企业标准化以及国际标准化等方面有深入的研究和卓著的贡献。

在理论创新方面，王平对标准化的概念进行了深入的探讨和重新定义。

---

① 麦绿波.标准化学:标准化的科学理论[M].北京:科学出版社,2017.

他提出标准化不仅仅是技术层面的统一和规范，更是一种涉及方案选择、规则制定、市场需求响应和创新推动的复杂社会现象。王平强调标准化活动需要考虑多学科视角，包括工程学、管理学、经济学和社会学等，这些视角有助于全面理解标准化在现代社会中的作用[①]。王平还特别关注标准化与创新之间的关系。他认为标准化不是创新的障碍，而是创新扩散和应用的重要工具。通过标准化，可以有效地组织和管理现实世界中的复杂性，为创新技术提供稳定的平台和共同的理解基础，从而促进产业的发展和社会的进步[②]。王平通过他的研究和出版物，为标准化学科的发展做出了重要贡献。他的工作不仅丰富了标准化的理论体系，还为实践界提供了有价值的指导和建议。特别是在中国加入世界贸易组织（WTO）和经济全球化背景下，王平的研究帮助中国企业和政府更好地理解和运用国际标准，提升了中国在国际标准化活动中的影响力和竞争力[③]。王平还积极参与国际标准化活动，通过与国际标准化组织的合作，推动了中国标准与国际标准的接轨，为中国企业的国际化发展提供了支持。他的工作不仅提升了中国在国际标准化领域的地位，也为全球标准化治理体系的完善和变革做出了贡献。

克努特·布林德（Knut Blind）与《标准经济学——理论、证据与政策》

克努特·布林德，作为一位在创新经济学领域具有深厚背景的学者，特别是在监管和标准化方面，他的多学科教育背景——经济学、政治学和心理学——为他提供了独特的视角来分析和理解标准化问题。通过他在柏林创新小组和德国标准化小组的领导工作，布林德不仅推动了标准化领域的实证研究，还为理解标准化如何塑造市场结构、企业行为和创新过程提供了宝贵的数据和见解。他的《标准经济学——理论、证据与政策》（The economics of standards theory, evidence, policy）是一本深入探讨标准化在现代经济中作用

---

① 王平.再论标准和标准化的基本概念[J].标准科学,2022(1):6-14.王平.标准和标准化概念的多学科观点（之一）——早期学者的研究和 ISO 的定义[J].标准科学,2019(7):28-35.

② 王平,侯俊军,房庆.人类在历史长河中的创新与标准化现象——用现代标准化的观点进行考察[J].标准科学,2022(11):6-18.

③ 王平,房庆.正式标准化组织的标准系统研究[J].标准科学,2020(11):6-14.王平,侯俊军.从传统标准化到标准联盟的崛起——全球标准化治理体系的变革[J].标准科学,2020(12):51-62.

的著作（见图 6 - 5）。

《标准经济学——理论、证据与政策》
深入探讨了标准化在经济中的作用和影响。
全书分为 4 个部分，首先在理论层面全面
回顾了关于标准的经济影响的文献，并深
入分析了标准化的动机和影响，指出了标
准化动机在部门和企业层面的差异，如研
发强度、专利倾向、市场集中度和出口密
集度等因素。书中强调了大型企业和出口
密集型行业在标准化活动中的积极作用，
并分析了自 20 世纪 80 年代以来正式标准对
经济增长贡献的下降趋势，暗示了事实标
准重要性的上升和产品周期的缩短。接着，
书中基于科学研究提出了政策建议，旨在

图 6 - 5 《标准经济学——理论、
证据与政策》原著书影

指导如何制定有效的标准化政策。通过实证分析，书中探讨了技术变迁和标
准化之间的关系，发现技术变迁和创新对标准化活动有正面影响，而标准数
量的增加对创新虽有正面影响但相对较弱。然后，书中还分析了标准化对国
际贸易的影响，指出标准总体上有利于产业内贸易，但对国际贸易总量和双
边贸易量的影响存在差异。最后，书中通过将标准化的作用整合进生产函
数，评估了标准对经济增长的影响，得出标准与专利衡量的创新在经济增长
中具有同等重要性的结论，并强调了创新潜力在经济发展中发挥作用需要借
助正式标准的辅助。[①]

在学术界，布林德的成果得到了广泛认可，他不仅在多个高排名的国际
期刊上发表了研究成果，还因其在标准化经济学领域的成就获得了多项荣誉
和奖项。他的研究不仅对学术界有重要影响，也为政策制定者提供了宝贵的
参考，特别是在如何制定有效的标准化政策以促进技术创新和市场发展方面。

---

① 布林德.标准经济学——理论、证据与政策[M].高鹤,总译校.北京:中国标准出版社,2006.

布林德的著作跨越了经济学、管理学、工程学等多个学科，其跨学科的价值使得这本书对于不同领域的学者和专业人士都具有吸引力。同时，他在国际期刊上发表的文章和与国际组织的合作，为读者提供了一个全球视角来理解标准化问题，强调了在全球化背景下标准化的重要性。《标准经济学——理论、证据与政策》不仅是一本理论深刻、实证丰富的学术著作，也是一本对政策制定者和实践者具有指导意义的参考书。通过布林德的深入分析，读者可以更好地理解标准化如何影响经济和技术发展，以及如何在实践中有效地应用标准化策略。

未来已来

进入 20 世纪 60 年代，由于科学技术的迅猛发展和国际交往的增加，标准化逐渐向区域化和国际化发展。系统工程理论的广泛应用使得标准化的理论和内容有了显著的发展，引入了现代标准化的概念。现代标准化在理论和实践方面呈现出综合性、系统性、趋前性、动态性、目标性、协调性和定量化等新特点，这些特点使其与传统标准化相比具有明显优势。

（1）各标准化组织之间合作加强：随着科技的不断发展，各学科和领域之间的相互渗透增多，导致标准之间的相关性增加。国际标准化组织间的交流活动普遍增多，标准的国际化趋势逐渐明显。

（2）"标准"的高新技术内容增多，标准水平提高，领域不断扩大：随着新技术的发展，生物工程、新材料、空间技术和信息工程等领域的标准化变得愈发重要，ISO 和 IEC 对标准化的发展趋势进行了全球性的调查和预测研究，提出了建立灵活、快速、开放的国际标准化新机制的建议。

（3）标准化成为国家战略层级的驱动力量：在第三次工业革命中，标准发展成为市场竞争制高点，企业积极参与技术标准制定，努力缩短标准与创新之间的时间差。标准竞争在高技术领域日益成为企业建立竞争优势的关键途径。

（4）标准拥有多重属性——技术语言与治理工具：标准作为通用的技术语言得到认可，随着社会问题的增多，如资源耗费、环境污染等，标准作为管理工具开始广泛应用。标准所具有的技术、经济、管理、理念等多重属性，使其在各个领域都发挥着重要作用。

然而，第三次工业革命前后的世界标准化也并非一开始就进入秩序轨道。在标准混乱的年代，国与国之间往往像一群孩子在玩"找茬"，各有各的规矩，搞得大家都不明白对方在说什么。于是，标准作为大家公认的"游戏规则"，自然地产生了需求、统一了语言。全球化浪潮汹涌而至，标准逐渐变成一张"通行证"；随之而来的冷战与大国竞争，又让标准成了大国角力的"竞技场"；最后，在计算机与互联网的席卷下，标准成了构造信息世界的"语言编码"。

清风拂山岗，明月照大江，当标准日益成为一种"语言"时，它也就成了现代人类生活的一部分。

从工业、制造业的发展趋势来看，2015 年可作为一条工业制造史的分界线。这一年，德国提出面向未来制造的"工业4.0"，整个世界的工业秩序为此躁动起来，新旗帜猎猎作响。工业4.0之后又是一声惊雷，传统工业再次沸腾，探索者们向传统工业发起挑战，不容置疑地要求向新边界开疆拓土。互联网、5G 通信、大数据、人工智能等新技术和制造业比邻而居，让新工业一次又一次成为大众的焦点。纷至而来的新名词几乎"乱花渐欲迷人眼"，不过不要忘记，这些让人眼花缭乱的新名词在提出之际，依旧是寻求人类福祉，为人类生活寻找无限可能性。它们携手合作，搭起高阔的穹顶和庭院，让五湖四海的人共商大同。每个雄心勃勃的国家，都在筹划振兴工业的计划。技术的边界即将突破，工业4.0也迟早会被超越。

2020 年突如其来的疫情打乱了全球各地的物流供应和生产计划，制造秩序一时间陷入混乱。即使已然度过艰难，秩序的恢复也需要长久时间。全球分工、供应链重构、制造业回流等一众问题交织在一起，让传统的制造业秩序晃动起来。在这百年未有之大变局中，寻找新秩序，寻找一种更合理、更公平、更包容开放的秩序几乎是应对机遇和挑战的必然之举。正所谓穷则变，变则通，通则久。

时不我待，面对逐渐逼近的现实，我们必须立刻行动，立刻开始。一面是技术垄断、贸易排挤；一面又是产业回流、链条重组。2021 年贸易战所打响的绝不只是芯片之争，更是制造业主权之争。国与国，区域与区域，彼此都在这群狼环伺的国际战场上逐鹿中原，各取所需。一体化整合工厂开始回归，超级工厂重新受到欢迎，特斯拉向大工厂进军，丰田汽车则要求减半……波诡云谲的环境，变化多端的策略，都在不断提醒我们一件事：标准之争，又一次悄悄打响。

尾声：标准历程回顾——激荡的浪潮与靠岸的船

制造百年，标准千秋。从石器时代到书写文明，从考工记到营造法式，标准从一种纯粹的经验范本逐渐迈向越发复杂的内涵。民间与官方的角力、现代国家的竞争、全球化与个人化的浪潮，将新生婴儿般的标准一步一步带向成熟。

工业革命的汽笛吹响了标准的黎明，从隐约幽微的观念到改变世界的实践，标准的先行者们筚路蓝缕、开荒拓野。钢铁巨兽孕育了现代工厂和工业标准，也孕育了第一代天才实业家。从惠特尼的互换性零件开始，标准正式亮相。蒸汽时代已然功成身退，电气时代继往开来。在发明家的竞赛中，无论哪种电流模式胜出，都不影响它们最终点亮世界的伟大结果。公差制诞生、福特汽车走向世界、格林尼治世界时让我们身处地球任何一个经纬点都能天涯共此时。标准，早在诞生初期就如此深刻地影响着我们的生活。与此同时，标准开始被体系化，肩负重大使命的标准化组织 ISO 踏上了遥远征程的第一步。

20 世纪是标准成长中浓墨重彩的一笔。两次世界大战的副产品便是科学与技术的突飞猛进。海、天、空，宏阔辽远的自然，史诗与歌谣里的神秘之地此时触手可及。想象力和勇气，连同新鲜的技术与标准指引我们跨越巅峰、飞向天空、突破无限、奔向未来。标准不仅能走向宏大，也能深入日常。连锁店与汽车一同构筑了都市生活，集装箱组建了货运时代的全球供应链。金拱门东拓，麦当劳影响着当代东亚的餐饮习惯；互联互通，社交媒体连接了全球你我。标准如同发动机上跃动的火苗，点燃油门将我们送入飞驰的现代大道。

新世纪也见证了标准的又一轮发力，从计算未来到飞向太空，从垄断工具到合作求同，这注定是一个风起云涌的时代，注定要在赢者通吃的老路中谋求第三种可能。

标准到底意味着什么呢？是自上而下的规章法令，也是民间智慧的共识提纯；是天才实业家的奇思妙想，也是现代工业国家的脊梁；是分歧时代的竞争武器，也是万物互联的求同密码。标准的诞生与蜕变，早已与原子化个体的你我密不可分。21 世纪的每个人，都在这趟去向未知的标准旅程中。我们接触过的一切会因我们而改变，我们改变过的一切也会改变我们。

尽管人类文化可以通过口耳相传、画图记事来传承，但成熟的技术与科学仍与规范和标准密不可分。好的标准可以记录我们探索物质世界的方式，并给予我们回身思考、参与乃至改变世界的力量。这些标准往往能超越其承载的具象内容，跨越时代，传递信息，传递人类文明的光辉。

在一个信息爆炸却多半无用的时代，清晰的见解就成了一种力量。面对逐渐逼近的一波接一波眼花缭乱的技术浪潮，我们既不能因循守旧，也不能夸大技术本身。技术并不是一切的救赎，人类的心灵和智识才是引领自身上升的永恒钥匙。而标准，恰恰是人用智慧为技术划定边界与尺度，谋求超越技术的真正福祉。

笔下流金，字上载史。且以规矩，定下方圆。

参考文献

［1］Blind K. The impacts of innovations and standards on trade of measurement and testing products：empirical results of Switzerland's bilateral trade flows with Germany, France and the United Kingdom ［J］. Information Economics and Policy, 2001(13)：439－460.

［2］Boorstein R, Feenstra R C. Quality upgrading and its welfare cost in U.S. steel imports, 1969－74 ［M］. Massachusetts： Social Science Electronic Publishing, 1987：1－28.

［3］Hallak J C, Schott P K. Estimating cross-country differences in product quality ［J］. Quarterly Journal of Economics, 2011,26(1)：417.

［4］ Johnson R C. Trade and prices with heterogeneous firms ［J］. Journal of International Economics, 2011,86(1)：43.

［5］Schot K A K P K, We S J. Trade liberalization and embedded institutional reform： evidence from Chinese exportersl ［J］. American Economic Review, 2013, 103(6)：2169－2195.

［6］Lancaster K J. Change and innovation in the technology of consumption ［J］. American Economic Review, 1966,56(1)：14.

［7］汤因比.产业革合[M].宋晓东,译.北京:商务印书馆,2019.

［8］吉武俊,胡勇.汽车概论[M].2 版.北京:北京理工大学出版社,2019.

［9］梅茨.深度学习革命[M].桂曙光,译.北京:中信出版社,2023.

［10］莱文森.全球化简史[M].方宇,译.杭州:浙江文艺出版社,2022.

［11］ 沈春蕾.标准制定和生态建设是芯片产业发展关键［N］.中国科学报，
2024－03－08(1).

［12］ 童书业.中国手工业商业发展史［M］.上海：上海人民出版社,2019.

［13］ 沃尔夫.计算机与网络简史［M］.庄亦男，译.杭州：浙江人民出版社,2023.

缩略词

简称	英文全称	中文全称
AEC	United States Atomic Energy Commission	美国原子能委员会
AI	artificial intelligence	人工智能
AIEE	American Institute of Electrical Engineers	美国电机工程师学会
AISI	American Iron and Steel Institute	美国钢铁学会
AMPS	advanced mobile phone system	高级移动电话系统
AOAC	Association of Official Agricultural Chemists	美国官方分析化学师协会
API	American Petroleum Institute	美国石油学会
ASCE	American Society of Civil Engineers	美国土木工程师协会
ASME	American Society of Mechanical Engineers	美国机械工程师学会
ASTM	American Society for Testing and Materials	美国试验与材料协会
ATIS	Alliance for Telecommunications Industry Solutions	电信行业解决方案联盟
BD	blu-ray disc	蓝光光碟

BSI	British Standards Institution	英国标准协会
CDMA	code division multiple access	码分多址
CET	critical and emerging technologies	关键和新兴技术
ChatGPT	chat generative pre-trained transformer	聊天生成预训练转换器
CSL	coupé sport leichtbau	双门轿跑车运动轻量级
D-AMPS	digital advanced mobile phone system	数字式进阶移动电话系统
EC	European Commission	欧盟委员会
EM	energy-maneuverability	能量机动
eMBB	enhanced mobile broadband	增强移动宽带
ETSI	European Telecommunications Standards Institute	欧洲电信标准化协会
FTC	Federal Trade Commission	美国联邦贸易委员会
GSM	global system for mobile communications	全球移动通信系统
HD DVD	high definition DVD	高清光碟
IATA	International Air Transport Association	国际航空运输协会
ICE	Institution of Civil Engineers	英国土木工程师学会
IEC	International Electrotechnical Commission	国际电工委员会
IME	Institution of Mechanical Engineers	英国机械工程师学会
IMO	International Maritime Organization	国际海事组织
ISA	International Federation of the National Standardizing Associations	国际标准化协会

ISCN	International Standard Cooperation Network	国际标准合作网络
ISO	International Organization for Standardization	国际标准化组织
ITU	International Telecommunication Union	国际电报联盟
JEDEC	Joint Electron Device Engineering Council	联合电子设备工程委员会
KFTC	Korea Fair Trade Commission	韩国公平交易委员会
LNG	liquefied natural gas	液化天然气
LPG	liquefied petroleum gas	液化石油气
LTE	long term evolution	长期演进技术
LWF	light weight fighter	轻型战斗机
MFPG	multinational fighter production group	多国战斗机项目组
mMTC	massive machine type communication	大规模机器类型通信
NMT	nordic mobile telephon	北欧移动电话
NPT	Treaty on the Non-Proliferation of Nuclear Weapons	不扩散核武器条约
NRC	Nuclear Regulatory Commission	美国核能管理委员会
NSG	Nuclear Suppliers Group	核供应国集团
PDC	personal digital cellular	公用/个人数字蜂窝系统
QJ	中国第七（Qi）机（Ji）械工业部	中国航天工业行业标准代号
SALT	strategic arms limitation talks	战略武器限制谈判

SI	international system of units	国际单位制
START	strategic arms reduction treaty	战略武器削减谈判
TACS	total access communication system	全接入通信系统
TD-SC-DMA	time division-synchronous code division multiple access	时分同步的码分多址技术
TIA	Telecommunications Industry Association	电信行业协会
TTC	U. S. -EU Trade and Technology Counci	美欧贸易和技术委员会
UNSCC	United Nations Standards Coordinating Committee	联合国标准协调委员会
URLLC	ultra-reliable and low-latency communication	超可靠低时延通信
USB	universal serial BUS	通用串行总线
3GPP2	3rd generation partnership project 2	第三代合作伙伴计划 2

标准化大事记

距今 300 万年前，旧石器时代，智人制作相似的石斧，标准概念萌芽其中。

公元前 2600 年左右，金字塔开始建造，王权力量下的统一建筑出现。

公元前 221 年，中国秦朝建立，统一度量衡，统一文字和语言。

11 世纪，中国北宋，活字印刷术出现。

1103 年，《营造法式》成书，总结归纳建筑领域诸多标准。

14 世纪，威尼斯兵工厂出现"流水线"式标准工作法。

15 世纪中叶，约翰内斯·古腾堡发明了铅活字印刷技术。

1494 年，帕乔利出版《算术、几何、比及比例概要》（又名《数学大全》），其中《簿记论》是世界上第一部有关复式簿记的著作。

1582 年，教皇格里高利改革历法，"公元"纪年法由此产生，沿用至今。

1720 年，英国政府出台《泡沫法案》，规定英国公司的组织形式。

1771 年，理查德·阿克莱特与尼德·斯特拉特合作建立克罗姆德纺织厂，推行标准化生产。

1852 年，英国政府出台《专利法修正案》，现代专利制度出现。

1798 年，伊莱·惠特尼运用"可互换零件"理念批量制造步枪，由此被誉为"标准化之父"。

1841 年，惠特沃思向英国政府提议使用统一螺纹制式。

1884 年，国际子午线会议在华盛顿召开，格林尼治标准时间确立。

1893 年，世界博览会正式开幕，交流制式击败直流制式成为电流标准。

1901 年，英国工程标准委员会成立。

1902 年，纽瓦尔标准出版，成为目前所见最早的公差与配合标准。

1911 年，泰勒完成《科学管理原理》一书，提出管理标准化。

1913 年，世界第一条生产流水线在福特公司诞生。

20 世纪 20 年代，连锁店出现，标准走向日常化。

1929 年，国际标准化协会（ISA）成立。

1933 年，约翰·盖拉德发表《工业标准化——原理与应用》，首本标准化理论研究著作问世。

1947 年，国际标准化组织（ISO）成立。

1949 年，中华人民共和国中央技术管理局成立，下设标准规格处。

20 世纪 40—60 年代，导弹研制兴起，各国技术标准出台。

1957 年，中国国家科学技术委员会标准局成立，同年，加入国际电工委员会（IEC），以观察员身份参加第 22 届年会。

1962 年，社会主义国家标准化机构代表会议第七届年会在北京召开。

1963 年，美国标准协会提出 ASCII 码，计算机编码字符得到初步共识。

1968 年，英特尔公司成立，后成为半导体领域的标准带头人。

1972 年，中国国家标准计量局成立。

1978 年，中国加入国际标准化组织，中国标准化协会成立。

1982 年，ISO 第 12 届全体 ISO 会议，中国被选为 ISO 理事会成员国。

1985 年，IEEE 754 标准发布，作为 ASCII 码的进阶，计算机编码标准确定。

20 世纪 80 年代末，1G 商用，移动通信初代形态问世。

20 世纪 90 年代，TCP/IP 协议被广泛应用，计算机通信协议获得标准。

1997 年，HTML4 问世，统一的互联网浏览器显示标准出现。

1998 年，PayPal 成立，移动支付诞生。

1999 年，地球村（GeoCities）问世，社交媒体的初代模板出现。

1999 年，第 22 届 ISO 大会在北京召开。

2004 年，支付宝成立，中国最早的移动支付出现，后与微信支付成为两大移动支付标准样式。

2007 年，苹果推出 iPhone，开启了智能手机时代的标准化。

2007 年，ISO 发布 ISO 9001：2008 质量管理体系标准，成为全球最广泛使用的质量管理体系标准之一。

2008 年，中国正式成为 ISO 常任理事国。

2010 年，AMF 标准被作为 3D 打印产业标准批准通过。

2013 年，德国工业 4.0 概念提出，工业领域即将面临新一轮标准化。

2013 年，中国鞍山钢铁集团公司总经理张晓刚当选新一届 ISO 主席。

2014 年，中国成功申办 2016 年 ISO 大会。

2015 年，第五代通信技术 5G 的标准化讨论开始。

2016 年，AlphaGo 击败李世石。

2016 年，第 39 届 ISO 大会在北京召开。

2018 年，中国开始实施"中国标准 2035"计划。

2018 年，国际标准单位制计量（SI）修订。

2019 年，中国高铁标准以极高贡献率参与世界高铁标准制定。

2019 年，埃隆·马斯克提出"星链"计划，开发太空工业标准。

2022 年，ChatGPT 问世，人工智能高速发展，即将出现标准化争夺。

2023 年，美国发布《关键和新兴技术国家标准战略》。

2023 年，中国发布《质量强国建设纲要》。

2023 年，世界标准日，中国发布《国家标准化发展纲要》。

后　记

写这本书的想法其实已经很久了，一直没有动笔去写，直到所里要申请国防科技重点实验室，才发现这本书的重要意义。最开始写的时候还没有框架，只想着要写一本面向大众、老少咸宜的科普读物，以历史故事为主、以工业革命为轴，通俗易懂、有趣有逻辑即可。一直写到今年2月底，陆陆续续推翻重组了四五稿才慢慢理出来一个草拟的底本。梳理标准史的书籍在国内几乎没有先例，在国外又散见于各类科技史著作中，因此明确定义、判定材料、收集整理、融贯叙述的确费了一番工夫。

在编写过程中，在不断涌现的新观点与头脑风暴中，我们重新构架了整本书。比方说，我们发现可以不完全按照时代、国家、地区的思路来叙述，而是通过增添伟大的发明家、改变时代的创意、市场主体的角逐、民生领域的应用来丰富完善我们的标准史，让它变得鲜活可感、血肉丰满。这也符合我们最初的设想：标准是与每个普通人息息相关的，民日用而不知。而正因为习焉不察，作为研究者的我们才需要才有义务去书写、去记录、去提炼、去探索。

值得一提的是，本书得到了行业大佬的指导与点评，我们表示衷心的感谢，是大家的共同努力，才让《标准简史》得以问世。同时，本书在写作中引用了相关学者的学术观点，在此一并表达诚挚的敬意和感谢。

能为标准化事业贡献微力，为中国标准化产业发展尽心尽责，人生之幸，甚为欣慰。

张豪

2024年8月